Principles and Applications of
Powder Spray Pyrolysis Technology

粉体喷雾热解技术
原理与应用

鲍 瑞　易健宏　编著

U0178766

化学工业出版社
·北京·

内容简介

喷雾热解技术是一种利用高温场，通过对液体前驱体进行雾化、干燥和热解制备粉体的技术。本书系统介绍了喷雾热解技术的工作原理、设备类型、原料组成和工艺控制策略、前处理和后处理技术，并详细介绍了喷雾热解制备的粉体形貌及其在可充电电池、燃料电池、太阳能电池、超级电容器、高活性催化剂领域的应用。

本书适合材料、化工和新能源相关领域的研究人员和学生阅读，也可作为粉体材料制备和应用相关领域工程师和技术人员的参考用书。

图书在版编目（CIP）数据

粉体喷雾热解技术原理与应用/鲍瑞，易健宏编著. —北京：化学工业出版社，2024.2
ISBN 978-7-122-44530-8

Ⅰ.①粉…　Ⅱ.①鲍…②易…　Ⅲ.①粉末法-材料科学-热解-研究　Ⅳ.①TB383

中国国家版本馆 CIP 数据核字（2023）第 230652 号

责任编辑：韩霄翠　仇志刚　　　　　装帧设计：王晓宇
责任校对：李　爽

出版发行：化学工业出版社
　　　　　（北京市东城区青年湖南街 13 号　邮政编码 100011）
印　　装：大厂聚鑫印刷有限责任公司
710mm×1000mm　1/16　印张 17½　彩插 6　字数 287 千字
2024 年 3 月北京第 1 版第 1 次印刷

购书咨询：010-64518888　　　　　售后服务：010-64518899
网　　址：http://www.cip.com.cn
凡购买本书，如有缺损质量问题，本社销售中心负责调换。

定　价：148.00 元

前言

在我们的日常生活中，从环保节能的光伏设备，追求高效能的电池技术，到高活性催化剂的研发，以及粉末冶金材料的制造，都离不开粉体材料的应用。特别是超细纳米粉体材料，由于其独特的物理和化学性质，被广泛应用于各种科研和工业领域。

喷雾热解制备技术是一种有效地制备高均质、超细纳米粉体材料的方法，它不仅可以应用于大规模生产，而且可以通过工艺参数调控制备出不同形貌特性、显微组织和性质的粉体材料。喷雾器通过高压空气将液态的原料分散成微滴，然后喷入预置一定温度的加热炉内进行快速热解或氧化反应。该方法具有操作简单、投资成本低廉、工艺简捷的优势。

本书全面介绍了喷雾热解制备技术，包括其工作原理、设备类型、原料组成和工艺控制策略、前处理及后处理技术。喷雾设备方面，主要介绍不同类型喷雾器的工作原理及优缺点；原料方面，通常采用无机盐或金属有机物作为原料；工艺参数方面，通过温度、时间、气压等参数对粉体材料的特性进行调控。前处理主要包括原料的选择及合成；后处理主要包括对粉体材料的破碎和筛分等处理。同时，本书还介绍了喷雾热解制备的典型纳米粉体及其形貌特征，及其在不同领域中的应用，如在锂离子电池电极材料与固态电解质中的应用；在太阳能电池中作为染料和散粒层的应用；作为环境污染物降解的催化材料以及在能源存储与转换方面和影像检测与传感等领域。

本书整合了喷雾热解制备技术的最新进展，可为相关领域的研究人员及工程技术人员提供参考，适合材料科学与工程、化学工程和新能源相关领域的研究人员和学生阅读，也适合从事粉体材料制备和应用的工程师和技术人员参考。希望能以此书为载体，积极推动相关技术的发展与广泛应用。

编著者

2023 年 9 月

目录

第1章
绪论

1.1 基本定义

（1）气溶胶

喷雾（spray）又称人工造雾[1]，是通过高压系统（或者超声系统、静电系统等）将液体以极细微的形式喷射出来（通常在微米、纳米数量级）。这些微小的人造雾颗粒能长时间漂移、悬浮在气体中，从而形成白色的雾状奇观，形成类似天然雾的气象效果。

喷雾是一种微小液体悬浮在气体（如空气）中的状态，这些微粒是分散在气相中极小液滴，可以是纯液体、溶液和混合分散液，因此可以统称为气溶胶（aerosol）（如图 1-1 所示）。气溶胶是指由固态或液态颗粒所组成的气态分散系统，这些颗粒的密度与气体介质的密度可能会有微小差异，但也可能差异巨大[2]。

气溶胶颗粒大小通常在 $0.01 \sim 10.0 \mu m$ 之间[4]，但因为来源和形成原因不同，其粒径也有所不同，例如，花粉等植物气溶胶的粒径在 $5.0 \sim 100.0 \mu m$ 之间，木材及烟草燃烧产生的气溶胶，其粒径通常在 $0.01 \sim 1000.0 \mu m$。气溶胶颗粒的形状多种多样，可以是近乎球形，例如液态雾珠，也可以是片状、针状及其他不规则形状。

从流体力学角度看，气溶胶实质上是连续的气相与分散的固、液相混合的多相流体。根据颗粒物的物理状态不同，气溶胶可分为：固态气溶胶，例如烟和尘，液态气溶胶，例如雾，固液混合态气溶胶，例如烟雾。自然界中的火山喷发、森林火灾等，工业上和运输业上用的锅炉和各种发动机里未燃尽的燃料所形成的烟，采矿过程、采石场采掘与石料加工过程和粮食加工时所形成的固体粉尘，人造的掩蔽烟幕和汽车尾气等都是气溶胶[5]。

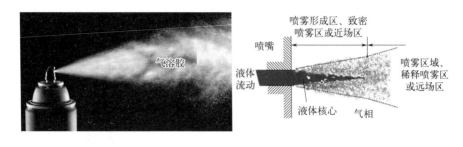

泵的特性，管道和通道中的流动，内部几何形状，流场

液体性质，出口系数，液膜，锥角，厚度，速度，剪切流，湍流特性

液膜中的波动不稳定性，液膜初级破裂机制

破裂长度

液滴变形和破裂

二次破裂，液滴碰撞和合并

液滴大小，速度，数量密度，体积通量分布

液滴动力学，液滴滑移速度，诱导气流场，旋转气相流场，逆流，湍流

湍流涡流与喷雾的相互作用，团簇形成，液滴传热，蒸发

图 1-1　气溶胶实物图和示意图[3]

（2）热解

热解（pyrolysis）通常是指物质在缺氧或者无氧的条件下，高温受热发生化学分解的反应过程。许多无机物质和有机物质被加热到一定程度时都会发生分解反应。

热解具有许多工业应用，一般说来，无机物的热解反应比较简单，这些无机物的热解反应在冶金、化工、环保等领域中被广泛应用。

有机物热解时，由于会产生副反应，产物组成往往比较复杂。

（3）喷雾热解

喷雾热解（spray pyrolysis，SP），又称喷雾加热分解，是将金属盐溶液以雾状喷入高温气氛中，立即引起溶剂的蒸发和金属盐的热分解，随后因过饱和而析出固相，从而直接得到纳米粉体或者薄膜；或者是将溶液喷入高温气氛中干燥，然后再经热处理形成粉体或者薄膜，形成的颗粒和晶粒大小与喷雾工艺参数密切相关[6]。该工艺还有很多其他相关名称[7]，包括溶解热解（solution aerosol thermolysis，SAT），溶液蒸发分解（evaporative decomposition of solutions，EDS），喷雾烘烤（spray roasting，SR），雾状溶液分解（decomposition of misted solutions，DMS）和反应喷雾工艺（reaction spray process，RSP）等。虽然叫法不同，也可能存在一些细微差别，但本质和原理都是一样的[8]。

喷雾热解过程可以简单描述为将各金属盐按照制备复合粉末所需的化学计量比配成前驱体溶液，经雾化器雾化后，由载气带入高温反应炉中，在反应炉中瞬间完成溶剂蒸发、溶质沉淀形成固体颗粒、颗粒干燥、颗粒热分解、烧结成形等一系列的物理化学过程，最后形成超细粉末或者沉积薄膜，如图 1-2 所示。喷雾热解作为一种可靠的制粉手段，与现有的气雾化和水雾化制粉等方法相比，过程中化学反应的参与使其相比其他过程更为复杂。喷雾热解法需要高温及负压条件，对设备和操作要求较高，但易制得粒径小、分散性好的粉体。

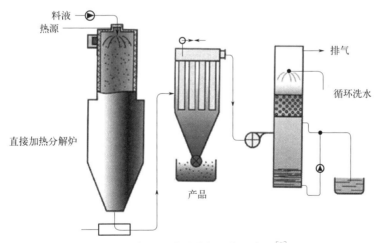

图 1-2 常见的喷雾热解系统示意图[9]

1.2 喷雾热解技术的发展历史与现状

喷雾热解是一种用于制备太阳电池用透明电极而发展起来的方法。由于用溅射法制备大面积电极时容易损伤衬底，故喷雾热解法得以发展。喷雾热解无须高真空设备，因而工艺简单、经济可靠。该方法一般以溶解在醇类中的醋酸锌为前驱体，可获得电学性能极好的薄膜。喷雾热解法的设备与工艺简单，可生长出优良薄膜，且易于实现掺杂，是一种非常经济的薄膜制备方法，可以实现规模化扩大生产，用于商业用途。但值得注意的是，很多制备薄膜材料的方法和粉体的方法是相通的，比如电沉积法、喷射沉积等，既可以用来制备致密的膜和块体材料，也可以用来制备粉体材料。

图 1-3 为喷雾热解技术在不同领域中的发展和应用历史轨迹图。20 世纪初的静电雾化、超声雾化和压力雾化技术的出现为喷雾热解提供了可能和途径，关于喷雾热解的专利最早出现于 20 世纪 60 年代，当时该工艺方法用于太阳能电池（solar cells，SCs）的 CdTe/CdS/Cu$_2$S/Sb$_2$Se$_3$ 薄膜和 β-氧化铝粉体的制备，随着该工艺方法的不断成熟，喷雾热解也开始用于制备 Y-Ba-Cu-O（钇钡铜氧）超导薄膜和粉体、催化剂用的半导体薄膜和粉体，以及多组元陶瓷粉体材料的制备。20 世纪末该方法得到了蓬勃的发展，进入 21 世纪后，随着新能源材料以及高熵陶瓷材料的涌现，该方法在锂离子电池（lithium ion batteries，LIBs）、钠离子电池（sodium ion batteries，SIBs）电极材料的制备中应用越来越普遍。不同学科领域发表的以喷雾热解为关键词的论文如图 1-4 所示。

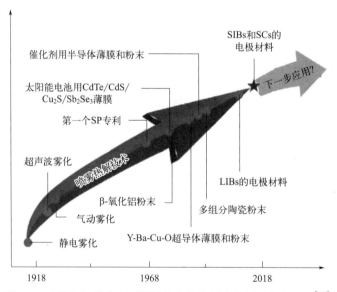

图 1-3　喷雾热解技术在不同领域中的发展和应用历史轨迹图[10]

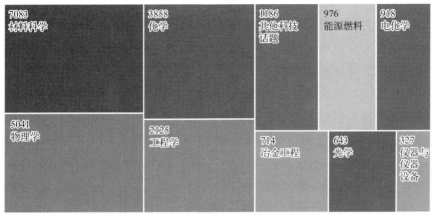

图 1-4　不同学科领域发表的以喷雾热解为关键词的论文

（2003～2022 年发表的被 SCI 收录的文献）[11]

1.3　喷雾热解技术的特点

喷雾热解作为一种重要的粉体制备手段，具有其他方法不可取代的优点。以纳米粉体的制备为例，粉体的制备较为常见的方法包括：固相法（solid-phase method）（固相反应法、热分解法、高能球磨法、旋转电极雾化等）；液相法（liquid-phase method）（沉淀法、溶胶-凝胶法、水热合成法、燃烧法等）；气相法（gas-phase method）（蒸发法、磁控溅射法、等离子喷涂法、化学气相沉积法、物理气相沉积等）。其中固相法的处理量大，但其能量利用率低，在制备过程中易引入杂质，制备出的粉体粒径大且分布宽，形态难控制，同步进行表面处理困难；液相法制备的粉体粒度分布窄，省去了高温煅烧工序，颗粒团聚程度小，但原料制备工艺较为复杂，成本较高；气相法制备的纳米粉体纯度高、粒度小、分散性好，但其制备设备昂贵、复杂、能耗大、成本高。

喷雾热解法作为一种新型的化学制备粉体和薄膜的方法，它在一定程度上结合了液相法和气相法制备薄膜技术的优点，表现出较广泛的应用前景。与固相法相比，喷雾热解法可以省去高温煅烧工序，且颗粒团聚程度小；与液相法比，喷雾热解能够实现粉体材料的连续化制备，粉末晶粒度小、均匀性好、单位成本低；与气相法相比，喷雾热解法也可以制备超细纳米尺度、纯度高、粒度集中、分散性良好的粉体，且其制备设备更为简单，成本更为低廉。

喷雾热解法在制备过程中无须添加沉淀剂。溶液由于被分散成气溶胶，从而使组分的偏析局限在极小的范围内。此外，喷雾热解得到的粒子内各成分比例与原溶液相同，且可以形成多组分氧化物粉体。氧化物粒子一般为球形，流动性好，易于连续运转，生产能力较大。此外，喷雾热解还可以用于制备复杂的复合材料。因此，喷雾热解法是一种极具发展潜力的材料制备方法。

图1-5为喷雾热解法的特点及应用，与其他粉体制备方法相比，喷雾热解具有简单、连续、规模化制备的特点，并且环境友好、成本低廉、应用广泛。通过对组元的设计和喷雾热解工艺参数的调控，可以实现不同形貌特征的粉体制备，包括空心球、实心球、皱形球、核壳、卵黄壳、蜂窝、纳米片、纳米球和薄膜等。这些粉体可以广泛应用于高活性催化剂、太阳能电池、超级电容器、充电电池、燃料电池、显示器、传感器、生物陶瓷和高熵陶瓷粉体材料等领域。因此，喷雾热解法具有广泛的应用前景。

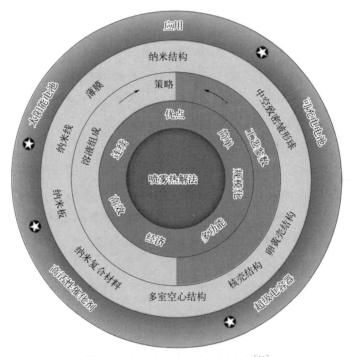

图1-5　喷雾热解法的特点及应用[10]

本书将会对喷雾热解法的定义、喷雾热解的原理和系统、原料组成和工艺控制策略、喷雾热解的形貌控制、前处理和后处理、喷雾热解的应用以及工程化应用和案例等方面进行阐述和讨论。

参考文献

［1］ Linne M. Imaging in the optically dense regions of a spray：A review of developing techniques ［J］. Progress in Energy and Combustion Science，2013，39（5）：403-440.

［2］ Seinfeld J H，Bretherton C，Carslaw K S，et al. Improving our fundamental understanding of the role of aerosol-cloud interactions in the climate system ［J］. Proceedings of the National Academy of Sciences，2016，113(21)：5781-5790.

［3］ Lefebvre A H，McDonell V G. Atomization and sprays ［M］. CRC Press，2017.

［4］ Tang M，Chan C K，Li Y J，et al. A review of experimental techniques for aerosol hygroscopicity studies ［J］. Atmospheric Chemistry and Physics，2019，19（19）：12631-12686.

［5］ Wai K M，Ng E Y Y，Wong C M S，et al. Aerosol pollution and its potential impacts on outdoor human thermal sensation：East Asian perspectives ［J］. Environmental Research，2017，158：753-758.

［6］ Mooney J B，Radding S B. Spray pyrolysis processing ［J］. Annual Review of Materials Science，1982，12(1)：81-101.

［7］ Jung D S，Park S B，Kang Y C. Design of particles by spray pyrolysis and recent progress in its application ［J］. Korean Journal of Chemical Engineering，2010，27：1621-1645.

［8］ Ardekani S R，Aghdam A S R，Nazari M，et al. A comprehensive review on ultrasonic spray pyrolysis technique：Mechanism，main parameters and applications in condensed matter ［J］. Journal of Analytical and Applied Pyrolysis，2019，141：104631.

［9］ http：//www. lnddft-1. com/ygguan318-Products-31547430/.

［10］ Leng J，Wang Z，Wang J，et al. Advances in nanostructures fabricated via spray pyrolysis and their applications in energy storage and conversion ［J］. Chemical Society Reviews，2019，48(11)：3015-3072.

［11］ https：//www. webofscience. com/wos/.

第2章

喷雾热解的原理和系统

在了解喷雾热解技术之前，有必要先认识和理解工业生产中常见的喷雾干燥操作单元。喷雾干燥单元是工业生产中常见的操作，它是将液态物料通过喷雾器雾化成小颗粒，然后将这些小颗粒进行干燥处理，使其变成干粉状。这种技术广泛应用于化工、食品、制药、冶金等行业中，是一种成熟的固体制粉技术。

与喷雾干燥单元相比，喷雾热解技术则是在高温、高压、复杂气氛环境下，将液态物料喷雾成微小液滴后，经过快速热解反应，将其转化成粉体或薄膜的一种技术。喷雾热解技术广泛应用于石化、新材料、环保等领域中，是一种新兴的材料制备和绿色回收技术。

虽然喷雾干燥单元和喷雾热解技术都与液态物料的雾化有关，但两者之间还是存在显著区别。只有系统理解了喷雾干燥技术，才能更深入地理解喷雾热解技术。

2.1 喷雾干燥

喷雾干燥是应用于物料干燥的一种系统化技术。在干燥腔体中，含液相的物料经雾化处理后，与热空气充分接触发生热交换，使液相（水、有机溶剂等）迅速气化，得到干燥的粉末产品。这种方法可以直接使溶液、乳浊液甚至浆料干燥成粉状或颗粒状制品，从而省去了蒸发、粉碎等单元操作[1]。由于雾化液滴具有非常大的表面积，在干燥介质中可以快速实现热量和质量的传递，因此喷雾干燥过程几乎可以认为是瞬间发生的（见图 2-1）。这使得该工艺可以实现连续化、批量化、自动化和低成本生产，也使其成为医药和食品生产等领域优先选择的干燥方法。

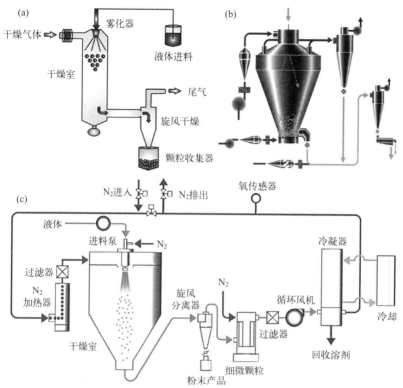

图 2-1　(a) 喷雾干燥系统示意图[2]；(b) 喷雾干燥设备[3]；(c) 闭环系统

(有机溶剂回收、氮气惰性干燥气体回路和非雾化液体进料)[4]

随着技术的发展，喷雾干燥技术不仅用于干燥液体、喷雾造粒等，而且用于物质的微胶囊化 (如图 2-2) 和获得具有先进技术特性的复合粉末。微胶囊化是将固体、液体或气体包裹在一层或多层壳层中，形成微小的胶囊，以保护物质、控制释放、改善稳定性等。

复合粉末是由两种或两种以上不同材料组成的创新物质，具有广泛的特殊性能和应用。通过采用先进的技术，如喷雾干燥技术，可以高效制备用于不同应用场景的复合粉末。复合粉末在材料科学、化学工程和生物医学领域得到广泛应用，每个领域都有其特定的目标。例如：在材料科学中，复合粉末被用来改善如强度、韧性和耐磨性等材料力学性能，推动材料发展的边界，超越传统方法。如图 2-3 所示，为了改善传统球磨法制备 WC-Co 硬质混合料时存在的组分不均匀、组织偏析等问题，有人以钨酸铵、硝酸钴和葡萄糖为原料，按照化学计量表获得前驱体溶液，然后喷雾干燥获得组元均匀、粒度细小的复合粉末。

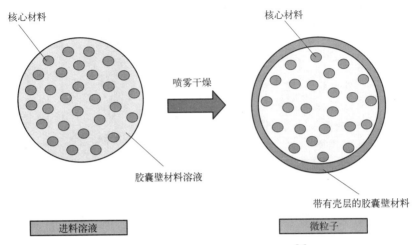

图 2-2　喷雾干燥制备微胶囊示意图[5]

图 2-3　(a) 离心式喷雾转化示意图；(b) 钨钴碳复合粉末形貌图[6]

　　在化学工程中使用复合粉末开辟了新的领域，特别是在催化剂、吸附剂和其他功能材料的制备方面。催化剂是许多工业过程的关键组成部分，通过将催化剂粉体复合化，可以显著提高效率和生产率。此外，复合粉末使合成高级吸附剂成为可能，这些吸附剂具有增强的结合性能和选择性，为更有效的废水处理和气体分离过程铺平道路。在生物医学领域，复合粉末带来了新的可能性，特别是在药物输送、组织工程和其他应用方面。对于药物输送，基于复合粉末的系统提供了一种新的控制释放和靶向输送治疗物质的方法。通过将可生物降解聚合物与生物活性材料或药物剂型相结合，可提供增强的疗效和持续的治疗效果，且能减少副作用。此外，在组织工程中使用复合粉末，创新地制备出模拟天然细胞外基质的功能生物材料，该材料可促进组织再生和修复而不引起不良的免疫反应。

2.1.1　喷雾干燥过程

尽管喷雾干燥整个过程非常短暂和迅速（通常为秒级），但仍然可以将其分为五个主要阶段，如图 2-4 所示：①原料溶液或浆料的预处理；②待干燥液体或者液固混合物的雾化；③热介质和雾化液体之间的接触；④溶剂蒸发；⑤从干燥介质中分离干燥产品。

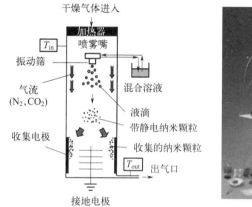

图 2-4　喷雾干燥过程与设备[7,8]

雾化阶段是整个过程的核心。雾化的目的是将料液或者料浆分散成微米甚至纳米级的液滴或者雾滴，此时的原料具有很大的表面积，从而可以充分地与干燥腔体中的热介质发生能量交换，使原料中的液相快速蒸发。由此可见，雾化的效果可以直接影响最终产品的质量和各项技术经济指标。

2.1.2　喷雾干燥系统

喷雾干燥器是一种常用的干燥设备，在不同的材料或产品要求下，可能会有不同的设计。但是，喷雾干燥系统的主要基本单元保持不变，由进料系统、加热系统、雾化系统和气固分离系统等几个主要系统组成。

2.1.2.1　进料系统

进料系统是喷雾干燥系统的一个重要组成部分。根据原料性质特征和产品的要求，进料之前需要对原料进行预处理。这是因为，从化学角度来看，原料中杂质元素的种类和含量会"遗传"和积累到最终的粉体产品中，从而影响最终产品的组成和纯度；从物理角度看，最终粉体产品的形貌、尺寸等特性很大程度上取决于原料的表面张力、浓度、黏度、溶解度等因素，因此对原料的预处理是调控制备粉体特性的重要方式和阶段。例如，对于高纯粉体的制备，原料溶液中杂质含量必须严格控制；对于复合粉体，需要对原料中原子的摩尔比例进行精确控制，并且保证不同组元在溶液中的高均匀分散等。因此在进料系统里通常会有溶解、搅拌和混合等单元操作。

通过预处理，可以将储料系统和进料系统里面的物料稳定地按照一定的比例输送到雾化器。进料方法的选择取决于使用的雾化器和材料的性质。常用的给水泵包括螺杆泵、计量泵、隔膜泵、蠕动泵等。对于气动雾化器，必须提供压缩空气以满足材料雾化所需的能量需求，因此物料泵外部通常需要配置空气压缩机。

2.1.2.2 加热系统

加热系统是喷雾干燥系统的组成部分之一。它为干燥过程提供足够的热量，使用空气（也可以是惰性保护气氛、氧化气氛和还原气氛等）作为加热介质将其输送到干燥器中，与雾化的气溶胶发生充分的热交换。加热系统类型的选择也与许多因素有关，其中最重要的因素是前驱体物料液体的性质和产品的需求。例如，对于在空气中容易发生爆炸和燃烧的有机溶剂，可以采用惰性气体来作为干燥介质。不必过分担心惰性气氛造成的成本问题，这个过程可以设计为密闭的循环过程，在简单地回收净化后继续循环使用惰性气体。

加热设备主要有两种类型：直接供热和间接换热。需要强调的是，根据雾滴在腔体中的流向和热介质流向之间的关系可以分为并流式、逆流式和混流式三种方式，不同的方式由于温度梯度的变化不同导致传热效果（具体包括干燥腔中的温度分布、物料的运动轨迹、停留时间等）有较大差异，从而导致干燥的效果有明显不同。这跟《化工原理》课程里提到的流体热量交换的方式是一致的[9]。因此，需要针对物料属性和产品需求选择不同的热交换方式。此外，由于喷雾过程中整个系统都处于负压状态，因此鼓风机也可以认为是加热系统的一部分。

在这个阶段会经历物料的恒速干燥和降速干燥，这与物料的常规干燥过程是一样的[10]。不同的是，在喷雾干燥过程中，热量由空气通过与雾滴接触的界面进行传递，因此干燥过程中的传热和传质过程以及传递速率都与界面上的温度梯度和浓度梯度等有关，此外喷雾干燥的过程与传统的对流干燥和冷冻干燥等方式相比，干燥速率要提高 1～2 个数量级。

2.1.2.3　雾化系统

雾化系统是整个喷雾干燥系统的核心，这是因为雾化效果直接影响气溶胶和最终材料的显微组织和微观特性。雾化器是喷雾干燥领域中从理论到实践研究最多的内容。目前，常用的雾化方式有很多种，例如：压力式雾化、双流体雾化、超声雾化、离心雾化和静电雾化等[11]。

（1）压力式雾化

压力式雾化是一种广泛使用的液体雾化方法，其中液体在高压下通过小孔或喷嘴被强制喷出。按照文丘里（Venturi）效应[12] ［文丘里管通常由一系列圆锥形的管道组成，其中一个管道的截面积比另一个管道小。当流体通过文丘里管时，由于管道的几何形状变化，流体速度会增加，而静压力会降低，如图 2-5（a）所示］，会在管口的附近产生负压，从而让储罐中的料液随高速气流撞击到阻挡物上，将其粉碎为大小不一的液粒。然后再通过二次筛选，让大多数直径较大的颗粒回落到储液罐中等待再次雾化，直径较小的颗粒则以适中的速度喷出［如图 2-5（b）所示］[13]。液体随后由于剪切应力和与周围空气的气动相互作用等各种力量而分解成小滴。这种方法具有多种应用，包括喷漆、燃料喷射系统和喷雾干燥等。压力雾化的基本机制是高压液体流通过孔隙或喷嘴时形成小滴。液体与周围空气之间的压力差使液体加速并发展出高速度。当液体从喷嘴中出来时，它遇到了湍流气体，这导致高速

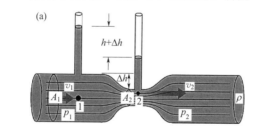

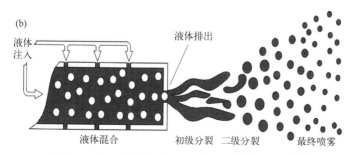

图 2-5　（a）文丘里效应；（b）压力式雾化原理图[13]

液体射流分裂成小滴。这种分裂可以归因于剪切力、气动效应和射流的天然不稳定性。由压力式雾化器产生的气溶胶颗粒直径一般集中在 $3.0 \sim 7.0 \mu m$ 之间，直径 $\leqslant 5.0 \mu m$ 的颗粒一般在 50% 甚至 65% 以上。

压力雾化的影响因素主要有：①液体特性。液体的黏度、表面张力和密度会影响雾化过程和所得到的滴粒特征；②喷嘴设计。喷嘴的设计，包括孔径的形状和大小，直接影响滴粒大小分布和喷雾模式；③压力差。液体和周围空气之间的压力差影响雾化过程，较高的压力差通常会导致更细小的滴粒；④流量。液体流量影响雾化效率和滴粒大小，较高的流量可能会导致更粗大的滴粒，反之亦然。

压力式雾化的优点是雾化效果好。压力雾化可以在相对较短的时间内产生大量的细小滴粒，这使它非常适合需要高通量或快速覆盖的应用；通过调整喷嘴设计和压力差，可以控制滴粒大小分布以适应各种应用。此外压力雾化可广泛用于各类液体，包括高黏度或高固体含量的液体。与其他雾化方法相比，压力雾化系统的设计相对简单，更容易实现，维护问题更少。但是，压力雾化通常需要使用高压泵来实现所需的液体压力，这可能导致大量的能源消耗。由于高压和流量，喷嘴和相关设备容易磨损，导致潜在的维护问题。此外，压力雾化可能对滴粒大小分布的控制有限，特别是对于实现非常细小的液滴而言。

(2) 双流体雾化

双流体雾化，也称为双液雾化或气体辅助雾化，是一种将液体分散成细小液滴的过程，通过使用二次流体（通常是气体）来实现 [如图 2-6(a) 所示]。该过程广泛应用于多个行业，包括制药、食品加工、材料和冶金等领域。

双流体雾化的主要机理涉及两种流体之间的动能交互：一种是主液体，另一种是辅助气体。这个过程通常发生在专门的雾化喷嘴内，液体和气体流经该喷嘴，通过内部或外部混合相互交织 [如图 2-6(b) 所示]。高速气体破碎液体，因为剪切力、湍流涡旋和气动效应将其分散成细小的液滴。

影响双流体雾化的一些关键因素包括液体性质（如黏度、密度和表面张力）、气体性质（如类型、密度和黏度）、喷嘴设计以及操作条件（如液体和气体流量、压力和相对速度）。①液体性质。液体的黏度、密度和表面张力对原子化过程有重要影响。通常情况下，黏度和表面张力增加会导致较大的液滴出现，而较高的密度会导致较小的液滴。②气体性质。气体类型、密度和黏度在原子化过程中起着至关重要的作用。密度较高和黏度较低的气体通常会产生更细的液滴。③喷嘴设计。雾化喷嘴的设计和几何形状，包括小孔的形状和大小、内部混合室以及气体和液体进口的排列方式，都会对液滴的大小和分布产生显著影响。④操作条件。液体和气体的流量、压力以及气流和液流的相对速度都会对原子化过程和液滴特性产生影响。

双流体雾化的主要优点：①能够产生相对较窄的液滴尺寸分布，导致表面积增加，并改善雾化气溶胶与周围环境的接触，这对于各种应用如燃烧、药物输送或涂层工艺等都至关重要。②多功能性。双流体雾化可以适应具有不同黏度和表面张力的各种液体，这使得它成为雾化不同类型前驱体的普遍化技术，包括高黏度液体或表面张力低的液体。③可调性。通过调整操作参数，如液体和气体流量、压力和喷嘴设计等，可以控制液滴的大小和分布，这在调控雾化过程以满足特定应用需求方面具有重要优势。但同时双流体雾化通常需要高压气体供应，相对于压力雾化或离心雾化等其他雾化技术，这将可能导致相对较高的能量消耗；在某些应用中，引入辅助气体可能会导致污染或与雾化气溶胶产生不良反应。

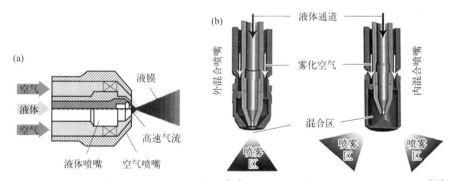

图 2-6 （a）双流体雾化喷嘴的原理示意图[14] 和（b）内混和外混喷嘴区别示意图[15]

(3) 超声雾化

超声雾化是一种利用高频（超声）振动将液体分解成细小液滴的过程。通常采用压电晶体作为超声换能器，将电能转换为机械振动。这些振动产生声波，通过液体传播，使其分解成液滴。超声雾化通常用于加湿、喷涂、燃料喷射和药物传递系统等[16,17]。

超声雾化的机理涉及压电换能器的使用，将电信号转换成机械振动。当电场作用于压电材料时，它的尺寸会发生变化，导致振动。这些机械振动传递到液体介质中。换能器产生的声波在液体中产生压力波动。当压力足够低时，产生空化现象，形成微观气泡。这些气泡坍塌时会产生高速液体喷射，导致液体分解成液滴。此外，超声波在液体表面产生压力场，称为毛细波。当这些毛细波的振幅超过临界限制时，液滴会从液体表面喷出（如图 2-7 所示）。

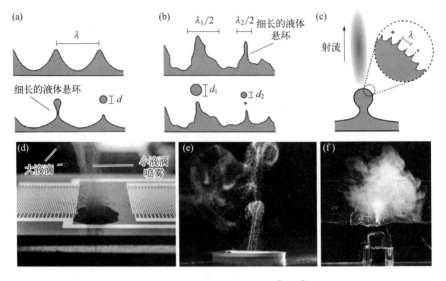

图 2-7　超声波雾化的过程[18,19]

（a）波长为 λ 的理想静止毛细波。当振幅超过一定值，会产生相等大小的液滴，导致单分散液滴的破裂大小为 d；（b）具有最大干涉的毛细波，波长和振幅的分布导致液滴尺寸的分布变宽；（c）法拉第波被叠加在雾化片材料波长的更大波浪上，进而引发了较小的叠加毛细波的破裂。高速摄像机图像显示，在这些更大波浪的顶峰处形成小液滴的喷射，达到最大加速度；（d）用 $5\mu s$ 闪光灯拍摄的 SAWN 雾化片上液滴雾化的照片。根据箭头指示，可以观察到两个液滴尺寸区域；（e）雾化片上的雾化过程；（f）产生大量小液滴的雾化器。可以看出，雾化器是唯一的潜入式雾化器，而对于其他雾化器，则在换能器的顶部放置少量流体

超声雾化的影响因素包括：①超声频率。超声波的频率影响液滴大小和雾化效率。较高的频率往往会产生较小的液滴，而较低的频率可能会产生较大的液滴。②功率密度。超声能量的功率密度影响液滴大小和雾化速率。功率密度的增加可导致更高程度的雾化。③液体性质。液体的黏度、表面张力和密度对超声雾化行为和液滴特性起着重要作用。④换能器设计。超声换能器的大小、形状和材质影响雾化过程的能量传递和效率。⑤环境条件。温度、湿度和环境压力等因素也可以影响超声雾化的过程。

超声雾化对液滴大小的控制性高，可以产生非常细小的液滴，直径从几微米到数十微米不等。通过调整超声频率、功率和其他运行条件，可以控制液滴大小。与压力雾化相比，超声雾化需要的能量输入通常较低，节省能源成本。此外超声雾化不依赖于高压或泵，操作简单，从而减少了设备的磨损和维护要求。这种技术不需要喷嘴，减少了堵塞问题和污染问题，并适用于各种液体，包括低黏度或含少量固相分散体的液体。但同时，超声雾化的可扩展性有限。由于能量传递和声场均匀性的限制，超声雾化不适用于快速制备颗粒或者大批量工业化制备的需求。此外该过程对超声频率、功率、液体性质和环境条件等各种因素非常敏感，需要精细控制以实现最佳性能。还具有价格较高，清洗复杂，故障率高，记忆效应大，精密度降低，使用寿命短暂等缺点，雾化完成后，储料容器中依然有较多剩余料液，浪费大，也不能处理高黏度液体或高固含量的分散液。

（4）离心雾化

离心雾化，也称为旋转雾化，是一种将液体喷到旋转盘或旋转杯上的过程，在离心力作用下形成薄液膜。当液体在盘或杯表面向外移动时，到达边缘处，由于高离心力作用，液体分离成液滴并破碎。这种过程通常用于制备微粒或纳米粒子，例如在药物制备、食品加工和材料科学等领域中的应用。离心干燥是一种将雾化后的液滴进行干燥的过程，通常在高温、低湿度的环境中进行，以便快速去除液滴中的水分，得到干燥的粉末[20]。

具体地，离心雾化是将液体或溶液放入一个旋转的容器中，通常是一个圆盘或圆柱。当容器开始旋转时，液体或溶液会受到离心力的作用，被迫向容器的外侧移动。当液体或溶液达到容器的边缘时，由于离心力的作用会被抛出形成微小的液滴，这些微小的液滴在空气中飞散，形成一种雾状的物质。如图 2-8 所示。

离心雾化是一个复杂的过程，需要考虑的因素很多。通过精确地控制这些因素，我们可以得到理想的雾化效果。通过调整容器的旋转速度和液体或溶液的性质，可以控制雾化过程的效果，例如雾滴的大小和分布等。一般容器的旋转速度越快，离心力越大，液滴越小。但是如果旋转速度过快，可能会导致液滴的分布不均匀。液体的性质，包括其黏度、表面张力、密度等，也会影响离心雾化的效果。一般来说，黏度和表面张力越大，液滴越大，雾化效果越差。另一方面，密度越大的液体适合产生较大的液滴，因此，在选择液体时需要考虑这些因素。不同的液体或者溶液有不同的黏度和表面张

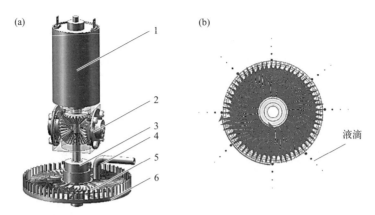

图 2-8　（a）离心式雾化器的主要结构；（b）离心式雾化器雾化过程的示意图[20]

1—电机；2—锥齿轮换向器；3—旋转盘法兰；4—管道；

5—凹槽式旋转盘；6—齿轮旋转环

力，这会影响雾化的效果。黏度越大，表面张力越大，液滴越大。温度和湿度会影响液滴的蒸发速度，从而影响雾化的效果。一般温度越高，湿度越低，蒸发速度越快，雾滴越小。喷嘴的设计会影响液滴的形状和分布。通常喷嘴的孔径越小，喷射角度越大，雾滴的大小越小，分布越均匀，雾化效果越好。但是，如果喷嘴的孔径过小，可能会导致液体不能有效地被抛出，影响雾化效果。温度和湿度会影响液滴的蒸发速度，从而影响离心雾化的效果。一般来说，温度越高，湿度越低，蒸发速度越快，产生的液滴越小，雾化效果越好。但是，如果温度过高，湿度过低，可能会导致液滴过快地蒸发，形成空心球或者导致粉末颗粒的爆裂破碎，影响雾化效果。在实际操作中，这些因素之间可能会存在相互影响，因此，需要通过实验来确定最佳的操作条件。

　　离心雾化具有显著的优点：简单易用，离心雾化可以从各种液体中产生液滴，无需高压泵或喷嘴；适用液体范围广，可以用来处理各种液体，包括高黏度、高固体含量和高熔点的液体；可以调控液滴尺寸，通过调整旋转速度和液体流量，可以在一定程度上控制液滴尺寸和分布，以适应各种应用的需要。但同时离心雾化也具有缺点：与超声或双流体雾化等其他方法相比，离心雾化通常会产生较大的液滴尺寸，不适用于需要更细液滴的某些应用；离心雾化过程需要电源以维持盘或杯的恒定旋转速度，导致能量消耗；离心雾化设备的连续使用可能会导致磨损，需要定期维护和更换零部件等。

（5）静电雾化

静电雾化是一种通过静电场使雾化颗粒带电的过程。颗粒获得电荷后，它们会互相排斥并从带电的表面上脱离，以确保更细和更均匀的分散。静电雾化广泛应用于涂料喷涂、杀虫剂或药物输送系统等应用中。

静电雾化器的工作原理是：当高压静电场作用于液体表面时，液体表面会产生微小的凸起，称为泰勒锥。当泰勒锥的尖端达到临界半径时，会从液体表面脱离出来，形成带正电荷的微小液滴，这些液滴在静电力和空气阻力的作用下向对极方向飞行，并在飞行过程中进一步分裂成更小的颗粒。静电雾化器的主要组成部分有：金属针或金属网，作为雾化极，向液体提供高压静电场；对极板或对极针，作为对极，与雾化极形成电位差；液体储存器或输送管道，用于储存或输送待雾化的液体。静电雾化的过程包含以下步骤：①雾化。通常使用压力或辅助空气雾化方法将液体雾化成液滴。②充电。液滴通过静电场，带上电荷（如图 2-9 所示）。③分散。获得电荷后，液滴因静电排斥力互相排斥，并排斥带电表面。这种排斥力有助于形成更均匀的分布和更细的喷雾。

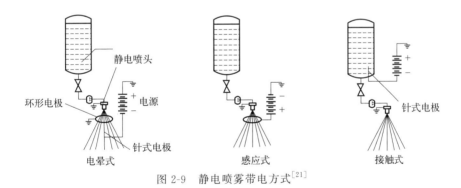

图 2-9　静电喷雾带电方式[21]

雾滴带电方式有三种：电晕式、感应式、接触式。

① 电晕带电方式。在被施加静电负高电压的针式电极与接地的环形电极间存在电势差，使针式电极端发生电晕放电，附近产生大量正负离子。正离子瞬时被针式电极吸附并转为中性，负离子受到同性针式电极的排斥在周围形成离子区。从喷头喷出的雾滴经过离子区时与离子相撞带上负电荷。电晕带电电压一般大于 20kV，绝缘要求较高，电源供电能力要求较高。

② 感应带电方式。喷头喷出的雾滴经过被施加静电正高电压的环形电

极时，通过感应带上负电荷。可以分为气力式和液力式感应喷头，带电电压一般远小于 20kV，绝缘要求不高，电源供电能力要求不高。

③ 接触带电方式。被施加静电负高电压的针式电极直接浸入料液中，使料液带负电荷，从喷头喷出的雾滴也带上负电荷。接触式静电电压一般大于 20kV，绝缘要求较高，电源供电能力要求较高。

依据雾滴带电荷的数量由多到少排序：接触式、感应式和电晕式。但接触式和电晕式静电电压均大于 20kV，绝缘要求高，安全隐患大。因此，静电喷雾设备以感应式带电方式最普遍。

静电雾化的影响因素主要有：①电压和电场。电场的大小和施加的电压可以影响液滴的电荷，从而影响喷雾的行为。②液体性质。液体的导电性、黏度和表面张力可以改变雾化和充电的过程。③雾化器设计。雾化器的设计和操作可以影响液滴的大小和喷雾的分布。④表面性质。沉淀基底表面的性质，例如几何形状和静电荷，可以影响液滴如何涂覆表面等。

静电雾化的优点：①雾化充分，利用率高。静电力将带电液滴推向被涂覆的表面，减少喷雾漏喷和提高转移效率。②均匀涂覆。静电雾化确保涂层均匀一致，带电液滴包裹在目标表面周围，雾滴飞散少，作业环境条件改善。③减少浪费。提高转移效率可减少材料浪费和降低成本。④环境影响较小。通过减少喷雾漏喷和废料可降低环境足迹。⑤生产效率高，适合自动化大批量生产。但是静电雾化的材料兼容性有限，该过程不适用于导电性高的材料，例如水基涂料。高压电场中存在电火花引发火灾等隐患，可能对人员和设备构成潜在的危害。此外，系统可能需要定期维护以确保操作安全。与传统喷涂方法相比，静电雾化系统可能前期设备成本更高。

此外，静电雾化也经常用于静电喷涂领域，如旋杯雾化技术，如图 2-10 所示。涂料首先被输送到高速旋转的杯头中心（旋杯在负载下，转速为 5000～5500r/min）。在此，杯头被充电并传递 80kV 的高电压给涂料。当涂料接触到带电的杯头时，会被高压充电带负电荷。由于这些电荷相互排斥，当涂料离开杯头时，涂料颗粒被电荷分裂成更小、更均匀的颗粒，直到涂料的表面张力与电荷相斥相平衡。静电作用与高速旋转的离心力相结合，产生更好、更均匀的涂料颗粒，这些带有高压电荷的颗粒被吸引到接地良好的工件上，从而获得出色的表面质量和极高的涂料传递效率。

常见的雾化方式产生液滴效果的比较如表 2-1 所示，不同雾滴发生器的优缺点对比如表 2-2 所示。

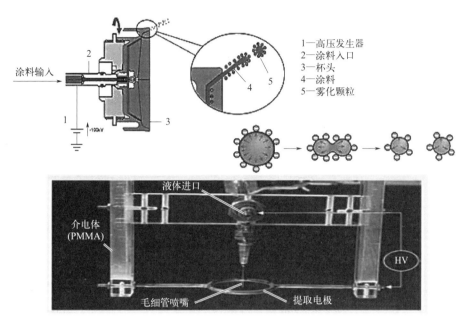

1—高压发生器
2—涂料入口
3—杯头
4—涂料
5—雾化颗粒

涂料输入

图 2-10 旋杯静电喷枪的工作原理[22-24]

表 2-1 常用雾化器的参数对比

雾化器	雾滴尺寸/μm	雾化率/(cm^3/min)	雾化速率/(mL/s)
压力雾化	20~200	3~100	1~10
双流体雾化	10~100	10~100	1~10
离心雾化	40~200	10~1000	10~100
超声雾化	1~20	<1	0.1~1.0
静电雾化	10~100	1~10	1~10

表 2-2 各常用于喷雾热解的不同雾滴发生器的优缺点对比

雾化发生器	雾化机理	优点	缺点
压力雾化	压力液体膨胀产生剪切力	设备结构简单,操作方便; 可以获得相对均匀的液滴分布	需要较高的压力,能耗相对较大; 对液体的黏度和物理性质有一定要求
双流体雾化	压缩气体膨胀带动液体产生剪切力	可以获得较小的液滴,雾化效果好; 对液体的物理性质要求较低,适应性强	设备复杂,操作和维护相对困难; 需要较高的气体压力和流量

续表

雾化发生器	雾化机理	优点	缺点
离心雾化	通过离心力将液体甩出形成液滴	产生非常细小的液滴；与多种液体兼容，包括高黏度或高固体含量的液体；设计相对简单，易于实现和维护	设备比较昂贵，在液体含有高浓度固体颗粒物的情况下，可能会导致喷嘴堵塞；过程中可能会产生较强的旋转气流，这可能会导致喷雾和液滴大小分布不均匀；可能会导致一些液体成分的损失，例如易挥发的化合物
超声雾化	压电片产生的超声空化剪切力	直径小于 $10\mu m$ 的均匀液滴；易于操作，能耗低	对液体的物理性质有一定要求；设备成本高，生产效率相对较低
静电喷雾	针头和基板表面之间形成的高偏压电场产生的组合剪切力	可以获得纳米级别的液滴；雾化效果好，适合精密和高科技应用	设备复杂，成本高；对液体的导电性有要求

　　雾化系统是喷雾干燥过程中非常重要的组成部分，其主要作用是将液体喷雾成细小液滴，因此喷雾器的性能对喷雾干燥的效果有着重要影响。粉末冶金制粉时采用气雾化和水雾化工艺，喷雾系统需要承受较高的温度和流体冲蚀作用，喷嘴的服役环境更为恶劣，因此对其高温耐腐蚀耐磨损等性能的要求更高。在喷雾干燥中，液体被喷向热风中，形成细小液滴，然后在热风中快速干燥。喷雾干燥过程中液体的温度较低，因此雾化器的要求相对较低，对于耐温、耐腐蚀以及使用寿命的要求较低。

2.1.2.4　气固分离系统

　　干燥后，液滴失去大部分水分，然后形成粉末和颗粒状产品，其中一些从干燥塔底部的气体中分离出来，并从干燥器中排出，另一些随尾气进入气固分离系统进行进一步分离。气固分离可分为干法分离和湿法分离。最常用的气固分离设备为旋风分离器和布袋分离器。

　　旋风分离器是一种用于气固体系或者液固体系的分离设备。它的工作原理是利用气流切向引入造成的旋转运动，使具有较大惯性离心力的固体颗粒或液滴甩向外壁面分开。旋风分离器的主要特点是：结构简单、操作弹性大、效率较高、管理维修方便，价格低廉；没有转动部件，不需要清理滤材，工作时也不需要使用工厂里的压缩空气和电；用于捕集直径 $5\sim10\mu m$ 以上的粉尘，广泛应用于制药工业、流化床反应器等领域。但是旋风分离器的分离效率不高，对粉尘性质敏感，如粒度、密度、湿度等变化会影响分离效果，不能处理含油或含水的气固混合物等。

布袋分离器是一种利用布袋或其他纤维织物作为过滤介质，将气固混合物中的固体颗粒捕集在表面的分离设备，布袋分离器常用于化工、冶金、电力等行业。布袋分离器的优点是：分离效率高，可捕集 0.1～10μm 的粉尘，适用于各种性质的粉尘，可处理大风量、高温、高压的气流。但是布袋分离器需要定期清理或更换布袋，维护成本较高；需要使用压缩空气或其他方式反吹清灰，耗能较大；不适用于含油或含水的气流。由于气固分离系统目前相对比较成熟，本书就不再赘述。

综上所述，喷雾干燥作为一种粉体的制备方式，其具有显著的优点：①干燥速度快，干燥时间短（一般不超过 30s），适用于热敏性物料；②可以对干燥过程进行灵活调控，比如组分配比，温度、流速、雾化量等；③可以获得不同形貌的粉体材料，得到的粉体组分均一，流动性好；④工艺流程简单，可以省去蒸发和结晶等单元操作，有利于实现过程的自动化控制和连续化生产；⑤该过程一般在密闭容器中进行，不存在粉尘污染的问题，有利于环境保护。通过对原料和喷雾干燥工艺参数的控制，可以用来制备不同形貌和显微特性的粉体，如图 2-11 和图 2-12 所示。

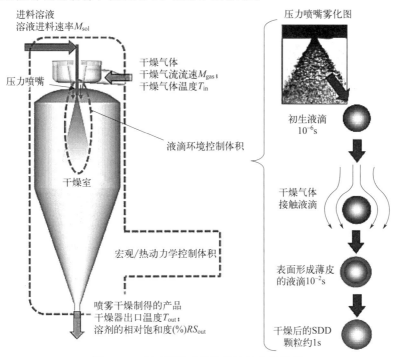

图 2-11　喷雾干燥过程及雾滴的变化情况

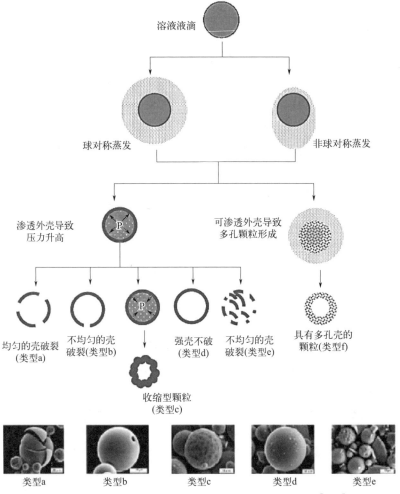

图 2-12 喷雾干燥的过程示意图以及物料的变化情况[25-29]

2.2 喷雾热解

喷雾热解，可以理解为一种特殊情况下的喷雾干燥，采用的设备也与喷雾干燥类似（如图 2-13 所示）。但是喷雾热解加热腔体的温度通常要高于液相前驱体的分解温度，从而产生除了干燥和结晶之外的一系列变化，包括盐的熔化、热分解、相转变、烧结等过程，反应过程也远比喷雾干燥更复杂。因此，在喷雾热解过程中加热腔体不仅扮演了喷雾干燥中干燥的角色，还起到了反应容器和热处理腔体的效果。尽管喷雾热解最明显的是加热腔体中的温度更高，但实际上对其他系统也会产生显著的影响，比如雾化系统和气固分离系统需要承受更高的温度和热腐蚀，此外，盐溶液分解后通常也会产生一些腐蚀性的气体，从而对腔体和系统中与气体接触的部件提出了更高的性能要求。其次，是原料的选择。通常喷雾热解为了降低成本需要使前驱体盐溶液在较低的温度下进行分解，这就要对前驱体盐溶液进行筛选，以满足产品特性、环境友好和成本低廉等方面的需求；而喷雾干燥进行处理之后物相不会发生变化，因此不需要考虑这方面的因素。

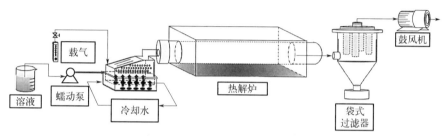

图 2-13 喷雾热解系统的示意图[30,31]

2.2.1 喷雾热解过程

喷雾热解实际上是一个气溶胶被同时加热分解和热处理的过程，但与一般的气溶胶过程不同，它是以液相溶液作为前驱体，因此兼具气相法和液相法的诸多优点：①原料在溶液状态下混合，可保证组分分布均匀，而且工艺过程简单，组分损失少，可精确控制化学计量比，尤其适合制备多组分复合粉末；②微粉由悬浮在空气中的液滴干燥而来，颗粒一般呈规则的球形，粒度均匀可控，而且少团聚，分散性好，无须后续的洗涤研磨，保证了产物的高纯度，高活性；③整个过程在短短的几秒钟迅速完成，因此液滴在反应过程中来不及发生组分偏析，进一步保证组分分布的均一性；④工序简单，一步即获得成品，无过滤、洗涤、干燥、粉碎过程，操作简单方便，生产过程连续，产能大，生产效率高，非常有利于大规模工业化生产。

该工艺包括以下几个关键步骤：溶液的配置、喷雾、加热分解和粉料收集。水溶液是最常用的，为了调节喷雾液的黏度和表面张力，可在水中加入适量的可溶性有机物，如醇类、表面活性剂等。作为前驱体的金属盐类，可用硝酸盐、乙酸盐、氯化物等，硫酸盐的分解温度较高，因此比较少用，除盐类的溶液之外，也可用胶体。如果选用合适的物质作前驱体，并在无氧气氛中热分解，则可制造非氧化物颗粒。

在喷雾热分解法制备超细粉体过程中，雾化的气溶胶液滴进入干燥段反应器后，即发生如下的传热、传质过程：①溶剂由液滴表面蒸发形成蒸气，蒸气由液滴表面向气相主体扩散；②溶剂挥发时液滴体积收缩；③溶质由液滴表面向中心扩散；④由气相主体向液滴表面的传热过程；⑤液滴内部的热量传递。

前驱体溶液雾化后，液滴将发生如下过程：溶剂蒸发，液滴直径变小，液滴表面溶质浓度不断增加并在某一时刻达到临界过饱和浓度，液滴内将发生成核过程，成核的结果是液滴内部任何地方的浓度均小于溶质的平衡浓度。成核后，液滴内溶剂继续蒸发，液滴继续减小，液滴内溶质的质量百分数继续增大，不考虑二次成核，液滴内超过其平衡浓度的那部分溶质将全部贡献于液滴表面晶核的生长；同时，晶核也会向液滴中心进行扩散。随着晶核的进一步扩散和液滴直径的进一步减小，液滴表面具有一定尺寸的晶核互相接触、凝固并直至完全覆盖液滴表面，则液滴外壳生成，此后液滴的直径不再发生变化。外壳生成后，液滴内的溶剂继续蒸发，超过其平衡浓度的溶质在液滴壳以内的晶核表面析出（不含外壳），促使这部分晶核长大。如果外壳生成时，液滴中心也有晶核，则生成的粒子为实心粒子；如果液滴中心没有晶核，则生成的粒子为空心粒子。颗粒外壳是由晶核互相接触、凝固而形成（如图2-14所示）。此外，图2-15示意性地展示了导致液滴沉淀的条件和溶液化学如何影响颗粒形态和微观结构。如果需要致密的颗粒，必须首先在液滴中实现均匀的成核和生长［在图2-15(a)中称为体积沉淀］。小液滴尺寸和缓慢干燥有助于降低溶质浓度和温度梯度。过饱和浓度与溶液中溶质的饱和浓度之间的较大差异会增加成核率。具有高溶质溶解度和溶质溶解度的正温度系数也很重要，以便有足够的溶质可用于形成接触初级颗粒的填

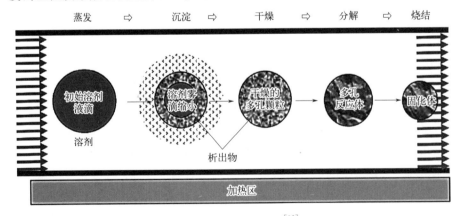

图 2-14　喷雾热解过程[32]

充团块。此外，沉淀的固体在分解阶段不应是热塑性的或熔化的。图 2-15 (b) 说明了合成具有各种微观结构特征的多组分和复合颗粒有多种可能性。喷雾热解过程中影响颗粒结构形成的因素如表 2-3 所示。

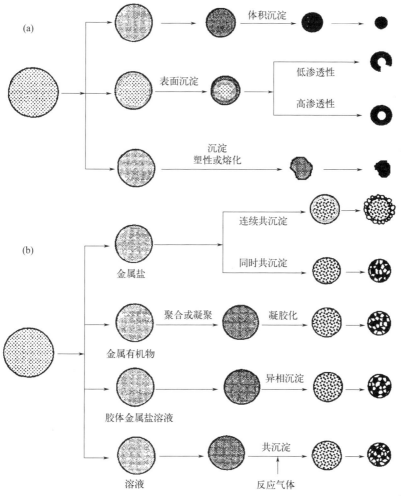

图 2-15　沉淀条件和前驱体特征对 (a) 颗粒形态和 (b) 复合颗粒微观结构的影响[32]

表 2-3　喷雾热解过程中影响颗粒结构形成的因素

过程阶段	雾化	干燥析出	高温分解	烧结
典型过程				

续表

过程阶段	雾化	干燥析出	高温分解	烧结
空心	大液滴	快速蒸发,较低过饱和度,表面反应颗粒液化	气体释放,低渗透性外壳	较低温度,短停留时间,缺乏致密化
密实	小	缓慢蒸发,较高过饱和度,凝胶/聚合水解作用	高渗透性外壳,高分解温度	高温,长停留时间,致密化均匀收缩
单晶	小	缓慢蒸发,较高过饱和度,凝胶/聚合水解作用	高渗透性外壳,高分解温度	高温,长停留时间,致密化完全,晶粒长大
层状结构	小	溶解度差异大	不同相之间无反应	质量传递,低润湿性,相分离

例如:通过镍、铁、锌混合硫酸盐溶液可以制备 200nm 软磁铁氧体微粉。其中的物理变化过程包括雾化、蒸发、析出、干燥、分解和烧结(固相、液相烧结),其中在干燥阶段的传热传质过程包括了气体主体向液滴表面传热过程;溶剂向液滴表面蒸发,蒸气由液滴表面向气体扩散;溶剂挥发使液滴体积收缩;溶质由液滴表面向中心扩散;液滴内部的热量传递。一般来说,溶质扩散及液滴收缩过程为控制步骤。

2.2.2 喷雾热解系统

喷雾热解所需设备与喷雾干燥相同,不同的是该设备需要承受更高的反应温度。喷雾热解需要对喷雾在极短的时间内进行传热,这就要求在加热系统中提供更多的热能。此外,喷雾加热的加热腔体又是发生热解的反应腔体,热解反应是以单个液滴为反应单元快速实现的,溶剂蒸发与金属盐热解在瞬间同时发生,生成产物与原料盐具有不同的化学组成;此外产物中可能存在较多分解后的气体,这些气体有时是带腐蚀性的无机气体,会对设备造成较大的腐蚀,因此需要在分解反应腔体及随后的通路和系统进行高温防腐处理。与喷雾干燥类似,喷雾热解包括以下几个子系统,分别为进料系统、负压系统、雾化系统、热解腔体和收粉系统[33]。

为了使加热腔体获得较高的温度,通常有两种喷雾热分解方法,一种方法是将溶液喷到预先加热好的分解腔体内;另一种方法是将溶液喷到高温火焰中。多数场合使用可燃性溶剂(通常为乙醇),以利用其燃烧热。前者是常见的喷雾热解方法,又可以称为溶液蒸发分解法;后者为火焰喷雾热解法。图 2-16 展示了不同的喷雾热解设备示意图和实物图。不同喷雾热解技术的特点及其在制备各种纳米结构中的应用总结见表 2-4。

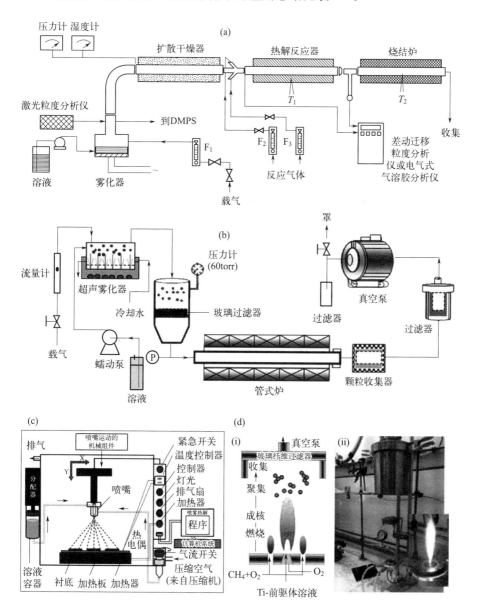

图 2-16　不同的喷雾热解设备

（a）SP 设备示意图[34]；（b）（c）自动喷雾热解设备示意图[35,36]；（d）澳大利亚国立大学纳米技术研究实验室用于合成和收集 TiO_2 纳米结构粉末的火焰喷雾热解燃烧器，其中图（ⅰ）为示意图，图（ⅱ）为实物照片[36]

表 2-4　不同喷雾热解技术的特点及其在制备各种纳米结构中的应用[37,38]

喷雾热解技术	优点	缺点	纳米结构
喷雾热解法	连续过程； 可扩展性强； 一锅法合成； 高效率； 低成本	低振实密度； 低结晶度	空心/多孔/致密球体； 核壳/卵黄壳； 纳米片； 纳米复合材料
火焰喷雾热解法	成分均匀； 过程连续； 高温； 高结晶度	控制性差； 一致性差	超细纳米颗粒； 纳米复合材料

2.3　雾化机理

雾化装置是喷雾热解的核心和关键构件，雾化过程就是最大限度地将原料分散，极大地增加反应物料的表面积，从而使传热和传质过程同时从整个溶液系统中分离出来，成为独立单元进行。例如：体积为 $1cm^3$ 的溶液，如果作为一个整体，其表面积为 $4.84cm^2$，若将其分散成直径 $10\mu m$ 的球形液滴，其表面积为 $6\times10^3\,cm^2$，雾化后液滴的表面积增加了 1240 倍，从而极大地提高了传热和传质的效率，缩短了反应所需的时间[39]。当物料被雾化成液滴或者雾滴时需要克服一定的力，如表面张力和黏滞力等，因此需要提供能量对其做功。此外，雾化装置周围的环境压力和气体流动也会对雾化效果产生影响[40]。

采用雾化装置或喷嘴对液体进行雾化是最简单、最容易实现的手段，而喷嘴的作用就是使液体流变形为液膜或直径较小的射流。对于不同的液体及雾化要求，需要采用不同的喷嘴结构，其遵循的物理机理都是相同的。由于一般液体具有很强的变形能力，在雾化过程中，其自身的表面张力与黏性力（内力）和气动力（外力）构成一对矛盾的对立面，这一对矛盾的不断变化和平衡，导致液体雾化液滴的产生。由于液体内力的改变受到许多条件的限制，因此喷嘴的结构变化及改进就成为调和上述矛盾的主要手段。可见，喷嘴是压力雾化中最为核心的部件。

考虑到工业化规模化应用，目前喷雾热解最为成熟的雾化方式为压力雾化和双流体雾化，这两种雾化方式都要用到喷嘴。通过喷嘴进行液体雾化的途径主要有两条：即射流破碎雾化和薄膜破碎雾化。

2.3.1　射流破碎雾化

射流破碎雾化（jet atomization）是一种液体喷射技术，它利用高速流体射流的动能打破液体，形成细小的液滴。射流破碎是基于射流本身的初始动能，借助于射流与环境介质之间的相互作用实现雾化。这种方法在许多领域都有应用，如航空发动机的燃料喷射、火灾救援的水雾化等。

射流破碎雾化的过程涉及液体的稳定性和流体动力学。当液体以一定的速度和压力喷出时，它会形成一个高速的液柱。由于液柱表面存在不稳定性，它会开始振动并形成液滴，这些液滴进一步破碎，形成更小的液滴。如果不考虑液体黏性，仅考虑液体表面张力，可以认为雾化过程流动的不稳定是液滴分裂直接造成的，此时射流不稳定主要归结于表面张力。定义最大表面波增长率为：

$$\omega_{\max} = 0.97 \sqrt{\frac{\sigma}{\rho d_0^3}} \tag{2-1}$$

对应的波长为：

$$\lambda_{\mathrm{dom}} = 4.508 d_0 \tag{2-2}$$

式中，$\omega_{\max}$ 为最大表面波增长率；σ 为液体的表面张力，N；ρ 为雾化液体密度，$\mathrm{kg/m^3}$；d_0 为喷孔直径，m；λ_{dom} 为扰动波长，m。

从理论上得出液体射流破碎时的表面扰动波长为射流直径的 4.508 倍[41]。液体射流不稳定扰动波长增长到液体射流直径的 50% 左右时，射流再也无法保持稳定状态，射流开始产生分裂，生成的液滴平均直径为射流喷孔直径的 1.89 倍，即雾化液滴直径（d）与喷孔直径（d_0）成经典的正比关系（$d = 1.89 d_0$）。

由于只考虑了液体表面张力，把表面张力作为唯一抑制液滴分裂的因素，而忽略了液体黏性力的作用，对黏性作用影响较大的液体适用性受到严重限制。因此，在此基础上引入黏性力、密度因素，认为环境介质对液体施加的曳力是导致液体分裂的主要外力，液体射流分裂后形成的液滴直径尺寸，与受环境气体的曳力及本身表面张力的大小有关[42]。该关系表明存在一个引起射流破碎形成液滴的扰动波长 λ_{dom}，以及一个最小扰动波长 $\lambda_{\min}$。若提供给射流的初始扰动波长小于 $\lambda_{\min}$，由于液体的表面张力的抑制，扰动在液体中逐渐被消化，转化为内能；若初始扰动波长大于 $\lambda_{\min}$，液体的表面张力不足以抑制扰动波，会促进扰动振幅的增加，导致液体分裂。对于非黏性流体：

$$\lambda_{\min} = \pi d_0 \qquad (2\text{-}3)$$

$$\lambda_{\text{dom}} = \sqrt{2}\,\pi d_0 \qquad (2\text{-}4)$$

对于黏性流体：

$$\lambda_{\min} = \pi d_0 \qquad (2\text{-}5)$$

得到了液体射流失稳时表面扰动波的波长理论方程[43]：

$$\frac{\lambda_{\text{dom}}}{d_0} = \pi\sqrt{2}\left(1 + \frac{3\mu}{\sqrt{\rho\sigma d_0}}\right) \qquad (2\text{-}6)$$

式中，μ 为液体的黏性系数，m^2/s；ρ 为雾化液体密度，kg/m^3；σ 为液体的表面张力，N；d_0 为喷嘴出口直径，m。当不考虑液体黏性时，即 $\mu=0$，该式可以简化为 $\frac{\lambda_{\text{dom}}}{d_0}=4.44$。

因此，强化液体射流的扰动、促进液体射流表面不规则形状的形成和发展，是射流破碎而进一步形成液滴的有效措施[44]。

2.3.2 薄膜破碎雾化

薄膜破碎雾化（film atomization）是另一种常见的雾化技术，是指在高速气流的作用下，将液体注入气流中形成的一种液膜状喷流，通常用于燃料喷射系统。在这种方法中，液体首先形成一个薄膜，然后由于流体动力和表面张力的作用，薄膜破碎成液滴。薄膜破碎雾化的过程首先是液体通过喷嘴形成一层稳定的薄膜，然后由于薄膜不稳定性，薄膜开始波动并形成液滴，这些液滴随后会继续破碎，形成更小的液滴。

根据液膜的形状和流动方式，薄膜破碎雾化一般被划分为平面液膜破碎雾化、扇形液膜破碎雾化和环状液膜破碎雾化三种[45,46]。

平面液膜破碎雾化是指液体被喷射成一层平面液膜流动，其特点是流动稳定、流量均匀、喷头结构简单。平面液膜喷头结构通常为一组平行放置的细孔，液体经过喷嘴时，形成一层平面液膜，受气流的剪切力作用，液膜会被分散成小液滴，从而实现气液分散混合的过程。平面液膜射流广泛应用于化工、制药、生物技术等领域的气液混合反应中。

扇形液膜破碎雾化是指将液体喷射成扇形液膜流动，喷头结构一般为一组弯曲的细孔，液体经过喷嘴时，形成一层扇形液膜。扇形液膜射流的特点是液膜面积大、液膜厚度均匀、气液混合效果好，广泛应用于化工、环保等领域的气液混合反应中。

环状液膜破碎雾化是指将液体喷射成环状液膜流动，喷头结构一般为一个环形细缝，液体经过喷嘴时，形成一层环状液膜。环状液膜射流的特点是液膜流动速度快、喷射距离远、液膜流动稳定，广泛应用于石油化工、环保等领域的气液分离和气液混合反应中。

随着测试手段的不断完善，许多先进的测试设备被用于射流分裂机理研究，包括背景光成像法[47,48]、高速摄影[49]、激光阴影法[50,51]；全息成像法[52-54] 等，这使得对喷嘴的整个雾化过程进行全面进行观察逐渐成为可能。随着实验数据的可靠性和完整性的不断提高，对喷嘴雾化机理的认识也逐渐清晰，这为喷嘴结构的设计改进提供了更多的参考依据。

图 2-17（见文后彩插）（a）（b）为实验拍摄 LMR＝1.52 的背景光图像，液体射流在气膜的作用下弯曲变形，射流表面产生不稳定波动，随着不稳定波的增长，液体射流破碎断裂。图 2-17(c) 中红色部分为仿真结果的轮廓线，可以看出仿真结果与实验结果吻合得较好，并且仿真捕获到了破碎后的液滴等细节，说明仿真方法可行。不稳定波波长的对比如图 2-17(d) 所示，实验与仿真结果吻合得较好，在射流临界破碎处的不稳定波波长的误差最大[55]。

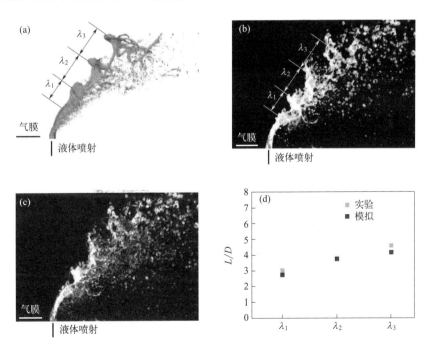

图 2-17　（a）仿真结果；（b）实验结果；（c）破碎图像对比；（d）不稳定波波长对比

2.3.3　雾化过程中的不稳定波

不稳定波是液流破碎雾化的关键[56]，对雾化过程中的不稳定波问题的研究已经形成了不同的雾化机理，如湍流扰动理论、空气动力干扰理论、空气扰动理论、压力振荡理论、边界条件突变理论等[57]。

气液两相流动的界面会有不稳定波，这种波叫做开尔文-亥姆霍兹波，它和液体表面张力有关。通过研究内混式气液射流喷嘴发现，气液界面是一个很薄的层，会产生气液不稳定波，波长和气体漩涡的厚度有关。射流速度越快，波长和表面张力的关系就越不明显[58]。

瑞利理论认为流体不稳定性只和液体表面张力有关，而且在射流中处处一样[59]。这些研究都假设扰动随时间增长，但实际上这些假设都偏离了实验条件，比如喷嘴出口处扰动是稳定的，不随时间变化，而液体性质随空间位置变化更多，所以扰动在空间上也会增长。因此瑞利理论只适用于韦伯数很小的情况〔韦伯数（Weber number）是流体力学中的一个无量纲数，表征惯性力与表面张力的相对大小。韦伯数的定义为：$We = \rho u^2 L / \sigma$，其中，ρ 为流体密度，u 为流体速度，L 为特征长度，σ 为表面张力系数〕。基于这些发现，有人在瑞利理论基础上建立了一个新模型，它考虑了更长的扰动波长和更快的扰动增长速度[60]。如果气体射流比液体射流快很多，就会产生开尔文-亥姆霍兹不稳定波，这种波会让液滴发生二次断裂，变得更小，其大小和不稳定波波长差不多[61]。此外，也可以考虑用线性不稳定理论来研究射流雾化机理[62-64]。根据气液两相的质量和动量守恒，并考虑气液两相的速度、密度、气体压缩性、液体黏性和表面张力的作用，建立了一个方程来描述液体射流和液滴断裂的过程。这个方程是一个复数指数方程，根据该方程，扰动波增长率和扰动波波长有关。

泰勒根据线性稳定性理论[65]，研究了黏性流体射流在运动过程中，自由表面上产生风生波的机理，进行时间模式下的射流稳定性分析。研究发现，当毛细作用特征长度 $\sigma / \rho_g u_0^2$ 小于扰动波波长时，射流的扰动会随着时间变大而变得不稳定；对于特定的 $(\sigma / \rho v_1 u_0) \sqrt{\rho / \rho_g}$ 和扰动波长，存在最大的扰动增长率，当 $\sqrt{\rho / \rho_g} \ll 1$ 时，增长率随 $(\sigma / \rho v_1 u_0) \sqrt{\rho / \rho_g}$ 的增大而增大；扰动波出现最大增长率引起射流分裂形成液滴，此时波长计算使用的滴径与射流速度的平方成反比关系。

液体破碎过程中有两种不稳定机制，一种是瑞利泰勒（R-T）不稳定，它是因为不同密度流体之间的速度差；另一种是开尔文-亥姆霍兹（K-H）不稳定，它是因为气液两相之间的速度差[66]。图 2-18 显示了沿射流方向的不稳定波和柱状破碎过程。R-T 不稳定波从高压区开始产生，在 t_0 时刻；0.12ms 后不稳定波的振幅及波长均增大了；0.24ms 后不稳定波达到临界破碎的波长，不稳定波的波谷已经发生了部分的破碎，同时新的 R-T 不稳定波又生成了；经过 0.36ms 后不稳定波的波谷处已经完全与连续射流断裂开，破碎后的液丝呈带状分布[55]。

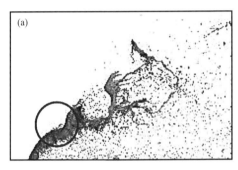
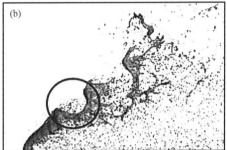
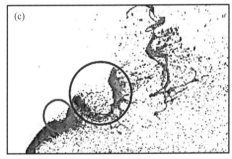
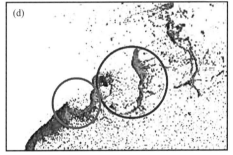

图 2-18　R-T 不稳定波的发展过程

(a) t_0；(b) $t_0 + 0.12$ms；(c) $t_0 + 0.24$ms；(d) $t_0 + 0.36$ms

根据泰勒射流的线性稳定性理论，研究了高压下液体射流的扰动波变化，得到了类似的结果[67,68]，证明了喷嘴出口处的初始扰动振幅对雾化很重要，发现气液交界面上的剪切波能够增加射流的动能，解释了剪切波在雾化中的作用，认为压力波动导致的气液交界面不稳定性是雾化的主要原因[69]。

同样，用线性稳定性理论，对于空间模态下黏性液体射流的自由表面上存在的小扰动进行了研究[70,71]，发现黏性液体的射流破碎行为与 Re、We、

$\sqrt{\rho/\rho_g}$ 三个无量纲的综合参数相关。液体射流破碎过程包括毛细力的作用使液流分裂成特征尺度大于喷口直径的团块，另外气体压力振荡对表面毛细波的共振发生二次分裂。当研究对象的 Re 一定时，存在一个 $10^{-4} \sim 10^{-3}$ 的临界韦伯数 We_c，当 $We_c > We$ 时，毛细特性对射流分裂起主要作用；当 $We_c < We$ 时，分裂由压力波动起主要作用。

为了简化雾化机理分析，上述研究都假设了射流是轴对称的，这样在考虑液体和气体流场以及在涉及气液界面扰动时，就可以忽略空间和时间上的复杂性，这一假设在低速射流中可以接受，但在高速射流中不适用[72-74]。

通过先进的测试手段观察射流分裂，可以发现液体射流的扰动的产生和发展在时间和空间上是不均匀的；射流分裂中的形变和卫星液滴[75]，用线性稳定性理论难以解释。非线性力学推动了流体运动稳定性分析的发展。研究者们[76-79]在忽略环境介质和高阶扰动时，对无黏液体射流做了解析分析，反映出卫星液滴的形成和运动，计算出了主流液滴和分散液滴的尺寸，发现不产生卫星液滴的条件是扰动波波长 λ 小于 $10\pi d/8$。这些非黏性流体的结果不能用于黏性液体射流，因此对射流雾化的非线性考虑不够[80]。

研究者们[81-84]用流体力学计算的方法，对流动区域做了网格化处理，用流体力学的控制方程和边界条件进行了数值计算，预测了黏性流体的射流分裂中的非线性。但是这些研究基于计算流体力学的发展，而计算流体力学软件中关于雾化过程的两相流动模型不可靠，其计算结果只有相对的参考意义。因此，建立非线性的液界面扰动模型，在空间模态和时间模态下进行非线性稳定性分析，才更具有实际意义[85-88]。

2.4 液体雾化的质量评估

雾化过程是喷雾热解过程的核心，提高液体雾化质量是设计雾化设备的最终目标。雾化质量的性能参数是衡量雾化效果优劣的重要指标，同时也是改善雾化效果的重要支撑和依据。

2.4.1 雾化滴径

雾化滴径的大小用平均液滴直径来衡量。对于不同液滴直径组成的液滴群，有几种平均直径，具体包括个数平均直径 D_1、长度平均直径 D_2、体

积平均直径 D_4、容积/表面平均直径 D_{32}（索太尔平均直径 d_{smd}）等[89]。

将不同直径液滴组成的液滴群看成是单一直径液滴组成，这些由单一滴径构成的液滴群的总投影周长和总颗粒数与实际液滴群相同，则个数平均直径 D_1 为：

$$D_1 = \frac{\sum n_i d_i}{\sum n_i} \tag{2-7}$$

式中，n 为雾化形成的液滴总数；n_i 为液滴直径为 d_i 的液滴数。

长度平均直径 D_2 定义中，将由单一滴径构成的液滴群的总投影周长和总投影面积看做与实际液滴群的情况相同，即

$$D_2 = \frac{\sum n_i d_i^2}{\sum n_i d_i} \tag{2-8}$$

体积平均直径 D_4 定义中，将由单一滴径构成的液滴群的总质量和总体积看做与实际液滴群的情况相同，若雾化前后液体的密度不发生变化，则

$$D_4 = \frac{\sum n_i d_i^4}{\sum n_i d_i^3} \tag{2-9}$$

D_4 的另一个物理意义是，大于或小于这个直径的雾滴的质量各占 50%，因此有时称为质量中位径。利用 D_4 可进行一些比较直观的判断，可以在滴径累计分布曲线上直接获得。

容积/表面平均直径 D_{32}，是将雾化后直径不等的液滴组成的液滴群，用直径相等的（即索太尔平均直径 d_{smd}）液滴组成的液滴来表征，使两种液滴群的总表面积和总体积保持相等，因此其互相之间的关系为：

$$d_{smd} = \frac{\sum n_i d_i^3}{\sum n_i d_i^2} \tag{2-10}$$

式中，d_{smd} 为直径相等的液滴群中液滴总数；n_i 为是直径不等的液滴群中直径为 d_i 的液滴数量。

从 d_{smd} 的表达意义可以看出，$d_{smd} = \frac{6V}{S}$，反映了单位质量的液体的总比表面积，即 d_{smd} 越小，雾化效果越好，其主要反映在液滴的比表面积越大，液体与气体介质的接触面积就会增加，对于气液之间的混合及表面反应具有强化作用。因此 d_{smd} 经常被用来判断液体雾化效果的优劣[90]。

对于同一个液滴群，利用上述定义的几种平均直径都可以用来做出雾化结论，所得结果的数值大小并不是最主要的，因为它们的数值之间具有准确

的换算关系，因此雾化液体的液滴群只要按某一平均直径的统计结果后，其他几种定义的液滴平均直径也可以方便地得到。另外，液滴粒径的统计可以借鉴粉末粒度的统计分布，粉体的粒度统计理论更为成熟。图 2-19 给出了不同类型喷嘴获得液滴尺寸大小范围对比图，表 2-5 和表 2-6 分别给出了选用喷嘴的依据以及液滴大小的参照。

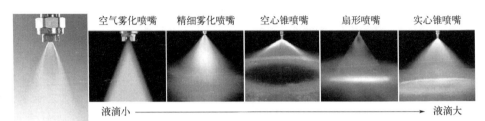

| | 空气雾化喷嘴 | 精细雾化喷嘴 | 空心锥喷嘴 | 扇形喷嘴 | 实心锥喷嘴 |

液滴小 ————————————————————————————→ 液滴大

图 2-19　不同类型喷嘴获得液滴尺寸大小范围对比图[91]

表 2-5　不同喷嘴在不同压力和流量下产生液滴的尺寸情况

喷嘴类型	7kPa		30kPa		70kPa	
	流量/(L/min)	VMD/μm	流量/(L/min)	VMD/μm	流量/(L/min)	VMD/μm
空气雾化	0.02 0.08	20 100	0.03 30	15 200	45	400
精细雾化	0.83	375	0.1 1.6	110 330	0.2 2.6	110 290
空心锥	0.19 45	360 3400	0.38 9.1	300 1900	0.61 144	200 1260
扇形	0.19 18.9	260 4300	0.38 38	220 2500	0.61 60	190 1400
实心锥	0.38 45	1140 4300	0.72 87	850 2800	1.1 132	500 1720

注：VMD 是英文 volume median diameter 的缩写，中文意思是"容积中值直径"。VMD 是指在某个颗粒物料的粒度分布中，粒子体积浓度的中值粒径大小，也就是将整个颗粒分布的体积分为相等的两部分时，体积较大的那部分中粒子粒径的中间值。它是衡量粒子分布中粒子大小的一个重要参数，通常用于描述液体悬浮液或气体悬浮物中颗粒的平均粒径大小。VMD 是一个常用的粒度分析参数，常用于颗粒物料的表征、选择和优化生产过程。

表 2-6　液滴大小的参照

参照物	液滴直径范围/μm	可以选择的喷嘴范围
暴雨	5000～2000	大流量空心锥形； 螺旋喷嘴
强雨	2000～1000	中流量螺旋喷嘴； 大流量实心锥喷嘴

参照物	液滴直径范围/μm	可以选择的喷嘴范围
中雨	1000～500	中流量螺旋喷嘴； 扇形喷嘴； 空心锥形
小雨	500～100	小流量空心锥形； 实心锥形； 扇形喷嘴
微雨	100～50	空气雾化喷嘴大流量； LNN 液压雾化； AAZ 雾化喷嘴
湿雨	50～10	空气雾化喷嘴； 液压雾化小流量
干雾	10～3	高压雾化喷嘴
烟雾	3～1	超声波喷嘴； 加湿器
香烟	<1	

2.4.2　滴径分布

　　液体雾化效果中液滴的滴径分布与液滴群的平均滴径的大小一样重要。分布范围越集中，说明液滴的直径越接近，雾化也就越均匀。因此，通过观察和统计滴径分布可以方便地衡量液滴的均匀度。液体雾化后形成的液滴数量巨大，其滴径分布一般满足统计规律。

　　滴径分布的表达通常采用曲线分布法和函数表达法两种典型方法。曲线分布法比较直观，既可以观察得出液滴大小的分布频率，也可以通过计算得出累计分布。频率分布线是累计分布线的微分，由于频率分布比累计曲线对测量精度更敏感，因此通常会用累计曲线。函数表达法是根据实验测量数据通过拟合获得的数学关联式，典型的包括罗辛-拉姆勒分布、贺山-田泽分布、西蒙斯分布、对数正态分布、高斯分布、上限对数正态分布等。罗辛-拉姆勒分布是一个基于实验数据的经验表达式，利用罗辛-拉姆勒分布式进行有关整理，可以得到雾化滴径分布的各种参数的简单数学表达式。其他分布均基于概率论统计方式，虽然考虑了滴径分布的随机性，但是形式复杂，一些参数也依赖于实验结果。在描述雾化液滴直径时，大多采用罗辛-拉姆勒表达式：

$$R = \exp\left[-\left(\frac{d_i}{D}\right)^m\right] \times 100\% \tag{2-11}$$

式中，R 为液滴直径大于 d_i 的液滴质量占全部液滴质量分数；D 为平均滴径；m 为分布均匀常数。

对于滴径分布符合罗辛-拉姆勒的液滴群，若实验已得对应于直径 d_1 和 d_2 的 R_1 和 R_2，则由式可得分布均匀常数 m：

$$m = \frac{1}{\lg d_1 - \lg d_2} \left(\lg\ln\frac{1}{R_1} - \lg\ln\frac{1}{R_2} \right) \tag{2-12}$$

2.4.3 雾化角

液体从圆形孔的喷嘴喷出后，会雾化成一群小液滴，这些液滴在空间中呈现一个圆锥形的分布区域，称为雾化锥。雾化锥的顶角就是雾化角。雾化角对工艺过程有很大影响，特别是在空间有限的情况下。在喷嘴出口附近，如果没有气流的干扰，液滴群会保持圆锥形状。但是随着液滴向前运动，它们会受到气相阻力和压力衰减的影响，导致雾化液滴速度运动减小和扩展区域缩小，如图 2-20 所示。根据雾化后区域的形状，可以将喷嘴分为空心锥形、实心锥形和扇形喷嘴。空心锥形是指喷嘴的内部是空心的，液体从喷嘴的中心进入，形成雾化锥体，这种喷嘴适用于黏度较低的液体，如水、酒精

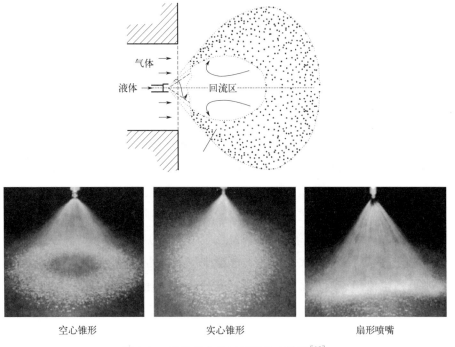

图 2-20　液体雾化锥示意图和实物图[92]

等。由于空心锥形喷嘴内部是空心的，所以液体可以在喷嘴内部形成一个空气环，使得液体在喷出时能够更好地雾化。实心锥形是指喷嘴的内部是实心的，液体从喷嘴的侧面进入，形成雾化锥体，这种喷嘴适用于黏度较高的液体，如涂料、胶水等。由于实心锥形喷嘴内部是实心的，所以液体无法在喷出时形成一个空气环，因此需要通过其他方式来增加液体与空气之间的接触面积。扇形喷嘴是指喷嘴的出口呈扇形，液体从喷嘴的侧面进入，形成雾化锥体，这种喷嘴适用于需要调节雾化角度和雾化范围的场合。由于扇形喷嘴出口呈扇形，所以可以通过调节出口角度来改变雾化角度和雾化范围。

雾化角有两种表达方法：出口雾化角 α 和条件雾化角 α_x，如图 2-21 所示。出口雾化角是指喷嘴出口处，雾化锥边界的切线形成的夹角 α。一般来说，实际操作中的雾化角比较小，在 $20°\sim70°$ 之间。条件雾化角是指以喷嘴中心为原点，以某一长度 x 为半径画圆，与雾化锥边界相交于两点，连接原点和交点形成的夹角 α_x。显然 $\alpha_x < \alpha$，它们的差值取决于不同的液体和环境条件。对于同一个雾化锥，条件雾化角随着长度 x 的变化而变化，而且受到环境压力的影响很大。环境压力越高，气相阻力越大，液滴扩张受限，雾化角越小。因为条件雾化角能反映液滴运动和雾化区范围，并且容易测量，所以常用它来表示或比较不同的情况。

图 2-21　雾化角和雾化距离示意图[92]

喷雾覆盖率是指喷嘴出口一定距离处（通常是 1m），雾化液体覆盖的面积与实际横截面面积的比值。喷雾覆盖率反映了喷雾液体在腔体中的分布均匀性。雾化角是可以作为喷雾覆盖的简化指标。由于重力和空气阻力的作用，喷雾液滴不能沿切线方向运动，所以喷雾角度和压力有一定的关系。在 10kgf/cm^2 压力范围内，风机喷嘴的喷雾角度越大，压力越大。但是，锥形喷嘴不一定遵循这个规律。

2.5 液体雾化过程

介质雾化是指利用气液交界面上由液体自由界面处形成的不稳定波，使液膜变形并分裂成不同形状的小液体单元的过程[93,94]。一次分裂后，小液体单元的尺度一般在毫米或厘米级别，主要受喷嘴结构、雾化介质性质和雾化环境条件等因素影响。

液体雾化的机理可以归结为两个方面：促进分裂的外力和阻碍分裂的内力。当研究对象雾化液体固定时，内力也就固定了，所以提高雾化效果的关键是增加使液流充分分裂的外力。外力主要包括液体本身的压力和环境对液流的作用力。其中环境作用力更为重要，可以通过改善喷嘴设计来实现。实际上，液体雾化就是在各种内外力作用下发生形变、分裂，由连续相转变为离散相，并形成液滴群的过程。

雾化可以根据液体压力和外部介质的作用分为机械雾化和介质雾化两大类。机械雾化是利用液体本身的压力，在喷嘴出口处或附近发生分裂，形成液滴群。介质雾化是在喷嘴出口前后混入其他介质（通常是气体），改变液流的流动性能和表面形状，增强分裂效果，起到强化雾化过程的作用。

两种雾化方式有相似之处，也有所不同[95]。液体从喷嘴以一定流速射入另一流体介质（一般为气体）后，受到外部作用力和内部湍流的作用，液体表面变得不稳定，同时，液体表面张力和黏性力抑制了这种不稳定性。液流在另一流体介质中发生分裂的机理主要包括瑞利分裂和风生分裂两种。在各种因素的综合作用下，射流液体的连续液相分裂成形状大小各异的团块或液滴，在很短的时间和空间内发展为液线、液环、液膜或者较大的液滴，称为瑞利分裂。瑞利分裂发生距离通常在射流下游较远处，形成的液滴尺度一般与射流直径属于同一量级[96]。射流液体本身的表面张力与射流中出现的轴对称扰荡波的综合作用是瑞利分裂产生的动力。瑞利分裂形成的液滴，在射流下游一定距离内再次发生分裂，称为第一次风生分裂，产生的液滴直径和射流直径相比，仍然处于同一量级。分裂的原因是液体射流与周围介质间存在的相对运动而产生的曳力与表面张力的共同作用，改变了液滴的形状，而液滴表面形状的持续变化又会使得液柱内部的静压力分布重新建立，压力梯度的产生导致液体内部出现流动，从而液流的破裂加速。

一次分裂形成的液滴再进一步变形，发生二次分裂。二次分裂是一次分裂形成的滴状、丝状和膜状液体单元，在环境曳力和液滴表面张力相互作用而引起的变形、分裂和相互聚合的过程，主要发生在一次分裂弥散于环境中的过程[97]。第一次风生分裂形成的直径较大的液滴，在行进过程中，由于液滴与环境介质间仍然保持有一定的相对运动速度，使液滴的变形持续进行，表面扰动波随之也会在不断增长，在距喷口一定远处的射流下游发生第二次风生分裂，形成的液滴平均直径就会远小于射流起始直径[98]。

液滴二次分裂的基本模式有椭球型、雪茄型、凸凹型三种[99]。当环境介质黏性剪切力起主导作用时，液滴的基本形状将会变为椭球形。当液滴受到的作用力主要为双曲面型或 Couttee 型的气动力时，液滴就会发生雪茄型变形。当液滴受到的作用力无法明确用标准模式描述时，表面变形的方式就会变复杂，液滴会呈现凸凹不平的结构，这时就会产生凸凹型变形。

喷嘴喷口的形状不同造成喷口出口的液体射流起始形态不同，不同形状的喷嘴实物照片如图 2-22(a) 所示。根据射流液体的形态，液体射流可分为圆柱射流和液膜射流两类。喷嘴喷口为圆孔的直流射流，形成了圆柱射流。而对于旋流式喷嘴，液体通过旋转结构发生旋流射流，在离开喷口后形成液膜，即为液膜射流。射流的初始状态不同，产生的分裂方式和雾化结果也会不同[100]，其中影响雾化效果的决定性因素是液体喷射的初动能。

从雾化过程中可以知道，喷嘴的几何形状及其内部液体流动情况、射流的发展和环境介质的扰动作用、雾化液体的初始动能（喷嘴压差）、液体及环境气体的物性等，是影响雾化的几个基本因素[101]。各个因素的影响是彼此相关的，并非独立，如图 2-22(b) 所示为不同喷嘴粒径和送料速率的关系。

无论是机械雾化还是介质雾化，圆柱射流还是液膜射流，尽管实现液体雾化的喷嘴结构以及雾化条件有所不同，但是产生雾化的机理具有相似性。利用喷嘴使液体形成具有一定初始动能的薄膜或者射流，在运动过程中与其他介质发生作用，在各种影响因素产生的作用力达到平衡后，连续相的液体就有可能转为分散相的液滴群；若这些作用力不足以使液体分离，则液流仍然会保持连续相，因此力的作用是影响雾化的根本原因[103,104]。

作用在液体上的力包括维持连续相的内力和促使液体失稳分裂的外力。维持液流保持原有形状的力包括表面张力和黏性力。外力主要是环境中的介质对液体产生的气动力，以及液体运动的惯性力。众多的研究结果表明，气

(a) 喷嘴规格

标准压力喷嘴　双流喷嘴　空气辅助压力喷嘴(专利)　双喷嘴 RJ(专利)　双喷嘴TJ(专利)

雾化器规格

M-盘(专利)　Kessner盘　喷嘴叶片盘　缝隙叶片盘

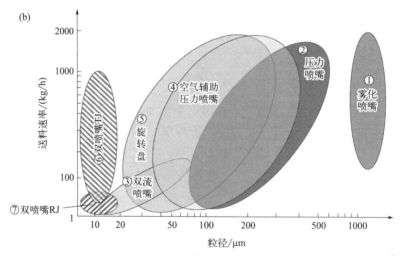

图 2-22　(a) 不同喷嘴和雾化器实物图；(b) 粒径和送料速率的关系[102]

动力是液体发生雾化的根本动力。不规则形状的液体在力的作用下，其外形可以随时发生变化。而形状的变化又影响了作用于液体上的力，力的频繁变化和形状的频繁变化，将使作用于液体上的力在某一时刻出现瞬间的不平衡，导致液膜或液流改变原有形状，随机分裂成大小不一的液滴。因此，创造一个变化的作用力条件是雾化的基本要求。而这样的条件实现的重要措施是提高液流和外部环境包括雾化介质的湍流程度。

对于介质雾化，认为通过提高流体和气体之间的相对运动速度即可实现[105]。在研究高压力环境、大流量、小空间特种雾化喷嘴时，创建一个液流受力的特殊环境，在液体流离开喷嘴喷口后，给液体射流提供恰当的、及时的、足够的外力，使其克服液体流保持既有形状的内力，尽最大可能在极小的距离内使液流的型面发生剧烈变化而失稳，从而使连续相的液流转变为分散相的液滴群而实现良好的雾化。

2.6　液滴受力分析

若要了解液滴的形成机理，首先需要对静态悬浮液滴的产生过程进行分析。从直径为 d_0 圆孔中自由滴下的液滴，若忽略初速度和介质的作用力，则液滴只受到重力和表面张力的作用，在形成直径为 d 的液滴时重力和表面张力数值相等[106]：

$$\rho \frac{1}{6}d^3 g = \pi d_0 \sigma \qquad (2\text{-}13)$$

式中，ρ 为液滴密度；g 为重力加速度；d_0 为圆孔直径；σ 为液滴的表面张力。可得液滴的直径：

$$d = \sqrt[3]{\frac{6\pi d_0 \sigma}{\rho g}} \qquad (2\text{-}14)$$

当圆孔直径为 1mm 时，对于水形成的液滴直径计算值为 3.6mm，汽油形成的液滴直径计算得出值为 2.8mm。由此可以得出，在实际应用中，当雾化液滴直径需要考虑 1～300μm 的范围内，重力的影响十分微弱[107]。

液体在气体介质中运动时，当忽略重力影响时，受到的作用力包括液体表面张力、液体内部的黏性力、气体对液体的曳力、液体本身的惯性力。

表面张力和黏性力，是液体抵制变形保持液滴完整性和表面的光滑性、维持液滴继续存在的动力之一，对于滴径 d 的液滴，其表面张力为：

$$F_\sigma = \frac{\pi d^2 \Delta P}{4} \qquad (2\text{-}15)$$

Semião 等[108] 发现雾化液体压力的变化能够在一定范围内影响雾化。可能是由于压力变化引起液滴内外压差的变化，从而使表面张力发生变化。

液滴本身的黏性力可以表示为：

$$F_v = \pi d \mu_1 \mu_r \qquad (2\text{-}16)$$

Chandrasehar[109] 研究射流分裂时，发现液体的黏性增加会减弱分裂过程，导致雾化液滴平均直径的增大。滴径为 d 的液滴与环境气体中之间存在相对速度 u_r 时，作用于液滴上的法向曳力为：

$$F_d = \frac{1}{2} C_d \rho_g u_r^2 A = \frac{\pi}{8} C_d \rho_g u_r^2 d^2 \tag{2-17}$$

式中，C_d 为曳力系数，是流动雷诺数的函数；ρ_g 为介质密度，g/m^3；u_r 为液滴与气体的相对速度，m/s；A 为液滴在 u_r 方向上的迎风面积，m^2；d 为液滴的直径，m。

再考虑液滴的重力等惯性力，则液滴分裂的临界条件是：

$$F_v + F_\sigma = F_d + F_g \tag{2-18}$$

当曳力和惯性力之和大于液滴的内力之和时，液滴发生分裂或变形，直至液滴所受到的内力与外力重新达到平衡。这种力的分析基于液滴直径为 d 的球体，在某一时刻是成立的。事实上，由于对液滴的作用力除了重力是固定不变的之外，其他各个力均与瞬时的实际形状及受力情况有关，而形状系数还影响到曳力系数的大小，因此仅能用于定性分析。湍流扰动等因素会加强液滴的变形程度，并在液滴表面形成许多凸起或毛刺，这些部位会产生液滴分裂，是细小液滴的重要来源[110]。

曳力会使液滴变形，并促使凸起或毛刺脱离液滴形成独立的小液滴，而正面冲击则会将液滴吹散并分裂。因此，在雾化过程中，应该首先利用动能，使液体表面扩展，形成细小的射流或液膜，提供原始的惯性力，然后在离开喷口后强化曳力的作用，促进液体不稳定性[111]。这些结论已经通过实验验证，并已用于特种雾化喷嘴的工程设计，对雾化效果具有直接影响。

2.7 雾化方法和结构

2.7.1 直流式压力雾化及喷嘴

直流式压力雾化喷嘴是一种最简单的喷嘴，它利用液体的压力能产生动能，通过液体与环境介质之间的速度差来断裂液柱并实现雾化。根据之前对压力雾化机理的分析，液体在压力的作用下，以一定的速度喷射入静止气体或低速气流中。随着液体供应压力的不断增加，射流速度也会增大。在液体表面张力、黏性和气体阻力的共同作用下，液体的流动模式将出现滴落、平滑流、迁移流、波状流、带状喷雾流、膜状喷雾流等过程，从而实现液体的雾化（见图 2-23）。

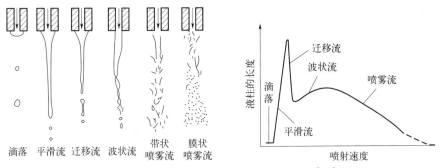

图 2-23　直流式压力雾化喷嘴的雾化原理[112]

液体的物理性质如黏性、表面张力是影响液体雾化的关键内在因素。Jeffery 等人[113] 利用普遍常用的直流喷嘴和折流喷嘴（如图 2-24 所示），研究了黏弹流体在雾化过程中喷嘴出口形成薄膜的流动动力学和稳定性。

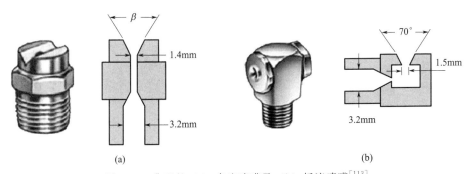

图 2-24　典型的（a）直流喷嘴及（b）折流喷嘴[113]

实验表明，对于黏性流体，随着流量的增大，形成的液膜会越来越大，最终变得不稳定并分裂成液滴；而对于同一种黏性流体，存在一个临界流量，使得液膜分裂成液滴。当使用黏性最小的水进行实验时，液膜的失稳位置离喷口最近。当黏度增加时，射流的稳定性增加，而薄膜的失稳和分裂是液体雾化的基础。随着液体黏度的增加，其雾化效果会下降。图 2-25 显示了黏度不同的液体雾化效果的比较[114]。此外，不同类型的喷嘴对于黏弹性流体的雾化性能也存在差异。

黏度对直流式喷嘴的雾化效果影响非常直接。有人采用单孔的普通汽车发动机的燃料喷嘴，对生物质柴油和二甲醚的雾化效果进行了实验研究，对

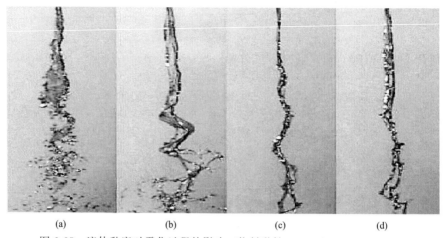

(a)   (b)   (c)   (d)

图 2-25　流体黏度对雾化过程的影响（物料黏性：$\nu_{(a)} < \nu_{(b)} < \nu_{(c)} < \nu_{(d)}$）

比了两种燃料在不同的压力环境下，雾化后的平均颗粒直径、雾化区的面积、雾化角、雾化介质的穿透能力等。通过比较发现，生物质柴油和二甲醚在汽车发动机工作条件下的雾化效果差异较大，见图 2-26[115]。

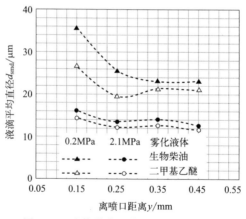

图 2-26　液体种类和背压对雾化的影响

　　雾化环境背压的提高，利于改善雾化效果，这与雾化理论的一般推论是不一致的，这可能与背压的波动及环境气体性质随压力的变化有关。高黏度液体和高压环境雾化条件，需要特殊的喷嘴。Su 等人[116]针对油脂液体，设计了带可调喷针和回流装置的直流单孔喷嘴（见图 2-27），研究了雾化介质温度、环境温度、雾化介质压力、环境压力等不同条件对雾化性能的影响，观测了雾化液滴的大小分布、液滴的运行轨迹。随着温度的提高，液滴的自身蒸发加剧，导致雾化后的液滴尺寸变小，惯性力和阻力的平衡造成液体运动速度的减小（见图 2-28）。

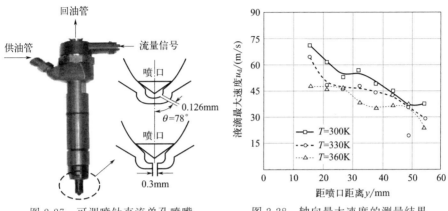

图 2-27　可调喷针直流单孔喷嘴　　　　图 2-28　轴向最大速度的测量结果

　　水煤浆加压气化炉中的水煤浆雾化是典型的高压环境下的高黏度液体的雾化。水煤浆是一种具有一定流动性能和稳定状态的高黏度、高密度的固液混合物。水煤浆气化反应过程中，对雾化效果有特殊要求。一般是利用反应需要的纯氧或富氧空气进行辅助雾化，喷嘴的结构一般采用三套管形式，见图 2-29。喷嘴中心氧管的出口设计成缩口形式，以便对中心氧加速，同时其端面距喷嘴出口基准面有一定的缩入，形成水煤浆和中心氧的预混合腔，

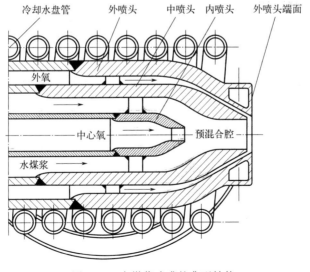

图 2-29　水煤浆喷嘴的典型结构

水煤浆的出口管路也设计成缩口形式，使进入预混合腔的水煤浆具备一定的速度。在预混合腔内，利用中心氧对水煤浆进行稀释和初加速，改善水煤浆的流变性能，同时也部分地使水煤浆成为非连续相的液团或液膜。外氧管口氧气流速更高，可以帮助预混腔的水煤浆和中心氧气混合物更好地雾化[117]。

利用液体雾化的方法可以制备纳米材料。研究人员采用超声速喷嘴将异丙醇钛酸盐溶液雾化成微小液滴，并通过内混式喷嘴将其加入高温钡/酸的羟化物中，形成相界面清晰、互相分散且颗粒均匀的球形晶粒，如图 2-30 所示。在该工艺中，超声速喷嘴是制备纳米级颗粒的关键因素，而稀释剂的浓度可以控制颗粒团聚[118]。

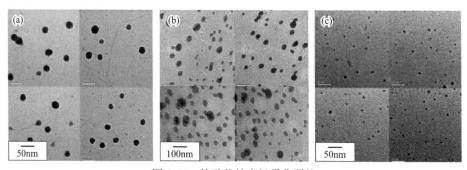

图 2-30　钛酸盐纳米级雾化颗粒

直流式压力喷嘴使用已不多见，通常都是采用一些辅助措施进行强化雾化，典型的办法是使液体旋流或者使周围环境介质旋流。

2.7.2　液体旋流强化

离心式压力雾化喷嘴是在直流式压力雾化喷嘴的基础上，通过特殊的喷嘴内部结构设计实现的。该喷嘴通过形成旋转流动（即离心强化），除了液体供应压力的基本条件以外，对流出喷嘴的液体同时提供了一定的切向速度，使液体在离开喷嘴前产生旋转，形成有一定雾化角的扇面液膜，从而提供更有利的雾化条件。液体的切向速度和轴向流速是产生旋转的两个作用，见图 2-31。

其雾化角可以定性表示为：

$$\tan\left(\frac{\alpha}{2}\right) = \frac{u_t}{u_a} \tag{2-19}$$

式中，u_t 为液流质点的切向速度；u_a 为液流质点的轴向速度；α 为雾化角。

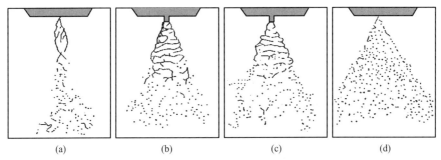

图 2-31　离心式压力雾化喷嘴的雾化原理（喷口速度 $u_{(a)} < u_{(b)} < u_{(c)} < u_{(d)}$）

离心式雾化喷嘴是机械雾化中常用的一种喷嘴类型，见图 2-32。其核心结构是带有切向槽的雾化片或其他旋流结构。当液体经过带有切向槽的旋流片后，会产生旋转流动，离开喷嘴后形成中空的圆锥形液膜[119]。在液流离开喷口时，由于湍流状态的液膜表面构成高低不平的形状，当与环境介质之间存在相对运动速度，同时具备较大的接触表面时，就会克服液体的表面张力及内部黏性力而破碎成细液滴。液压越高，液膜变得越薄，相对运动速度与湍动度也就越大，形成的雾化液滴也越细[120]。

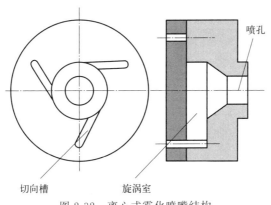

切向槽　　　　旋涡室

图 2-32　离心式雾化喷嘴结构

离心式雾化喷嘴应用广泛，而且随着制造技术的不断改进，其雾化效果也不断得到提高。图 2-33 为离心式喷雾干燥机流程图[121]。

在绿茶中提取多酚等物质的方法中，首先将超临界二氧化碳溶解到绿茶溶液中，然后将混合溶液在压力约为 10MPa 的喷淋干燥塔中进行雾化干燥，见图 2-34(a)。Meterc 等人[122] 研究了带有旋流结构的特殊设计的内混式喷嘴［如图 2-34(b)］，溶液雾化效果非常好。

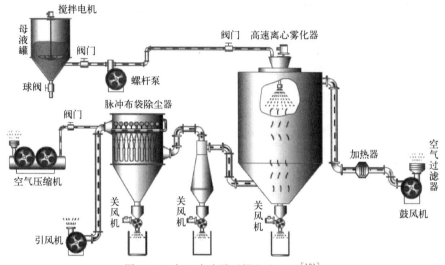

图 2-33　离心式喷雾干燥机流程图[121]

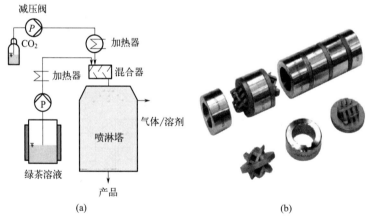

图 2-34　绿茶多酚萃取工艺和特殊设计的内混式喷嘴

（a）绿茶多酚萃取工艺；（b）雾化喷嘴

Ahmad 等人[123] 对旋流式喷嘴进行了详细的研究，见图 2-35、图 2-36，发现增大喷嘴的雾化角度会使得液体离开喷嘴开始雾化的距离变小。此外，较高的雾化压力有利于液膜的形成，这可以增强雾化效果。从能量角度来看，这一结果很容易理解。喷口尺寸对于喷嘴的流量系数影响很大，说明喷口内壁处形成的附面层受到黏性的作用不可忽略。

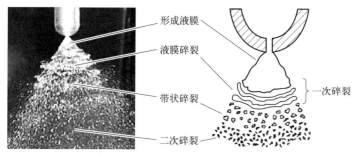

图 2-35　旋流式雾化喷嘴的工作原理

2.7.3　机械式液流旋转雾化

简单的直流喷嘴和离心喷嘴的出力较小，因此为了提高液体的雾化效果，可以利用压力将液体喷向高速旋转的固体部件。在离心力的作用下，液体会从旋转部件的周边或孔中甩出，并利用其高速流动的优势使得甩出的液柱或液膜破裂成为液滴。这个过程称为机械式旋转雾化（图 2-37）。然而，旋转雾化喷嘴的结构相对较为复杂，需要设置转动机构，因此使用受到限制[124]。通常只有在对雾化效果要求较高且严格，同时安装空间允许的条件下才能使用这种喷嘴。

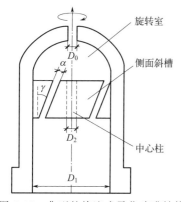

图 2-36　典型的旋流式雾化喷嘴结构

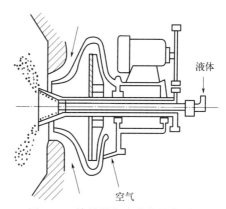

图 2-37　旋转雾化喷嘴的雾化原理

2.7.4　介质辅助雾化

在一定的设计条件下，可以通过添加其他介质来强化液体的雾化效果，这种方法称为介质辅助雾化，包括内混式、外混式和组合式等方法。其中，内混式雾化是指在液体喷出喷嘴之前将气体加入液体中进行混合，以改变液体的流动性能和表面张力，将连续相的液体分散成小液滴，从而改善喷嘴的雾化效果。这种方法尤其适用于液体黏度较大、对雾化效果要求较高的情况。研究表明，利用内混气体对液体进行雾化能够有效促进液体雾化。例如，Pougatch 等人[125] 使用简单的直孔喷嘴研究了内混气体对液体雾化的影响。在实验中使用空气和水在 1.2MPa 压力下进行混合，空气与水的质量流量比为 2 和 4，然后经过直径 24.3mm、长度 1250mm 管道，混合后经直径为 6.4mm 的喷口喷出。结果表明，随着气体流量的增加，液滴的尺寸减小，雾化质量提高，见图 2-38。

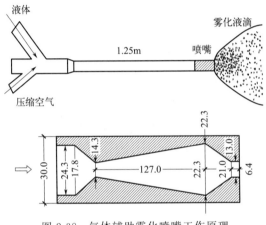

图 2-38 气体辅助雾化喷嘴工作原理

Rahman 等[126] 研究了气体对液体进行辅助雾化的特性。实验中空气与水的质量流量比为 0.3%～10%，水流量范围为 1.5～7.5kg/min，喷口直径 3.1mm，液体压力 0.62MPa，典型结果见图 2-39。

Broniarz P 等人[127] 开发了用于水-油乳化液的气体辅助雾化喷嘴（如图 2-40 所示），并对其性能进行了实验研究。发现雾化液滴的尺寸大小取决于气液流量之比、喷嘴的结构及液体的性质；在同样气液流量比的情况下，水-油乳化液的雾化液滴直径大于纯水时的数值。

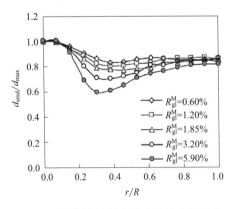

图 2-39 气体辅助雾化对液滴尺寸的影响

d_{smd} 随着乳化液中油的比例的增加而增加，随着喷口直径的减小而减小，随着液体黏性的增加而增大；在已有研究结果和实验参数的基础上，归纳整理出了关联式[128]：

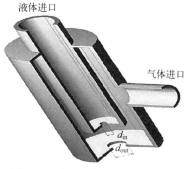

图 2-40　水-油乳化液内混式喷嘴

$$d_{smd} = A \frac{d_{out}^{0.12}}{d_{in}^{-0.56}} \frac{\mu_1^{0.12}}{\mu_g} R_{gl}^{V-0.30} \quad (2\text{-}20)$$

式中，A 为经验参数，取决于喷嘴的结构、液体的表面张力及其他影响雾化的综合因素，在所研究的特定情况下，A 的数值为 8.55×10^{-4}；d_{in} 为液体出口直径，mm；d_{out} 为混合腔出口直径，mm；μ_1 为液体动力黏度，Pa·s；μ_g 为气体动力黏度，Pa·s；R_{gl}^V 为气液体积流量比。

此外，当液体离开喷嘴出口时，给液体提供一定的辅助雾化介质，及时破坏液柱或液膜，可以促进其快速雾化。这类喷嘴称为外混式喷嘴，如图 2-41 所示[129]。通常，气体是常用的辅助雾化介质。在选择辅助雾化介质时，需要考虑动力消耗以及雾化介质对后续过程工艺的影响。

例如，颗粒尿素生产中，通常将熔融状态的尿素液通过多孔的圆锥形或圆台形喷头雾化成 0.85~2.8mm 左右的液滴，经过冷却形成颗粒产品。而在大颗粒尿素（3.5~6.0mm）生产中，则需要利用压缩空气进行辅助雾化，见图 2-42[130]。

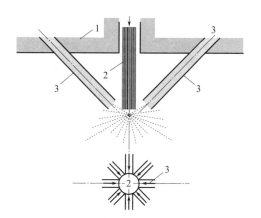

图 2-41　外混式介质辅助雾化
1—喷嘴本体；2—液体
通道；3—气体通道

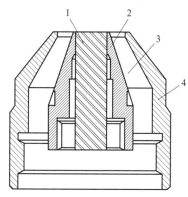

图 2-42　用于熔融尿素液的雾化喷嘴
1—尿素液流；2—尿素液通道；3—压缩
空气流；4—压缩空气通道

Lu 等人[131] 在观测核糖体大分子的微观结构中也用到了介质辅助雾化工艺。他们利用特殊设计的叠加外混式喷嘴的二级混合器和后续反应器，见图 2-43，首先将需要研究的核糖体及病毒的液体进行混合，然后采用 5MPa 的高压氮气将其雾化到微米级的液滴，沉积到专用丝网上形成类似于玻璃状的液膜之后急冷，利用低温电子显微镜来观测液滴中核糖体及病毒大分子的结构，其中的雾化装置利用了压缩氮气的辅助雾化功能。水煤浆雾化采用的三通道喷嘴属于内、外混组合结构。中心通道的氧气与水煤浆液体构成了内混式，通过混合改变了水煤浆的流变性能；气液固三相混合物与外部氧通道则构成了外混式喷嘴，大流量外氧的高流速对内混后的气液混合物流进行冲击和扰动，使液流发生分裂而雾化。

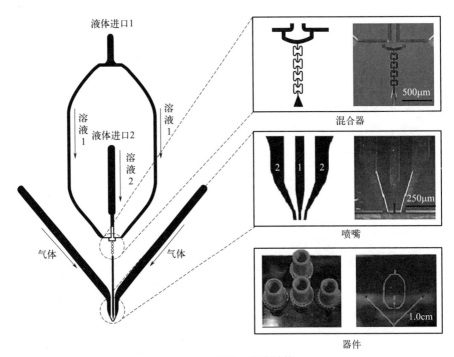

图 2-43　外混式喷嘴结构

黄镇宇等人[132] 研究了双通道喷嘴的雾化特性，对于双通道，黏度的影响更加明显。辅助雾化介质流量的提高对雾化效果的改善随着液体黏度的降低而趋于明显。同时发现，交叉射流利于雾化的强化，但此时对气液质量流量比 R_{gl}^{M} 的依赖性更强（如图 2-44 所示）。

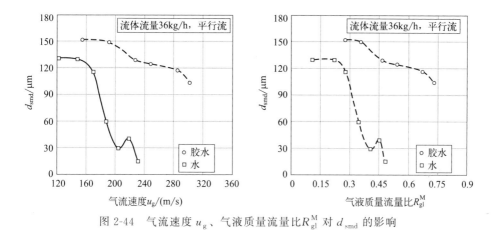

图 2-44　气流速度 u_g、气液质量流量比 R_{gl}^M 对 d_{smd} 的影响

这种依赖性主要是雾化形成的液滴的滴径有变粗的趋势。雾化后的液滴在空间有可能会发生碰撞，有的碰撞会使液滴继续分裂，而有的碰撞则会使液滴重新聚合。对平行射流和相交射流两种情况下的滴径分布进行测量（见图 2-45），径向分布的测量点在喷嘴出口轴向距离 0.3m 处。液相流量为 56kg/h，气液质量流量比 R_{gl}^M 为 0.28，气流速度约为 210m/s。可见，d_{smd} 在射流中心线附近最小，随径向距离的增大而急剧增大，达到最大值之后缓慢减小，整体上来看，交叉射流的液滴均匀性更好一些（图 2-46）。

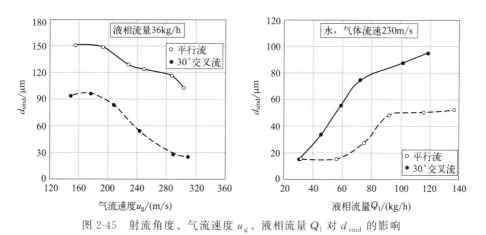

图 2-45　射流角度、气流速度 u_g、液相流量 Q_l 对 d_{smd} 的影响

2.7.5　挡槽强化雾化

之前介绍过的喷嘴中，雾化时主要靠液体本身或环境介质产生扰动。在有些情况下，还可以利用特殊边界来增强扰动和雾化效果。比如，在加力燃

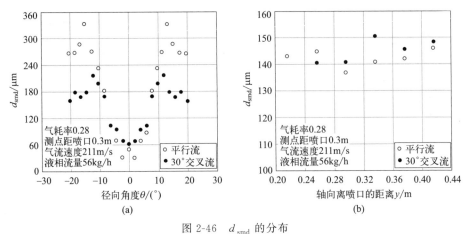

图 2-46　d_{smd} 的分布

（a）径向分布；（b）轴向分布

烧室设计燃油喷嘴时，在出口处加了一个固体挡槽。这样液体就会撞在固体上再次雾化。这个原理跟用气体辅助外混式雾化是一样的。只不过这里用固体边界来打破液柱、液膜或液滴的形状，让雾化更彻底。挡槽有正反两种形式（见图 2-47），它们对雾化后液滴的轴向和径向分布有不同影响。

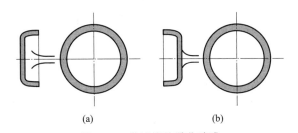

图 2-47　带挡槽的雾化喷嘴

（a）正装挡槽；（b）反装挡槽

　　如果合理地设计旋转式雾化喷嘴的外形，同时提供液体流向的必要的速度，也会产生类似这种固体挡槽的部分雾化作用。一般情况下，为了简化喷嘴结构，实际应用中的挡槽往往没有正反向之分。利用类似的方法，在直流式喷嘴的出口处安装固定障碍物，可以改善直流单孔喷嘴的雾化效果，除了喷嘴本身的雾化性能以外，挡槽的撞击作用也会对雾化后液体流产生进一步的撞击雾化，见图 2-48。

　　有些情况下，比如熔融金属雾化时，因为金属要高温才能液化，所以加压很难。这样雾化压力就受限了，就需要用介质辅助雾化。但是介质也要有一定量（即必要的气液比）才能雾化好，而雾化介质的量又取决于金属液体的热容量，这时候可以借鉴挡槽强化、旋流强化等方法，把气体辅助雾化和旋转工件辅助雾化结合起来（图 2-49）。先用雾化气体冲击金属熔融液体雾化，然后让液体喷到旋转盘上，再利用转盘产生的离心力二次雾化。研究显示，转盘二次雾化可以降低一次雾化需要的气体压力和量，雾化后金属颗粒大小跟一次雾化气体流量和转盘转速有关[133]。

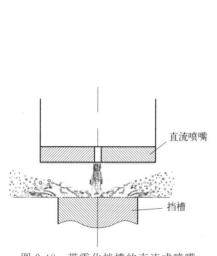

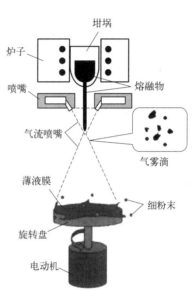

图 2-48　带雾化挡槽的直流式喷嘴　　　图 2-49　介质辅助、挡槽强化、
　　　　　　　　　　　　　　　　　　　　　　旋流强化雾化的组合

　　这种方法常用于粉末冶金制备金属粉体，为了获得极细的金属粉末及防止金属的氧化，通常利用氩气或氮气等惰性气体对金属的熔融液加压辅助雾化、冷却。Anderson 等人[124]改进了气体辅助雾化喷嘴的气体流通通道，用拉瓦尔喷管使雾化气体达到超声速流动（见图 2-50），用于改善雾化效果、提高颗粒的均匀性、减少雾化气体的使用量。利用这种改进喷嘴雾化 316L 不锈钢熔融液时，雾化效果明显改善。相同的雾化要求，可以有效减小气液比，这样雾化气体对于金属熔融液的降温效应减弱，利于改善雾化金属颗粒的均匀性[134]。

　　Lin 等人[135]综合了气体辅助雾化和挡槽的影响，采用内混式喷嘴将气体和液体先进行预混后再流出喷嘴，不仅利用气相介质辅助雾化液相介质，还在喷嘴出口处设计了撞击障碍物，对液相介质进行二次雾化。通过研究喷嘴液体流量、气/液比、喷嘴喷口尺寸、喷嘴出口与撞击障碍物的距离等对雾化颗粒尺寸的影响，利用简化后的流体力学方程建立了数学模型，进行了理论计算和实验数据比较，验证了数学模型的可靠性（见图2-51）。可以看出，气体辅助雾化喷嘴中，当气体流量增大时，雾化液体的液滴尺寸明显减小。

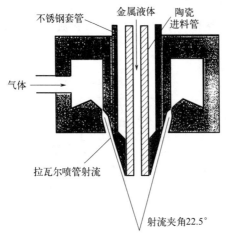

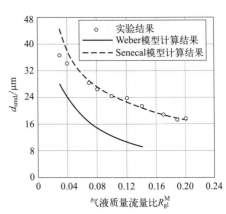

图 2-50　熔融金属超声速气体雾化喷嘴　　图 2-51　气体辅助雾化模型和实验的比较

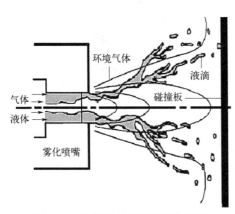

图 2-52　气体辅助和挡槽强化雾化

同时考虑到气液两相的双重影响（如图2-52），采用N-S方程数学模型深化了对气体辅助加挡槽强化雾化过程的研究工作。考虑了雾化后的液滴初始的生成过程、分裂、碰撞、聚合等因素，同时考虑了喷嘴出口处撞击板安装距离的影响。模型研究表明，撞击板对于液滴的平均直径、直径分布、空间数量分布的影响非常明显，同时雾化流体的气液比也是非常关键的影响因素。

2.7.6　外部场强化雾化

液体雾化过程中，液体流速是至关重要的因素之一。一般情况下，都是通过压力能转变为动能来提供流速。也可以利用场力的作用为液体提供必要的流速而实现雾化[136,137]，例如超声波雾化（超声雾化原理如图2-53所示）、静电场雾化等。Hao 等人[138] 利用频率为 25kHz 的超声波，探索了超声波进行液体陶瓷釉料雾化和干燥的过程。发现超声波可以使液体釉料形成平均直径 200nm 的极细粉末，超声波频率越大，液体表面越容易出现扭曲、破裂和液滴，当超声波频率足够大时，液体雾化效果很好（见图 2-54）。

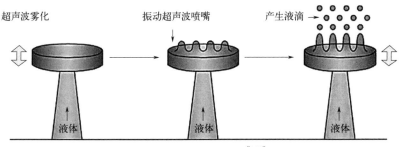

图 2-53　超声雾化原理[139]

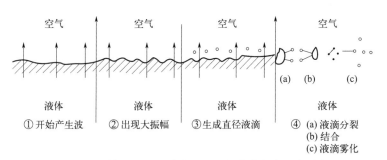

图 2-54　液体的超声波雾化原理（超声波频率逐渐增大）

　　超声波雾化机制有表面张力波理论与微激波理论两种解释。折中的观点认为，这两个理论共同在超声波雾化中发挥作用。

　　表面张力波理论（surface tension wave theory）是一种描述液体表面上波动行为的理论。该理论认为，液体表面张力的存在使得表面具有一定的弹性，从而可以传播一种特殊类型的波——表面张力波。在张力波的作用下，当液体振动面的振幅达到一定值时，液滴即从波峰上飞出而形成雾。张力波会在波峰处生成雾滴，其雾滴的尺寸大小与张力波的波长成正比。在表面张力波作用下，料液从满足条件的表面喷出。在超声气体雾化中，料液流会受到多个高速气体脉冲的冲击而破碎，如图 2-55（a）（b）所示。这种波动行为在许多物理和工程应用中都有重要的意义，例如液滴的形成和破裂、液体表面的稳定性和振荡、液体喷雾和气泡的生成等。表面张力波理论涉及复杂的数学和物理概念，如波动方程、波速、频率、振幅、波长等。

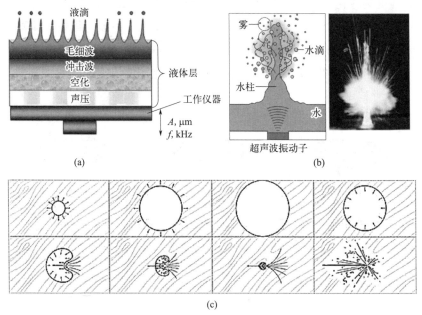

图 2-55 （a）表面张力波理论[16,17]；（b）超声雾化过程及

实物照片；（c）空化作用原理图[18]

微激波理论（microshock wave theory）是一种描述介质中微小扰动行为的理论。在这个理论中，介质被视为由许多微小的区域组成，每个区域都有自己的物理特性。微激波是指介质中由于温度、压力、密度等扰动引起的微小波动。微激波理论中涉及的物理和数学概念包括：热力学、流体力学、动力学、微分方程、波动方程等。微激波理论认为超声雾化与空化作用有关，空化作用（cavitation）是指在液体中产生气体或气泡的现象，这些气泡随后会在液体中迅速扩张和破裂，产生极高的温度和压力，形成微小的爆炸。该理论认为超声高频振动在液面下产生空化作用引起的微激波辐射最终导致雾滴的形成，如图 2-55（c）所示。

Si 等人[140] 研究了电场作用下的液体雾化过程机理，将喷嘴和接受极板连接相反的电极，并施加很高的电压，在喷嘴的顶端就会形成一个稳定的电场。在电场力的作用下，喷嘴中供应的流体会在喷嘴的出口处形成射流，当电场力大于流体的内部黏性力和表面张力时，射流断裂形成很小的液滴。

前文中已经介绍了常用的液体雾化的基本形式，包括机械雾化、介质辅助雾化、挡槽强化雾化、外部场强化雾化等雾化方式，其基本原理都是克服液体自身的黏性和表面张力，增强液流表面的扰动并使之逐渐增强，使柱状液体或膜状液体断裂成短柱或碎片，较大的液滴分裂成更小的液滴，最终全部形成液滴而实现雾化。

在一定条件下，直流喷嘴的雾化质量可以满足工艺要求。但是，在以下情况下就需要采取其他的辅助措施和喷嘴结构上的改进才能实现：液体流量增大；雾化质量要求提高；液体性质难以雾化（如黏性、表面张力、密度等）[141-145]。表 2-7 和表 2-8 给出了常见喷雾热解雾化器的一些工作特性和优缺点。

表 2-7　常用于喷雾热解雾化器的工作特性

雾化器类型	雾滴尺寸/μm	雾化速率 /(cm³/min)	雾滴速度/(m/s)	规模
超声波雾化器	1～100	<2	0.2～0.4	0.1～100kg/d
气动雾化器	10～100	>3,无上限	5～20	>5t/d
静电雾化器	0.1～10	0.01～1	0.01～0.2	<1kg/d

表 2-8　各种类型雾化器的优缺点

类型	描述	优点	缺点	应用领域
压力式喷雾	普通小孔喷嘴	简单、便宜；结构坚固	喷雾角度窄；喷雾锥面固定	柴油发动机、喷气发动机等
	单孔喷嘴	简单、便宜；喷雾角度宽(可达180°)	需要高压力供液；锥角随压力差和环境气体密度变化	燃气轮机和工业炉
	双孔喷嘴	与单孔喷嘴相同，但在液体流量范围很广时喷雾效果好	随着液体流量的增加,喷雾角度变窄	燃气轮机燃烧器
	双小孔喷嘴	喷雾效果好；基本流量与最小流量比高达 50:1；喷雾角度相对稳定	过渡区喷雾效果较差；设计复杂；小孔易堵塞	多种类型的航空和工业燃气轮机
	溢流喷嘴	结构简单；整个流量范围内喷雾效果良好；基本流量与最小流量比很大；大孔和大流道减少堵塞风险	喷雾角度随流量变化；除了最大排放时需要比其他压力喷嘴更高的功率	各种类型的燃烧器；适合低热稳定性的浆料和燃料
	扇形喷嘴	喷雾效果好；狭长的椭圆形喷雾模式有时有优势	需要高压力供液	高压涂装操作；环形燃烧器

类型	描述	优点	缺点	应用领域
旋转喷雾	旋转盘式喷嘴	可以使用高速旋转的小盘实现近乎均匀的喷雾效果； 喷雾质量和流量可以独立控制	喷雾呈360°覆盖	喷雾干燥； 农作物喷雾
	旋转杯式喷嘴	能够处理浆料	可能需要在周边区域喷气	喷雾干燥； 喷雾冷却
气助喷雾	内部混合	喷雾效果好； 大流道减少堵塞风险； 能够喷雾高黏度液体	液体可能会在气路中倒流； 需要辅助计量设备； 需要外部高压空气或蒸汽	工业炉； 工业燃气轮机
	外部混合	与内部混合相同； 加上外部混合结构防止液体倒流或进入气路	需要外部空气或蒸汽； 不允许高液体/空气比例	工业炉； 工业燃气轮机
风助喷雾	普通喷嘴	喷雾效果好； 简单，便宜	喷雾角度较窄； 喷雾效果不如预覆盖风助喷嘴	工业燃气轮机
	预覆盖喷嘴	喷雾效果特别好，尤其在高环境气压下； 喷雾角度较宽	喷雾角度较宽	多种工业和航空燃气轮机
超声波喷雾		喷雾效果非常细腻； 喷雾速度较低	无法处理高流量	医疗喷雾； 加湿
静电喷雾		喷雾效果非常细腻	无法处理高流量	喷雾干燥； 酸蚀； 燃烧； 涂料喷涂； 印刷

2.7.7 雾化喷嘴的分析比较

（1）高压、小空间、大流量

工业生产中，系统运行压力很重要。它影响生产能力、效率和工艺流程。混合是反应进行的控制因素之一。液气混合有机械扰动、气体鼓泡、液体成膜等方法。这些方法中，液体都是连续相，比表面积低，混合效果不佳。为了改善混合效果，一般要用过量液体参加混合，并在下游分离后循环。如果能有效解决混合问题，可以提高转化率、减小循环量、减小分离系统的负担。

液气混合最佳途径是液体雾化，但在有限空间中很困难。特别是当液体流量大、系统压力高时，雾化和混合都很困难。液滴太小或太大都不利于混合。液滴太小，由于受到的阻力和惯性力的平衡，在气相中的穿透能力也会大大下降；而当液滴较大时，增加的液体比表面积就会有限。雾化角也有严格限制，高压环境小空间大流量雾化喷嘴设计需要解决以下问题：

① 高压条件。要在喷嘴出口处实现良好的雾化和混合；

② 小空间条件。要降低雾化角度，缩短雾化射程；

③ 大流量条件。要在有限空间里布置更多喷口。

（2）高压、大空间、大流量

直流压力雾化和介质辅助雾化是两种简单有效的液体雾化方式，但它们需要较大的空间。

直流压力雾化利用液体压力使液体流速增加，在与周围气相介质的速度差和压力差作用下，液体流的自由边界发生扭曲，液体表面的不稳定波由于扰动而发生变化，液体表面波动并断裂成液滴。

介质辅助雾化在直流压力雾化的基础上，通过增加辅助气体来强化雾化效果。辅助气体一般与液体有相近或略高的压力，但有较高的流速，这样可以补偿气体密度小、动量不足的缺点，并可以降低对液体流速的要求。这对于固含量高、易冲蚀喷嘴材料的水煤浆等液体很重要。但是提高气体压力也会增加能耗。如果辅助气体是混合后反应所需的组分，则介质辅助雾化是合理的，例如水煤浆气化炉中使用氧气作为辅助气体，但是辅助气体也会影响混合物成分，在某些情况下就会受到限制。

无论哪种雾化方式，其机理都是通过克服液体黏性和表面张力，使液柱或液膜形成扰动波并分裂成液滴。除了旋转式雾化喷嘴靠固件转动提供切向流速外，其他方式都靠流体本身压力能转换成动能来实现。因此强化能量传递是提高喷嘴出力的关键。几乎所有喷嘴都遵循一个原则：要提高雾化流量，必须增加喷口尺寸，即必须遵循以下原则：

$$M_1 \propto A \tag{2-21}$$

式中，M_1 为质量流量；A 为喷口面积。

同时不管采取何种结构的雾化喷嘴，表征雾化质量的液滴索太尔平均直径 d_{smd} 和喷嘴喷口的大小正相关：

$$d_{smd} \propto d_0^m \tag{2-22}$$

因此，利用大的喷口直径虽然可以满足大的液体流量，但必然会导致雾化后液滴尺寸的增大，雾化效果变差。

2.8 雾化过程模拟

2.8.1 雾化过程的实验研究

喷嘴雾化是一门涉及气液两相流动、边界、动力学、统计力学等多种问题的实验科学。目前对其理论框架还不完善，需要大量实验来探索雾化过程和特性。本文以射流雾化为例，在国内外学者[146-150]等对多种喷嘴雾化特性进行广泛测试和分析的基础上，建立了射流自由表面小扰动波数学模型，并通过不同喷嘴结构、雾化条件、原料液体等实验参数来验证模型预测能力，最后得到了射流自由表面失稳时扰动波速度与雾化锥角 θ 之间关系式，如下：

$$\tan\frac{\theta}{2}=\frac{1}{A}4\pi f_{tl}\left[\frac{\rho_1}{\rho_g}\left(\frac{Re}{We}\right)^2\right]\sqrt{\frac{\rho_g}{\rho_1}}\qquad(2\text{-}23)$$

其中，A 为实验确定的常数；f_{tl} 是 Taylor 不稳定波增长率的函数，其逼近值为 $\sqrt{3}/6$。Re 和 We 分别为雷诺数和韦伯数，都是基于平均射流速度、喷嘴喷口结构和气、液物性这些参数。

一次雾化形成的液滴的 d_{smd} 为：

$$d_{smd}=B\frac{2\pi\sigma_1}{\rho_g u_1^2}\chi_{max}\left[\frac{\rho_1}{\rho_g}\left(\frac{Re}{We}\right)^2\right]\qquad(2\text{-}24)$$

式中，B 为喷嘴几何特性常数，其量级为 1，是喷嘴结构尺寸的弱函数；χ_{max} 的渐近值为 $\sqrt{3}/2$。可见初始液滴的 d_{smd} 正比于最不稳定的扰动波波长[151]。

同时，可以预测发生分裂的位置离喷口的距离 y 为：

$$y=\frac{Cd_{smd}}{f_{tl}\left[\frac{\rho_1}{\rho_g}\left(\frac{Re}{We}\right)^2\right]}\sqrt{\frac{\rho_1}{\rho_g}}\qquad(2\text{-}25)$$

式中，C 为与喷嘴几何尺寸有关的常数。

图 2-56 是预测结果与测量数据的比较，可见该预测关联式具有较好的可信度。

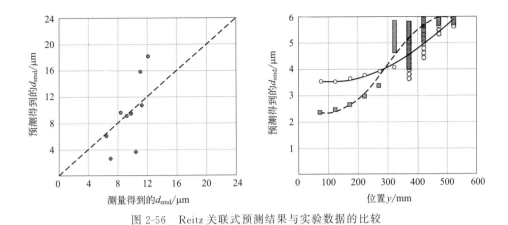

图 2-56　Reitz 关联式预测结果与实验数据的比较

2.8.2　数值模拟

1970 年前，流体力学研究主要依靠实验测量和理论计算相结合的方式，根据简单的流动模型假设条件，获得某些特殊问题的解析解[152]，并利用实验对假设简化修正。后来计算流体力学技术发展起来，使得复杂流动问题的研究变为可行。近年来人们利用计算流体力学的方法对雾化过程的数值模拟进行了大量的探索[153,154]。

研究喷嘴雾化时，可借鉴 FLUENT 商业软件中已有模型，如多流体模型（multi-fluid model）[155]。有人用 VOF 方法模拟剪切流体形变分裂成小液滴现象，将气液简化为不可压缩流体，在离心内混式气辅雾化喷嘴内采用 SIMPLE 方法计算气液流型，并用 VOF 方法模拟气液交界面，在不同雾化压力下研究两相流动过程[156]。也有人采用 VOF 方法模拟冷态条件下部分混合两相流喷嘴雾化，并分析喷嘴内外流场[157]，利用 FLUENT 离散相模型，可得到液滴尺寸分布和运动轨迹，该模型考虑了连续相（continued phase，CP）和离散相（dispersed phase，DP）之间影响作用力，并确定 DP 运动轨迹。

在辅助雾化的喷嘴计算中，通常认为以辅助介质（如气体）为连续相，以射流形成的液膜或分裂后的液滴为离散相。由于液滴在运动中会随机发生二次雾化分裂或撞击合并，因此在模拟液体雾化时离散相是需要考虑非稳态因素，这意味着液滴在空间和时间上均处于随机分布的状态，在引入边界条件时需要采用雾化器模型。

液体雾化计算需要考虑液滴之间的碰撞，尤其是在弥散相的计算中。同时，还需要考虑液滴可能发生的碰撞分裂和合并。由于液滴在气体连续相中分散较多，因此碰撞次数非常庞大。逐个跟踪液滴的运动轨迹并计算液滴之间的碰撞情况将是无法承受的计算工作量。因此，在实际操作中，通常会采用将液滴的运动行为划分为可计算的液滴包的方法，每个包中包含适当数量的液滴。这样可以减少计算所需的资源和时间，从而达到实现计算结果的目的。

O'Rourke 模型是 FLUENT 中常用的碰撞模型[158,159]。该模型的关键假设是认为液滴的碰撞只发生在同一个包中。液滴之间的碰撞可能产生合并而变大，也可能产生分裂而变小。但是，该模型预先认为液滴碰撞只在同一个包中发生，因此计算结果有时会受到包的定义和划分的影响。在二维模型计算中，可以通过增加包的数量和每个包内液滴数量的方法来减少计算误差。在三维模型处理中，可以使用极坐标建立网格和划分包的结构，并考虑每个包中的液滴数量，以获得更好的计算结果。

液体雾化过程中，液滴之间可能发生迸裂或合并。在计算弥散相时需要考虑喷滴群的碎裂模型。FLUENT 软件中提供了两种液滴群碎裂模型：Taylor 类比碎裂（TAB）模型和 Reitz 波动（WAVE）模型。TAB 模型类比弹簧模型，考虑了液滴的变形、表面张力、气动阻力和黏性力等因素，当液滴变形导致新液滴的特征尺寸大于原液滴时，原液滴就会碎裂为两个小液滴。WAVE 模型认为液滴的碎裂受到气体和液滴之间的相对运动速度的影响，相对运动速度越大，液滴碎裂形成的液滴越小。TAB 模型适用于低韦伯数的情况，如液体射流低速喷入低压气流中；WAVE 模型在韦伯数大于100 的条件下得到的预测结果比较可靠。但必须指出的是，由于雾化过程的复杂性，目前还没有可靠的数学模型能够完整地模拟雾化过程。

参考文献

[1] 黄立新，周瑞君. 喷雾干燥的研究进展 [J]. 干燥技术与设备，2009，7(5)：195-198.

[2] https：//www. spraydryer. it/en/the-spray-drying-process.

[3] https：//www. sohu. com/a/475859267 _ 121123737.

[4] http：//www. chineway. cn/index. php/pwgz/.

[5] Pudziuvelyte L，Marksa M，Jakstas V，et al. Microencapsulation of Elsholtzia

ciliata herb ethanolic extract by spray-drying：impact of resistant-maltodextrin complemented with sodium caseinate，skim milk，and beta-cyclodextrin on the quality of spray-dried powders ［J］. Molecules，2019，24(8)：1461.

［6］　郭圣达. 超细晶 WC-Co 复合粉短流程制备及其硬质合金的腐蚀行为 ［D］. 昆明理工大学，2018.

［7］　Baba K，Nishida K. Calpain inhibitor nanocrystals prepared using Nano Spray Dryer B-90 ［J］. Nanoscale Research Letters，2012，7(1)：1-9.

［8］　http：//www. orstc. com/? action-viewnews-itemid-134.

［9］　柴诚敬等. 化工原理 ［M］. 第 3 版. 天津：天津大学出版社. 2017.

［10］　谭天恩，李伟，等. 高等学校教材：过程工程原理（化工原理）［M］. 北京：化学工业出版社，2010.

［11］　https：//zhuanlan. zhihu. com/p/344401533.

［12］　Ji D，Zhang M，Xu T，et al. Experimental and numerical studies of the jet tube based on venturi effect ［J］. Vacuum，2015，111：25-31.

［13］　Mohandas A，Luo H，Ramakrishna S. An overview on atomization and its drug delivery and biomedical applications ［J］. Applied Sciences，2021，11(11)：5173.

［14］　https：//www. oc-sd. co. jp/english/product/? url = spraydry01. html&JOKEN=％27CODE=17％27.

［15］　Hede P D，Bach P，Jensen A D. Two-fluid spray atomisation and pneumatic nozzles for fluid bed coating/agglomeration purposes：A review ［J］. Chemical Engineering Science，2008，63(14)：3821-3842.

［16］　Kooij S，Astefanei A，Corthals G L，et al. Size distributions of droplets produced by ultrasonic nebulizers ［J］. Scientific Reports，2019，9(1)：6128.

［17］　Khmelev V N，Shalunov A V，Golykh R N，et al. Determination of the modes and the conditions of ultrasonic spraying providing specified productivity and dispersed characteristics of the aerosol ［J］. Journal of Applied Fluid Mechanics，2017，10(5)：1409-1419.

［18］　Okitsu K，Cavalieri F，Okitsu K，et al. Synthesis of metal nanomaterials with chemical and physical effects of ultrasound and acoustic cavitation ［J］. Sonochemical Production of Nanomaterials，2018：19-37.

［19］　Khmelev V N，Shalunov A V，Golykh R N，et al. Providing the efficiency and dispersion characteristics of aerosols in ultrasonic atomization ［J］. Journal of Engineering Physics and Thermophysics，2017，90(4)：831-844.

［20］　Yang Z，Yu J，Duan J，et al. Optimization-Design and Atomization-Performance Study of Aerial Dual-Atomization Centrifugal Atomizer ［J］. Agriculture，2023，

13(2)：430.

[21]　马君，孙先明，东忠阁. 超低量静电喷雾质量影响因素分析 [J]. 农机使用与维修，2020(01)：10-12. DOI：10. 14031/j. cnki. njwx. 2020. 01. 004.

[22]　Cloupeau M，Prunet-Foch B. Electrostatic spraying of liquids：Main functioning modes [J]. Journal of Electrostatics，1990，25(2)：165-184.

[23]　Pendar M R，Páscoa J C. Numerical modeling of electrostatic spray painting transfer processes in rotary bell cup for automotive painting [J]. International Journal of Heat and Fluid Flow，2019，80：108499.

[24]　Zhao B，Ran R，Liu M，et al. A comprehensive review of $Li_4 Ti_5 O_{12}$-based electrodes for lithiumion batteries：The latest advancements and future perspectives [J]. Materials Science and Engineering：R：Reports，2015，98：1-71.

[25]　Eslamian M，Ashgriz N. Spray drying，spray pyrolysis and spray freeze drying [M] //Handbook of Atomization and Sprays：Theory and Applications. Boston，MA：Springer US，2010：849-860.

[26]　Eslamian M，Ashgriz N. The effect of atomization method on the morphology of spray dried particles [C] //ASME International Mechanical Engineering Congress and Exposition. 2005，42223：969-974.

[27]　Eslamian M，Ashgriz N. Effect of precursor，ambient pressure，and temperature on the morphology，crystallinity，and decomposition of powders prepared by spray pyrolysis and drying [J]. Powder Technology，2006，167(3)：149-159.

[28]　Eslamian M，Ahmed M，Ashgriz N. Modelling of nanoparticle formation during spray pyrolysis [J]. Nanotechnology，2006，17(6)：1674.

[29]　Dobry D E，Settell D M，Baumann J M，et al. A model-based methodology for spray-drying process development [J]. Journal of Pharmaceutical Innovation，2009，4：133-142.

[30]　Jung D S，Ko Y N，Kang Y C，et al. Recent progress in electrode materials produced by spray pyrolysis for next-generation lithium ion batteries [J]. Advanced Powder Technology，2014，25(1)：18-31.

[31]　Leng J，Wang Z，Wang J，et al. Advances in nanostructures fabricated via spray pyrolysis and their applications in energy storage and conversion [J]. Chemical Society Reviews，2019，48(11)：3015-3072.

[32]　Ardekani S R，Aghdam A S R，Nazari M，et al. A comprehensive review on ultrasonic spray pyrolysis technique：Mechanism，main parameters and applications in condensed matter [J]. Journal of Analytical and Applied Pyrolysis，2019，141：104631.

[33] Patil P S. Versatility of chemical spray pyrolysis technique [J]. Materials Chemistry and Physics, 1999, 59(3): 185-198.

[34] Messing G L, Zhang S C, Jayanthi G V. Ceramic powder synthesis by spray pyrolysis [J]. Journal of the American Ceramic Society, 1993, 76 (11): 2707-2726.

[35] Jung D S, Park S B, Kang Y C. Design of particles by spray pyrolysis and recent progress in its application [J]. Korean Journal of Chemical Engineering, 2010, 27: 1621-1645.

[36] Ingole R S, Lokhande B J. Effect of pyrolysis temperature on structural, morphological and electrochemical properties of vanadium oxide thin films [J]. Journal of Analytical and Applied Pyrolysis, 2016, 120: 434-440.

[37] Meierhofer F, Mädler L, Fritsching U. Nanoparticle evolution in flame spray pyrolysis—Process design via experimental and computational analysis [J]. AIChE Journal, 2020, 66(2): e16885.

[38] Zhang T, Go M A, Stricker C, et al. Low-cost photo-responsive nanocarriers by one-step functionalization of flame-made titania agglomerates with l-Lysine [J]. Journal of Materials Chemistry B, 2015, 3(8): 1677-1687.

[39] 解茂昭. 燃油喷雾场结构与雾化机理 [J]. 力学与实践, 1990, 12(4): 9-15.

[40] 刘孝弟. 高压小空间内大流量雾化喷嘴研究开发与工程验证 [D]. 清华大学, 2015.

[41] Lefebvre A H, Wang X F, Martin C A. Spray characteristics of aerated-liquid pressure atomizers [J]. Journal of Propulsion and Power, 1988, 4(4): 293-298.

[42] Weber C. Disintegration of liquid jets [J]. Z. Angew. Math. Mech., 1939, 11: 135-159.

[43] Lefebver A H. Atomization and spray [M]. New York: Hemisphere publishing orporation, 1989.

[44] DeJuhasz K J. Dispersion of sprays in solid injection oil engines [J]. Trans. ASME, 1931, 53(65).

[45] Babinsky E, Sojka P E. Modeling drop size distributions [J]. Progress in Energy and Combustion Science, 2002, 28(4): 303-329.

[46] 姚悦. 高黏度流体气力雾化机理及试验研究 [D]. 硕士论文. 杭州: 浙江大学, 2006.

[47] Cheng P, Li Q, Chen H. Flow characteristics of a pintle injector element [J]. Acta Astronautica, 2019, 154: 61-66.

[48] Chen H, Li Q, Cheng P. Experimental research on the spray characteristics of

pintle injector [J]. Acta Astronautica，2019，162：424-435.

[49] 吴里银，王振国，李清廉，李春. 超声速气流中液体横向射流的非定常特性与振荡边界模型 [J]. 物理学报，2016(9)：9.

[50] Wu L，Wang Z，Li Q，et al. Study on transient structure characteristics of round liquid jet in supersonic crossflows [J]. Journal of Visualization，2016，19：337-341.

[51] Lin K C，Kirkendall K A，Kennedy P J，Jackson T A. 1999 Proceedings of the 35th AIAA/ASME/SAE/ASEE Joint Propulsion Conference and Exhibit [C]. Los Angeles，California，June 20-24，1999，p2374.

[52] 林小丹. 燃烧颗粒破碎和液滴飞溅全息三维可视化及云雾颗粒风洞测试研究 [D]. 浙江大学，2021. DOI：10. 27461/d. cnki. gzjdx. 2021. 002962.

[53] Sallam K A，Aalburg C，Faeth G M，Lin K C，Carter C D，Jackson T A. 2004 Proceedings of the 42nd AIAA Aerospace Sciences Meeting and Exhibit [C]. Reno，Nevada，January 5-8，2004，p970.

[54] Sallam K A，Aalburg C，Faeth G M. Breakup of round nonturbulent liquid jets in gaseous crossflow [J]. AIAA Journal，2004，42(12)：2529-2540.

[55] 张彬，成鹏，李清廉，陈慧源，李晨阳. 液体横向射流在气膜作用下的破碎过程 物理学报 [J]. 2021，70(5)：054702. doi：10. 7498/aps. 70. 20201384.

[56] Leib S J，Goldstein M E. The generation of capillary instabilities on a liquid jet [J]. Journal of Fluid Mechanics，1986，168：479-500.

[57] Villermaux E，Rehab H. Mixing in coaxial jets [J]. Journal of Fluid Mechanics，2000，425：161-185.

[58] Raynal F，Kumar S，Fauve S. Faraday instability with a polymer solution [J]. The European Physical Journal B-Condensed Matter and Complex Systems，1999，9：175-178.

[59] Rayleigh L. On the instability of jets [J]. Proceedings of the London Mathematical Society，1878，1(1)：4-13.

[60] Keller J B，Rubinow S I，Tu Y O. Spatial instability of a jet [J]. The Physics of Fluids，1973，16(12)：2052-2055.

[61] Joseph D D，Belanger J，Beavers G S. Breakup of a liquid drop suddenly exposed to a high-speed airstream [J]. International Journal of Multiphase Flow，1999，25(6-7)：1263-1303.

[62] Wagner C，Müller H W，Knorr K. Faraday waves on a viscoelastic liquid [J]. Physical Review Letters，1999，83(2)：308.

[63] 史绍熙，郿大光. 液体射流结构特征的理论分析 [J]. 燃烧科学与技术，1996，2

（4）：307-314.

［64］ Lin S P，Reitz R D. Drop and spray formation from a liquid jet ［J］. Annual Review of Fluid Mechanics，1998，30(1)：85-105.

［65］ Taylor G I. Generation of ripples by wind blowing over a viscous fluid. in the scientific papers of GI Taylor，ed. GK Batchelor，Vol. Ⅲ ［J］. 1963.

［66］ 刘楠. 基于自适应网格界面捕捉的超声速气流中气液两相流数值模拟 ［D］. 国防科技大学，2019.

［67］ Bin Z，Peng C，Qing-Lian L，et al. Breakup process of liquid jet in gas film ［J］. ACTA PHYSICA SINICA，2021，70(5).

［68］ Lin S P，Lian Z W. Absolute instability of a liquid jet in a gas ［J］. Physics of Fluids A：Fluid Dynamics，1989，1(3)：490-493.

［69］ Reitz R D，Bracco F B. On the dependence of spray angle and other spray parameters on nozzle design and operating conditions ［R］. SAE Technical Paper，1979.

［70］ Sirignano W A. Fuel droplet vaporization and spray combustion theory ［J］. Progress in Energy and Combustion Science，1983，9(4)：291-322.

［71］ Lin S P，Kang D J. Atomization of a liquid jet ［J］. The Physics of Fluids，1987，30(7)：2000-2006.

［72］ Levich V G. Physicochemical hydrodynamics ［M］. Prentice-Hall，1962.

［73］ Yang H Q. Asymmetric instability of a liquid jet ［J］. Physics of Fluids A：Fluid Dynamics，1992，4(4)：681-689.

［74］ Chaudhary K C，Maxworthy T. The nonlinear capillary instability of a liquid jet. Part 3. Experiments on satellite drop formation and control ［J］. Journal of Fluid Mechanics，1980，96：257-297.

［75］ Kang D J，Lin S P. Breakup of a swirly Liquid Jet ［J］. Interational Journal of Fluid Mechanics，1989，22(1)：47-62.

［76］ 杜青，史绍熙，刘宁，等. 液体燃料射流最不稳定频率的理论分析——液体燃料射流的最不稳定频率及无量纲数的影响 ［J］. 内燃机学报，2000，18(3)：283-292.

［77］ Lin S P，Lian Z W. Mechanisms of the breakup of liquid jets ［J］. AIAA Journal，1990，28(1)：120-126.

［78］ Huang H，Sukop M，Lu X. Multiphase lattice Boltzmann methods：Theory and Application ［J］. 2015.

［79］ Eggers J. Nonlinear dynamics and breakup of free-surface flows ［J］. Reviews of Modern Physics，1997，69(3)：865.

［80］ Li X. Mechanism of atomization of a liquid jet ［J］. Atomization and Sprays，

1995，5(1).

[81]　解茂昭. 直喷式柴油机缸内流动和燃油迷魂药雾的二维数值分析 [J]. 空气动力学报，1989，22(1)：156-161.

[82]　Childs R E，Mansour N N. Simulation of fundamental atomization mechanisms in fuel sprays [J]. Journal of Propulsion and Power，1989，5(6)：641-649.

[83]　Shokoohi F，Elrod H G. Numerical investigation of the disintegration of liquid jets [J]. Journal of Computational Physics，1987，71(2)：324-342.

[84]　Zhu G P，Wang Q Y，Ma Z K，et al. Droplet Manipulation under a Magnetic Field：A Review [J]. Biosensors，2022，12(3)：156.

[85]　Green A E. On the non-linear behavior of liquid jets [J]. International Journal of Engineering Science，1976，14(1)，49-63.

[86]　Bogy D B. Use of one-dimensional Cosserat theory to study instability in a viscous liquid jet [J]. The Physics of Fluids，1978，21(2)：190-197.

[87]　Busker P P，Lamers A P G G. The non-linear breakup of aninviscid liquid jet [J]. The Japan Society of Fluid Mechanics，1989，5：159-172.

[88]　Yuen M C. Non-linear capillary instability of a liquid jet [J]. Journal of Fluid Mechanics，1968，33(1)：151-163.

[89]　侯凌云. 喷嘴技术手册 [M]. 北京：中国石化出版社，2007.

[90]　Xu L，Zhou H，Gao S. Effect of structure parameters of exhausted tube in steady fogger on thermal atomizing effect of hot fogging concentrate [J]. Transactions of the Chinese Society of Agricultural Engineering，2014，30(1)：40-46.

[91]　http：//www. zjjskj. net/Mobile/MArticles/pwjcssydpz. html.

[92]　https：//www. zy600. cn/news/473. html.

[93]　Zhao F，Zhang H，Zhang H，et al. Review of atomization and mixing characteristics of pintle injectors [J]. Acta Astronautica，2022.

[94]　Rachner M，Becker J，Hassa C，et al. Modelling of the atomization of a plain liquid fuel jet in crossflow at gas turbine conditions [J]. Aerospace Science and Technology，2002，6(7)：495-506.

[95]　Chandrasehar S. Hydrodynamic and Hydromagnetic Stability [M]. Oxford：Oxford University Press，1961.

[96]　曹建明. 喷雾学 [M]. 北京：机械工业出版社，2005.

[97]　曹建明，马志义. 喷雾中液滴破裂机理的研究 [J]. 车用发动机，1997，4：11-14.

[98]　任建兴. 水煤浆喷嘴技术的研究 [D]. 杭州：浙江大学，1992.

[99]　Hinze J O. Fundamentals of the hydrodynamic mechanism of splitting in dispersion

processes［J］. AIChE journal，1955，1(3)：289-295.

［100］ Sovani S D，Sojka P E，Lefebvre A H. Effervescent atomization［J］. Progress in Energy and Combustion Science，2001，27(4)：483-521.

［101］ Deike L. Mass transfer at the ocean-atmosphere interface：the role of wave breaking，droplets，and bubbles［J］. Annual Review of Fluid Mechanics，2022，54：191-224.

［102］ http：//www. chineway. cn/index. php/pwgz/.

［103］ Bracco F V. Modeling of engine sprays［J］. SAE transactions，1985：144-167.

［104］ Sitkei G. Contribution to the Theory of Jet Atomization［M］. National Aeronautics and Space Administration，1963.

［105］ Rizk N K，Lefebvre A H. The influence of liquid film thickness on airblast atomization［J］. 1980.

［106］ Zhang Q，Fan L，Wang H，et al. A review of physical and chemical methods to improve the performance of water for dust reduction［J］. Process Safety and Environmental Protection，2022.

［107］ Geng L，Wang C，Wei Y，et al. Simulation on internal flow characteristics of nozzle for diesel engine fueled with biomass blend fuel［J］. Transactions of the Chinese Society of Agricultural Engineering，2017，33(21)：70-77.

［108］ Semião V，Andrade P，da GraCa Carvalho M. Spray characterization：Numerical prediction of Sauter mean diameter and droplet size distribution［J］. Fuel，1996，75(15)：1707-1714.

［109］ Chandrasehar S. Hydrodynamic and Hydromagnetic Stability［M］. Oxford：Oxford University Press，1961.

［110］ 任建兴，岑可法，姚强，等. 水煤浆流变理论及管内流动阻力特性的研究［J］. 发电设备，1997，5(6).

［111］ Jiang X，Siamas G A，Jagus K，et al. Physical modelling and advanced simulations of gas-liquid two-phase jet flows in atomization and sprays［J］. Progress in Energy and Combustion Science，2010，36(2)：131-167.

［112］ http：//www. csan. cn/pzzs/pzzs/25207. html.

［113］ Thompson J C，Rothstein J P. The atomization of viscoelastic fluids in flat-fan and hollow-cone spray nozzles［J］. Journal of Non-newtonian Fluid Mechanics，2007，147(1-2)：11-22.

［114］ 田春霞，仇性启，崔运静. 喷嘴雾化技术进展［J］. 工业加热，2005，34(4)：40-43.

［115］ Kim H J，Park S H，Lee C S. A study on the macroscopic spray behavior and atomization characteristics of biodiesel and dimethyl ether sprays under increased ambient pressure [J]. Fuel Processing Technology, 2010, 91(3): 354-363.

[116] Park S H, Kim H J, Suh H K, et al. Experimental and numerical analysis of spray-atomization characteristics of biodiesel fuel in various fuel and ambient temperatures conditions [J]. International Journal of Heat and Fluid Flow, 2009, 30 (5): 960-970.

[117] 刘孝弟, 王岳, 李兵科. 水煤浆气化炉工艺烧嘴有关问题的探讨 [J]. 化肥工业, 2009, 36(2): 20-23.

[118] Yoon S, Kim K, Baik S. The Route for Synthesis of Agglomeration-Free Barium Strontium Titanate Nanoparticles Using Ultrasonic Spray Nozzle System [J]. Journal of the American Ceramic Society, 2010, 93(4): 998-1002.

[119] 刘国球. 液体火箭发动机原理 [M]. 北京: 宇航出版社, 1993.

[120] 徐旭常, 吕俊复, 张海, 等. 燃烧理论与燃烧设备 [M]. 北京: 科学出版社, 2014.

[121] Handbook on spray drying applications for food industries [M]. CRC Press, 2019.

[122] Meterc D, Petermann M, Weidner E. Drying of aqueous green tea extracts using a supercritical fluid spray process [J]. The Journal of Supercritical Fluids, 2008, 45(2): 253-259.

[123] Hamid A H A, Atan R. Spray characteristics of jet-swirl nozzles for thrust chamber injector [J]. Aerospace Science and Technology, 2009, 13(4-5): 192-196.

[124] Anderson I E, Terpstra R L. Progress toward gas atomization processing with increased uniformity and control [J]. Materials Science and Engineering: A, 2002, 326(1): 101-109.

[125] Pougatch K, Salcudean M, Chan E, et al. A two-fluid model of gas-assisted atomization including flow through the nozzle, phase inversion, and spray dispersion [J]. International Journal of Multiphase Flow, 2009, 35(7): 661-675.

[126] Rahman M A, Heidrick T, Fleck B A. Correlations between the two-phase gas/liquid spray atomization and the Stokes/aerodynamic Weber numbers [C] //Journal of Physics: Conference Series. IOP Publishing, 2009, 147(1): 012057.

[127] Broniarz-Press L, Ochowiak M, Rozanski J, et al. The atomization of water-oil emulsions [J]. Experimental Thermal and Fluid Science, 2009, 33 (6): 955-962.

[128] 刘联胜, 吴晋湘, 韩振兴, 等. 气泡雾化喷嘴混合室内两相流型及喷嘴喷雾稳定性 [J]. 燃烧科学与技术, 2002, 8(4): 353-357.

[129]　包国平，邓龙国. 气泡雾化燃烧技术油枪在夏港电厂煤粉炉上的应用 [J]. 中国电力，2000，33(12)：10-12.

[130]　王威. 一种尿素造粒喷嘴 [P]. 实用新型专利，ZL200920105098. 1，2009.

[131]　Lu Z，Shaikh T R，Barnard D，et al. Monolithic microfluidic mixing-spraying devices for time-resolved cryo-electron microscopy [J]. Journal of Structural Biology，2009，168(3)：388-395.

[132]　黄镇宇，张传名，李习臣，等. 6t/h 撞击式水煤浆喷嘴雾化特性试验研究 [J]. 中国电机工程学报，2004，24(6)：201-204.

[133]　Liu Y，Minagawa K，Kakisawa H，et al. Melt film formation and disintegration during novel atomization process [J]. Transactions of Nonferrous Metals Society of China，2007，17(6)：1276-1281.

[134]　Lu C，Zhang R，Wei X，et al. An investigation on the oxidation behavior of spatters generated during the laser powder bed fusion of 316L stainless steel [J]. Applied Surface Science，2022，586：152796.

[135]　Lin J，Qian L，Xiong H，et al. Effects of operating conditions on droplet deposition onto surface of atomization impinging spray [J]. Surface and Coatings Technology，2009，203(12)：1733-1740.

[136]　孙晓霞. 超声波雾化喷嘴的研究进展 [J]. 工业炉，2004，26(1)：19-23.

[137]　刘联胜，吴晋湘，韩振兴，等. 内超声气泡雾化喷嘴实验研究 [J]. 燃烧科学与技术，2002，8(2)：155-158.

[138]　Hao J，Xu Z，Chu R，et al. Characterization of（$K_{0.5}Na_{0.5}$）NbO_3 powders and ceramics prepared by a novel hybrid method of sol-gel and ultrasonic atomization [J]. Materials & Design，2010，31(6)：3146-3150.

[139]　https：//www. tdsemi. com. cn/news/hyxw/188. html.

[140]　Tran S B Q，Byun D，Nguyen V D，et al. Polymer-based electrospray device with multiple nozzles to minimize end effect phenomenon [J]. Journal of Electrostatics，2010，68(2)：138-144.

[141]　Bang J H，Suslick K S. Applications of ultrasound to the synthesis of nanostructured materials [J]. Advanced Materials，2010，22(10)：1039-1059.

[142]　Zhou M，Li C，Fang J. Noble-metal based random alloy and intermetallic nanocrystals：syntheses and applications [J]. Chemical Reviews，2020，121(2)：736-795.

[143]　Poozesh S，Bilgili E. Scale-up of pharmaceutical spray drying using scale-up rules：A review [J]. International Journal of Pharmaceutics，2019，562：271-292.

[144] Stryckers J, D'Olieslaeger L, Silvano J V M, et al. Layer formation and morphology of ultrasonic spray coated polystyrene nanoparticle layers [J]. Physica Status Solidi (a), 2016, 213(6): 1441-1446.

[145] Zhu C, Fu Y, Yu Y. Designed nanoarchitectures by electrostatic spray deposition for energy storage [J]. Advanced Materials, 2019, 31(1): 1803408.

[146] Reitz R D, Bracco F V. Ultra-high-speed filming of atomizing jets [J]. The Physics of Fluids, 1979, 22(6): 1054-1064.

[147] Wu K J, Reitz R D, Bracco F V. Measurements of drop size at the spray edge near the nozzle in atomizing liquid jets [J]. The Physics of Fluids, 1986, 29(4): 941-951.

[148] Hiroyasu H, Arai M. Structures of fuel sprays in diesel engines [J]. SAE Transactions, 1990: 1050-1061.

[149] Yule A J, Filipovic I. On the break-up times and lengths of diesel sprays [J]. International Journal of Heat and Fluid Flow, 1992, 13(2): 197-206.

[150] Bower G, Chang S K, Corradini M L, et al. Physical mechanisms for atomization of a jet spray [R]. Society of Automotive Engineers, Warrendale, PA, 1988.

[151] Masataka Arai. Breakup mechanism of a high-speed liquid jet and control methods for a spray behavlour [A]. Proceeding of the International Symposium on Advanced Spray Combustion, Hiroshima, Japan, 1994: 1-24.

[152] Lafrance P. Nonlinear breakup of a laminar liquid jet [J]. The Physics of Fluids, 1975, 18(4): 428-432.

[153] 韩占忠, 王敬, 兰小平. 流体工程仿真计算实例与应用 [M]. 北京: 北京理工大学出版社, 2005.

[154] Li J, Renardy Y Y, Renardy M. Numerical simulation of breakup of a viscous drop in simple shear flow through a volume-of-fluid method [J]. Physics of Fluids, 2000, 12(2): 269-282.

[155] https://www.ansys.com/zh-cn/products/fluids/ansys-fluent.

[156] 岳明. 锥形液膜初始破碎雾化过程和机理研究. 博士论文 [D]. 北京: 北京航空航天大学, 2003.

[157] 崔彦栋. 气力式喷嘴雾化机理研究及水煤浆气化喷嘴的研发 [D]. 杭州: 浙江大学, 2006.

[158] 万吉安, 黄荣华, 成晓北. 汽油喷雾撞壁雾化的数值模拟 [J]. 柴油机设计与制造, 2004, 4: 1-14.

[159] Cristini V, Tan Y C. Theory and numerical simulation of droplet dynamics in complex flows—a review [J]. Lab on a Chip, 2004, 4(4): 257-264.

第3章
原料组成和工艺控制策略

前驱体溶液的设计和配制是整个喷雾热解工艺的起点和关键环节。其选取和处理对喷雾热解工艺参数的确定以及最终粉体产品的组成和形貌等特性具有至关重要的影响。即便是选用相同阳离子的盐溶液，如果阴离子不同，后面的工艺参数和获得的粉体特性都会有较大的差别。因此，在喷雾热解过程中，对前驱体溶液的选择和处理需要特别谨慎。由图 3-1 可以看出，喷雾热解前驱体是整个反应过程的起点，可见前驱体对粉体材料的重要性[1]。在选择前驱体时，需要考虑其溶解度、稳定性、挥发性等因素，并根据所需产品特性进行调整。喷雾热解前驱体对粉体材料具有重要影响，前驱体溶液的设计和配制是整个喷雾热解工艺中不可或缺的一环。只有在选择合适的前驱体并控制好工艺参数后，才能获得所需产品特性。

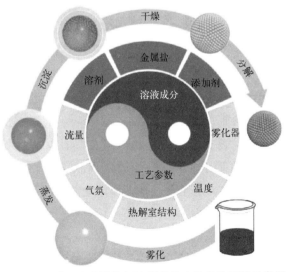

图 3-1　通过一步喷雾热解法制备粉末的参数调控示意图

3.1 前驱体溶液

3.1.1 金属盐的选择

理论上讲，只要能够在溶剂中溶解或者分散，雾化后能形成气溶胶的化合物，都可以作为喷雾热解的前驱体原料。可见作为喷雾热解的原料来源十分广泛，甚至有些有机物都可以作为前驱体来制备纳米高活性的粉末。

但实际上，为了保证生产效率或者说降低生产成本，通常采用具有良好的溶解度和分解温度相对较低的金属盐作为前驱体。这对于低成本、批量化制备高稳定性粉体材料具有重要的现实意义。此外，为了避免无机盐分解产生的气体比如含硫、氯气体等对设备造成腐蚀，也可以采用有机盐，减少对设备和管道的腐蚀和损害。

其中，有机盐是有机酸（或者有机碱）与其他酸和碱（可以是有机的也可以是无机的）反应生成的盐。如醋酸钠（有机酸、无机碱盐）、溴化四丁基铵（无机酸、有机碱）、乙酸吡啶盐（有机酸、有机碱）、甲基钠（烷基盐）、乙醇钠（强碱），喷雾热解工艺中常用的是草酸盐、柠檬酸盐和醋酸盐等[1]。

无机盐是指不含碳-碳键的化合物，它们通常是由金属和非金属元素组成的化合物，不具有有机物的化学性质。无机盐包括许多不同的化合物，如氯化物、硝酸盐、硫酸盐、碳酸盐、氢氧化物等。无机盐在许多领域中都有广泛的应用，例如在工业生产中用于生产肥料、玻璃、陶瓷、金属等。它们也在医药、食品、化妆品等行业中被广泛使用。同时，很多无机盐也有可能是一些冶金过程中产生的副产物。作为前驱体，这些原料都可以用于制备微纳粉体材料或者沉积薄膜材料。

相比之下，无机盐是最常用的前驱体，它们的特点是成本低、水溶性好。有机盐通常是不稳定的、有毒的，而且价格相对昂贵。不同的盐类在溶剂中会表现出不同溶解度和黏度等特征，形成气溶胶时具有不同的特性，导致其在喷雾热解过程中的析出沉淀和分解过程差异较大，最终生成不同形态的粉体和薄膜。

总之在喷雾热解的过程中，前驱体的选择和处理对于制备高质量的纳米粉末材料至关重要。前驱体的选择应该考虑到其溶解度、黏度、表面张力、分解温度、热稳定性、成本等因素。在实际应用中需要根据所需纳米粉末材料的特殊要求和制备工艺条件来确定最适合的前驱体。一般来说，前驱体的选择应该满足以下几个条件：

① 具有良好的溶解度和稳定性，能够在溶剂中充分溶解或者分散，形成均匀的溶液或者悬浮液。

② 分解温度应该低于所需纳米粉末的制备温度，以避免在制备过程中发生副反应或者分解。

③ 热稳定性应该好，以避免在喷雾热解过程中发生不必要的分解反应。

④ 成本应该低廉，以降低制备成本。

⑤ 还应该考虑到所需纳米粉末的特殊要求，例如晶相、形貌、尺寸等。

在实际应用中，前驱体的选择通常是根据所需纳米粉末材料的特殊要求和制备工艺条件来确定。例如，在制备氧化铝纳米粉末时，可以采用铝酸盐作为前驱体；在制备氧化锆纳米粉末时，可以采用氯化锆作为前驱体；在制备氧化钛纳米粉末时，可以采用钛酸盐作为前驱体。此外，在实际应用中还可以采用混合前驱体的方法来制备复合材料或者掺杂材料。

例如，由于优异的物理化学性质，如催化、气体传感和储能等，Co_3O_4 被广泛应用于各个领域。然而，Co_3O_4 粒子的形态对其性质和应用有很大影响。有人通过硝酸钴、氯化钴、醋酸钴三种不同的金属盐溶液在相同的合成条件下制备出了空心球、致密球和干梅花片状三种形态各异的 Co_3O_4 粉体材料，如图 3-2 所示。这可能与不同盐在水中的溶解度、饱和溶解度，以及析出过程中生成的产物（致密性、熔点等）有关。由于溶解度不同导致沉淀析出过程的均匀性和速度不同，进而导致最终颗粒的形貌和性质不同。

由于盐具有非常好的水溶性，溶解度范围较宽，因此可以通过对前驱体溶液组成配比的精确调控来实现复合粉体的制备和组分控制，而且组元的种类和含量基本上不受到限制。这为复合粉体、合金粉体和高熵粉体等新型材料的制备提供了非常好的研究思路和策略。

例如：将碳纳米管（carbon nanotubes，CNT）均匀分散到乙酸铜的溶液中，然后通过喷雾热解和还原方法制备 CNT/Cu 复合粉体，如图 3-3 所示[5]。通过精确调控溶液中铜离子和镍离子的比例，然后通过喷雾热解、还原和热处理可以得到不同组分的 Cu-Ni 合金粉体[3]；此外还可以进行高熵氧化物、碳化物、氮化物和金属粉体的制备[4]。可见通过改变前驱体成分可以简单实现各种不同组分复合材料的合成和制备。

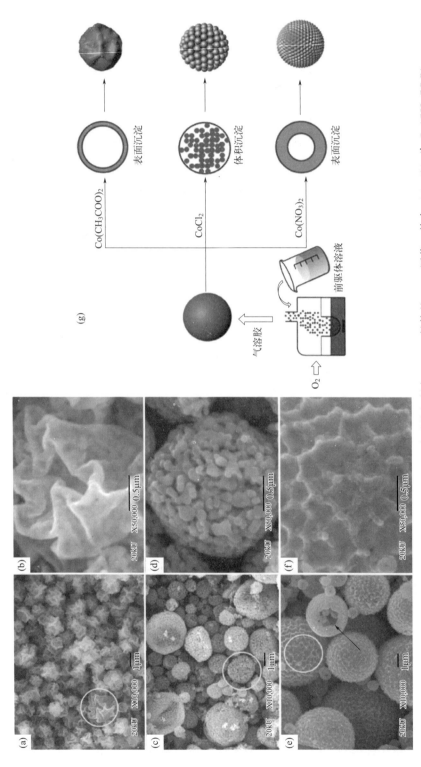

图 3-2 (a)～(f) 0.5mol/L 不同钴盐原料在 750℃喷雾热解制备 Co₃O₄ 粉体的 SEM 图像，其中 (a) (b) 为 Co(CH₃COO)₂，(c) (d) 为 CoCl₂，(e) (f) 为 Co(NO₃)₂；(g) 喷雾热解制备过程示意图[2]

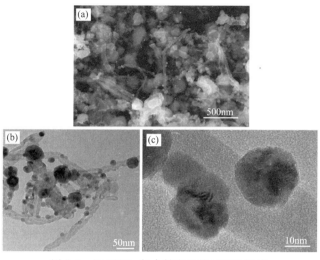

图 3-3　CNT/Cu 复合粉末的电子显微图像

（a）SEM 图像；（b）TEM 图像；（c）HRTEM 图像

3.1.2　添加剂

如上所述，喷雾热解在制备各种材料时具有操作简单、停留时间短、纯度高、均匀性好等方面的独特优势，此外前驱体溶液物理和化学特性的变化可以为喷雾热解提供大量有效的控制变量，因此可以为喷雾热解工艺提供极大的便利。例如：在溶液中加入表面活性剂［如聚乙烯吡咯烷酮（PVP）］、还原剂［如强还原性的三乙二醇（TEG）、水合肼、抗坏血酸］、氧化剂（如过氧化氢）、络合剂（如氨水）等不同的添加剂，可以获得不同形貌和特性的粉体。

制备的多组元粉体材料可以是均质的，也可以是非均质的，如多组分氧化物[6,7]、硫化物[8]、硒化物[9,10] 及碳基（石墨烯、无定形碳、碳纳米管）[11-13] 等复合材料。Park 等人[14] 制备了一种 CoO_x 表面装饰还原氧化石墨烯（RGO）的复合材料，其前驱体是硝酸钴和氧化石墨烯纳米片组成的胶体分散液，最终制备的复合材料由直径为几纳米的超细空心 CoO_x 纳米球均匀地分布在 RGO 外壳上。石墨烯的存在对氧化钴粉体材料形态的影响主要归因于两个方面：一方面，加入氧化石墨烯纳米片改变了喷雾溶液的特性，增加了溶液的黏性和密度，进而影响雾化液滴的大小；另一方面，复合成分改变了硝酸钴的沉淀过程，单个雾化液滴中存在的氧化石墨烯纳米片为复合粉体的析出提供了形核位点，并对粉体的生长起到了空间位阻的限制作用，因此硝酸钴纳米颗粒都均匀地沉积在 GO 纳米片的表面上，这与从纯硝酸钴中得到的情况不同。由此可见，复合材料前驱体中固液两相的同时存在会改变溶液析出时的形核和长大过程，从而影响粉体材料的最终形态。

此外，有机添加剂也可以用来调整前驱体的特性或者改变喷雾热解的过程，从而为设计不同结构的粉体材料提供了简便策略和途径。这些添加剂通常可以扮演络合剂、表面活性剂、碳源和功能模板等角色。例如：Kang 等人[15] 采用了柠檬酸（citric acid，CA）和乙二醇（ethylene glycol，EG）作为添加剂来延缓溶剂的蒸发过程，采用 N,N-二甲基甲酰胺（DMF）作为反应速率的控制剂（drying control chemical additive，DCCA），从含有硝酸镍、硝酸钴和醋酸铝（摩尔比分别为 $0.8:0.15:0.05$）的溶液中合成了完全填充的球形颗粒，不同条件下制备的粉体的显微组织结构如图 3-4 所示。相比之下，在相同喷雾热解条件下制备的颗粒，在前驱体溶液中加入添加剂的颗粒呈现出实心球形貌，这是因为乙二醇和柠檬酸之间的交联酯化反应产生了交错的聚合物，从而在干燥过程中增加了溶液的黏度。此外，DMF 作为极性溶剂具有比水更高的沸点，延长了溶剂的蒸发时间，DMF 和

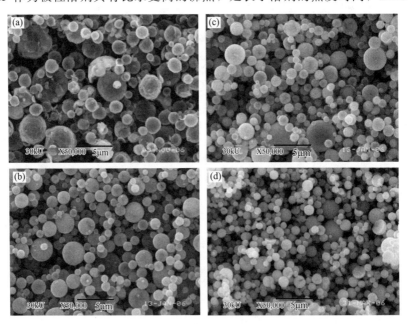

图 3-4　前驱体粉末的 SEM 图

(a) 水溶液；(b) 0.2mol/L CA 和 0.2mol/L EG；(c) 1.0mol/L CA 和 1.0mol/L EG；
(d) 1.0mol/L CA、1.0mol/L EG 和 0.7mol/L DCCA。柠檬酸、乙二醇和干燥
控制化学添加剂（DCCA）被添加到喷雾溶液中以控制前驱体粉末的形态

生成的聚合物影响多金属硝酸盐的干燥和分解速率[16]。溶剂的蒸发速率低有助于发生体积沉淀并形成致密结构。

Okuyama K 等人[17,18] 研究了通过超声喷雾热解从 $NiCl_2 \cdot 6H_2O$ 水溶液中制备 Ni 颗粒时，$NH_3 \cdot H_2O$ 和 NH_4HCO_3 的作用，结果表明：氨水和碳酸氢铵对溶液的化学性质和生成的颗粒都有显著的影响，并能明显改变反应途径。在前驱体溶液中加入这些添加剂后，最初形成了中间的 NiO，随后在还原性气氛中还原成金属 Ni；然而在载气中没有强还原剂 H_2 的情况下，也可以获得金属镍。相关的实验装置、检测系统和得到的粉体显微结构如图 3-5 所示。在后一种情况下，NH_3 是形成镍的主要原因，进而提出了喷雾热解过程中 Ni 形成的机制和过程的描述，如图 3-6 所示。

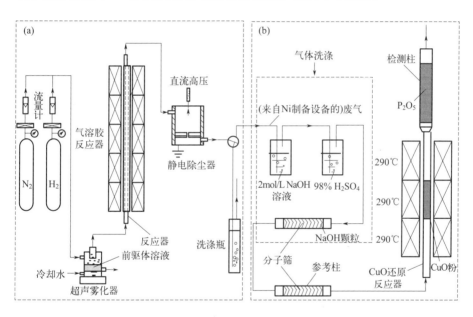

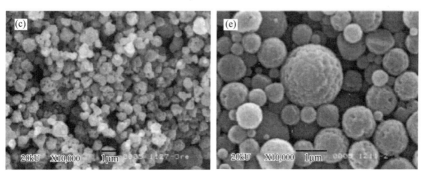

图 3-5

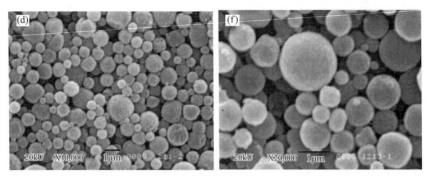

图 3-5　实验装置示意图及形成颗粒的 SEM 图像

（a）镍的制备装置；（b）H_2 检测系统；在 500℃ 下由（c）NH_3 与 Ni 摩尔比＝12(Ni 颗粒)和（d）NH_3 与 Ni 摩尔比＝9(NiO 颗粒) 溶液在 H_2-N_2 气氛中形成的颗粒的 SEM 图像。在没有 H_2 载气的情况下，由 NH_3 与 Ni 摩尔比＝9 溶液在 800℃ 下形成的 NiO 粉末的 SEM 图像，（e）没有和（f）有（NH_4HCO_3/Ni 摩尔比＝2）NH_4HCO_3

3.1.3　溶剂

用于喷雾热解的溶剂必须具有适当的蒸气压、黏度和表面张力，并能够促进溶质的高溶解度等特性，这些特性可以直接影响雾化液滴的形成，并进一步决定目标粉体材料的质量和产量。与其他传统的液相方法一样，出于安全性、低成本、易于实际操作等原因，水是最常使用的溶剂，而且水对各种金属盐的溶解具有广泛的适用性，因此研究最多、最易于产业化的溶剂就是水，通常采用蒸馏水或者去离子水。

此外，在实验室也对越来越多用于制备纳米结构材料和复合材料的有机溶剂进行了研究，例如乙醇[19]、丙醇[20]、己烷[21]、二甲基亚砜（DM-SO)[22] 和 N,N-二甲基甲酰胺（DMF)[23] 等，另外还有甲苯、二甲苯、苯、乙醇、乙醚、丙酮、氯仿、四氯化碳等有机溶剂。考虑到这些溶剂的毒性和分解产物，尽量避免使用，或者采用密闭容器和管道系统进行处理和操作。

通常这些有机液体作为溶剂的作用是多方面的，如燃料、溶剂、碳源或者模板等[24]。例如，Wang 的研究小组合成了 Sn/C 纳米复合微球，其中纳米级的 Sn 颗粒均匀地嵌入原位生成的碳基质中[25]。具体步骤是，将 $SnCl_2$ 和聚乙烯吡咯烷酮（PVP）溶解在乙醇中，分别作为锡和碳的来源，该前驱体溶液被气动雾化器雾化，随后在氩气/5％氢气的气氛下于 900℃ 发生干燥和热分解，最终锡盐的热分解和还原后的产物与碳化的 PVP 形成了多孔的纳米 Sn/C 复合微球。

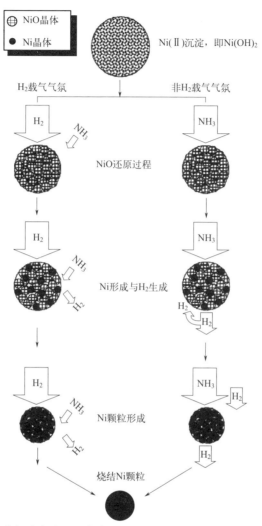

图 3-6　载气中存在和不存在 H_2 的情况下 NiO 还原过程的示意图

3.2　工艺控制

3.2.1　雾化方式

　　正如上一章中雾化器部分介绍的，不同的雾化器会导致液滴直径、雾化效率和液滴的初始速度不同。液滴直径是一个重要的参数，因为它可以较大程度地影响最终粉末颗粒的尺寸和分布。离开雾化器的液滴的初始速度对

SP 过程中在热解室的停留时间有影响。此外，雾化效率是大规模生产的一个决定性因素，因为它直接决定了目标材料的产量。

超声波雾化器类似于家用加湿器，它通过压电陶瓷片的高速振动从溶液中产生液滴。通过改变载气的流速和振动器的数量来控制气溶胶流中液滴的浓度。根据毛细波动理论[26]，如方程(3-1) 所示：

$$d_p = 0.34\left(\frac{8\pi\sigma}{\rho f^2}\right)^{1/3} \tag{3-1}$$

其中，d_p 是液滴直径；σ 是表面张力，dyn/cm（$1\text{dyn} = 10^{-5}\text{N}$）；$\rho$ 是密度，g/mL；f 是激励频率，Hz。然而，这种关联并没有阐明液滴大小、黏度和液体体积流速之间的关系，这与实验观察结果并不充分一致。此外，Rajan 和 Pandit 考虑到物理化学特性［表面张力（σ）、密度（ρ）、黏度（μ）和液体体积流速］和超声波特性［振幅、频率（f）]的相关性[27]，提出下式：

$$d_p = \left(\frac{\pi\sigma}{\rho f^2}\right)^{0.33}\left[1 + A(N_{We})^{0.22}(N_{Oh})^{0.166}(N_{In})^{-0.0277}\right] \tag{3-2}$$

其中，A 是液滴的表面积，m^2；N_{We} 是修正的韦伯数 $\left(\frac{fQ\rho}{\sigma}\right)$；$N_{Oh}$ 是修正的奥内佐格数 $\left(\frac{\mu}{fAm^2\rho}\right)$；$N_{In}$ 是强度数 $\left(\frac{f^2Am^4}{CQ}\right)$；$Q$ 是体积流量，m^3/s；μ 是液体黏度，Pa·s；m 是液滴的质量，kg；C 是液体介质中的声速，m/s。

根据式(3-1) 和式(3-2)，液滴的特性取决于前驱体溶液的物理化学特性［表面张力（σ）、密度（ρ）、黏度（μ）和液体体积流速］和超声波特性［振幅和频率（f）]。液滴尺寸随着超声频率的增加而降低。具有低表面张力和高质量密度的前驱体溶液将有利于小液滴的形成。

目前超声雾化器已被证明是最方便的实验室规模的液滴发生器。与其他类型相比，超声雾化的主要优点包括成本低、结构简单、稳定性强、尺寸分布均匀、液滴的球形度高[28]。然而，由于超声振动的能量密度低，超声雾化生产力低下，而且不能处理高黏度的溶液或浆液前驱体。

气动雾化器与加压雾化器相似，只是液体被夹在高速载气中，因此作用于液体的剪切力比加压雾化器更强。整个过程与液体特性和气流特性，如表面张力、密度和黏度等因素紧密相关。平均气溶胶液滴直径随着气体和液体之间相对速度的增加而减少[29]。气动雾化是一种有前途的大规模工业生产应用的方法，因为它具有高液滴产量和对高浓度溶液、胶体溶液、乳剂和溶胶的高适应性，因此这种方法在喷雾热解技术的实际应用中得到了证实[30]。

静电雾化器依靠电场将液体分解并产生液滴，液体的物理参数（电导率、介电常数、表面张力和黏度）以及针和基体之间的偏置电压决定了液滴的大小。静电雾化产生的气溶胶液滴可以小于 $1\mu m$[31]，其尺寸分布比其他雾化方法产生的液滴要窄。此外，带电的液滴在空间中有利于自我分散，不会导致颗粒的团聚。尽管如此，这种方法也有一些明显的局限性。前驱体溶液首先应该是导电的，喷射的液体以恒定的流速被送入喷嘴，通常在 $0.01\sim 1mL/min$ 的范围内，导致生产率相对较低。

3.2.2　载气和流速

载气的作用是将雾化器产生的液滴送到高温热解室。

载气的流速决定了液滴在热解室中的停留时间，这将影响最终粉体材料的特性，如其形态、结晶度、孔隙度和比表面积。此外，载气可以作为一种反应物。这是因为不同的载气会形成不同的气氛，在热解和结晶过程中可能会引起溶质分子和环境之间的不同化学反应，如氧化、燃烧和还原。

载气的类型通常根据反应气氛的要求来选择，以得到想要的材料组成和形态。通常情况下可以选择空气和氧气来形成氧化气氛，而氩气或氮气可以形成惰性气氛，氢气或氢-氩/氮的混合物来形成还原性气氛。例如，在 Ar 气氛下从硝酸镍、硝酸钴和聚乙烯吡咯烷酮（PVP）的溶液中合成了完全填充的 CoO-NiO-C 球形颗粒，而在 O_2 气氛下制备的颗粒具有蛋黄壳结构。这是因为 O_2 为碳燃烧反应创造了有利的条件，PVP 产生的无定形碳作为一个自我牺牲的模板，在 O_2 气氛下进行分层燃烧反应，从而形成了蛋黄壳结构[32]。

此外，有人[18,33,34] 研究了在有氢和无氢条件下，用超声喷雾热解法从镍氨络合物制备镍颗粒的过程。在 H_2（约 9.0% 体积）存在的情况下，镍颗粒在 500℃ 形成，这比报道的温度低得多。在 400℃ 下获得作为主要相的金属镍和 NiO。在没有 H_2 的情况下，也获得金属 Ni，但是需要更高的温度（例如 900℃）。这表明向 $NiCl_2 \cdot 6H_2O$ 前驱体中添加 $NH_3 \cdot H_2O$ 和 NH_4HCO_3 改变了 Ni 形成的反应途径。通过仔细控制，在气溶胶反应器中停留时间为 $7.0\sim 9.0s$ 时，获得了大约 $0.5\mu m$ 的球形、实心和均匀分布的 Ni 颗粒。

3.2.3 热解腔体

热解腔体为液滴从溶液转变为固体颗粒或在基底上沉积薄膜提供了空间和热能。热解腔体的结构参数以及载气的流速共同决定了颗粒在喷雾热解过程中的停留时间，其范围从几秒到几十秒。

热解腔体根据其放置方式可分为水平式和竖直式两种类型。

对于水平式喷雾热解腔体来说，雾化液滴需要一个相对较高的初始流速，以防止较大液滴由于重力作用而沉积在内壁上。而竖直式热解炉在不断上升的热气流的作用下，可以有效地避免这一问题。此外，通过重力作用，可以对雾化液滴进行分级和调控，因此竖直式热解炉在实际应用中更为广泛。

喷雾热解与其他纳米材料合成方法不同的是，颗粒的停留时间很短，这意味着所制备的材料的成分或结晶度不能满足功能材料的要求，往往需要进行额外的退火处理。为此，研究人员开发了多温区喷雾热解反应器，以提高目标纳米材料的质量。不同的加热区可以在不同的温度和不同的气氛下工作，单独完成蒸发、分解和烧结的单元过程，分别成为一个独立的单元，这种修改可以赋予喷雾热解技术更大的灵活性和可控性。

3.2.4 工作温度

原则上，喷雾热解核心工作区的温度应该高于溶质的分解温度，前驱体中含有多种需要进行热解的组元时，工作温度应该高于组元们的最高分解温度。

喷雾热解过程中使用的加热源包括电加热、火焰、微波和等离子体。电加热是最常用的加热源，因为它成本低、结构简单、可控性高。热量通过对流和辐射从炉壁转移到液滴上。

火焰喷雾是另一个受欢迎的加热源，因为与电加热相比，它可以方便地获得超高温度（2000℃以上）。雾化器产生的气溶胶与液化燃料或氢气一起注入热解室，瞬间发生剧烈的燃烧反应，形成一个高温场，有助于获得高结晶度的材料。然而，要控制火焰温度和温度场，需要一些经验积累和计算模拟。但是由于模糊的反应区和缺乏喷雾腔体观察数据，使得对这个过程进行建模非常困难。

微波加热与常规加热相比，具有整体加热、选择性加热、非热效应等重要的特点，从而赋予微波加热工艺和微波加热产品独特的优势：如升温速度快、加热均匀、烧结时间短、负温度梯度、能源利用率高、环境友好、显微组织和材料性能优异等衍生特征。可见，微波加热对最终粉体材料的形貌和特性也会造成特殊的影响，但是目前微波喷雾热解方面的研究还有待进一步深入。

总而言之，喷雾热解控制策略的关键原则是调整前驱体溶液的组成和工艺参数。然而，由于这些参数的重叠相关性和系统性，通常很难准确描述每个参数如何影响特定纳米结构的形成。因此，有必要充分考虑多种因素的影响，并根据实验结果优化参数以实现控制。基于这些因素的混合和匹配策略，可以制备各种纳米结构的颗粒，应用前景广阔。

参考文献

[1] Leng J，Wang Z，Wang J，et al. Advances in nanostructures fabricated via spray pyrolysis and their applications in energy storage and conversion [J]. Chemical Society Reviews，2019，48(11)：3015-3072.

[2] Li Y，Li X，Wang Z，et al. Distinct impact of cobalt salt type on the morphology，microstructure，and electrochemical properties of Co_3O_4 synthesized by ultrasonic spray pyrolysis [J]. Journal of Alloys and Compounds，2017，696：836-843.

[3] 鲍瑞，黄啸，易健宏. 一种铜镍合金粉末的制备方法 [P]. CN110961656A. 2020-04-07.

[4] 鲍瑞，闵德琦，易健宏. 一种高熵碳化物的制备方法 [P]. 202210979264.0. 2022-11-15.

[5] Chen X，Bao R，Yi J，et al. Enhancing interfacial bonding and tensile strength in CNT-Cu composites by a synergetic method of spraying pyrolysis and flake powder metallurgy [J]. Materials，2019，12(4)：670.

[6] Choi S H，Park S K，Lee J K，et al. Facile synthesis of multi-shell structured binary metal oxide powders with a Ni/Co mole ratio of 1：2 for Li-ion batteries [J]. Journal of Power Sources，2015，284：481-488.

[7] Li T，Li X，Wang Z，et al. Robust synthesis of hierarchical mesoporous hybrid $NiO-MnCo_2O_4$ microspheres and their application in Lithium-ion batteries [J]. Electrochimica Acta，2016，191：392-400.

[8] Jeon K M，Cho J S，Kang Y C. Electrochemical properties of MnS-C and MnO-C

composite powders preparedvia spray drying process [J]. Journal of Power Sources，2015，295：9-15.

[9] Park G D，Lee J H，Kang Y C. Superior Na-ion storage properties of high aspect ratio SnSe nanoplates prepared by a spray pyrolysis process [J]. Nanoscale，2016，8(23)：11889-11896.

[10] Park G D，Lee J K，Kang Y C. Synthesis of uniquely structured SnO_2 hollow nanoplates and their electrochemical properties for Li-ion storage [J]. Advanced Functional Materials，2017，27(4)：1603399.

[11] Ko Y N，Park S B，Jung K Y，et al. One-pot facile synthesis of ant-cave-structured metal oxide-carbon microballs by continuous process for use as anode materials in Li-ion batteries [J]. Nano Letters，2013，13(11)：5462-5466.

[12] Cho J S，Won J M，Lee J K，et al. Design and synthesis of multiroom-structured metal compounds-carbon hybrid microspheres as anode materials for rechargeable batteries [J]. Nano Energy，2016，26：466-478.

[13] Choi S H，Ko Y N，Lee J K，et al. 3D MoS_2-graphene microspheres consisting of multiple nanospheres with superior sodium ion storage properties [J]. Advanced Functional Materials，2015，25(12)：1780-1788.

[14] Park G D，Cho J S，Kang Y C. Novel cobalt oxide-nanobubble-decorated reduced graphene oxide sphere with superior electrochemical properties preparedby nanoscale Kirkendall diffusion process [J]. Nano Energy，2015，17：17-26.

[15] Ju S H，Jang H C，Kang Y C. Al-doped Ni-rich cathode powders prepared from the precursor powders with fine size and spherical shape [J]. Electrochimica Acta，2007，52(25)：7286-7292.

[16] Xu J，Lin F，Doeff M M，et al. A review of Ni-based layered oxides for rechargeable Li-ion batteries [J]. Journal of Materials Chemistry A，2017，5(3)：874-901.

[17] Xia B，Lenggoro I W，Okuyama K. The roles of ammonia and ammonium bicarbonate in the preparation of nickel particles from nickel chloride [J]. Journal of Materials Research，2000，15(10)：2157-2166.

[18] Xia B，Lenggoro I W，Okuyama K. Preparation of Ni particles by ultrasonic spray pyrolysis of $NiCl_2$ • $6H_2O$ precursor containing ammonia [J]. Journal of Materials Science，2001，36：1701-1705.

[19] Ng S H，Wang J，Wexler D，et al. Highly reversible lithium storage in spheroidal carbon-coated silicon nanocomposites as anodes for lithium-ion batteries [J]. Angewandte Chemie International Edition，2006，45(41)：6896-6899.

[20]　Doi T，Fukuda A，Iriyama Y，et al. Low-temperature synthesis of graphitized nanofibers for reversible lithium-ion insertion/extraction [J]. Electrochemistry Communications，2005，7(1)：10-13.

[21]　Yang Z，Guo J，Xu S，et al. Interdispersed silicon-carbon nanocomposites and their application as anode materials for lithium-ion batteries [J]. Electrochemistry communications，2013，28：40-43.

[22]　Valvo M，Lafont U，Simonin L，et al. Sn-Co compound for Li-ion battery made via advanced electrospraying [J]. Journal of Power Sources，2007，174 (2)：428-434.

[23]　Ju S H，Kang Y C. Fine-sized $LiNi_{0.8}Co_{0.15}Mn_{0.05}O_2$ cathode powders prepared by combined process of gas-phase reaction and solid-state reaction methods [J]. Journal of Power Sources，2008，178(1)：387-392.

[24]　Jung D S，Park S B，Kang Y C. Design of particles by spray pyrolysis and recent progress in its application [J]. Korean Journal of Chemical Engineering，2010，27：1621-1645.

[25]　Xu Y，Liu Q，Zhu Y，et al. Uniform nano-Sn/C composite anodes for lithium ion batteries [J]. Nano Letters，2013，13(2)：470-474.

[26]　Peskin R L，Raco R J. Ultrasonic atomization of liquids [J]. The Journal of the Acoustical Society of America，1963，35(9)：1378-1381.

[27]　Rajan R，Pandit A B. Correlations to predict droplet size in ultrasonic atomisation [J]. Ultrasonics，2001，39(4)：235-255.

[28]　Avvaru B，Patil M N，Gogate P R，et al. Ultrasonic atomization：effect of liquid phase properties [J]. Ultrasonics，2006，44(2)：146-158.

[29]　Juslin L，Antikainen O，Merkku P，et al. Droplet size measurement：Ⅱ. Effect of three independent variables on parameters describing the droplet size distribution from a pneumatic nozzle studied by multilinear stepwise regression analysis [J]. International Journal of Pharmaceutics，1995，123(2)：257-264.

[30]　Bhavesh B，Patel，Jayvadan K，et al. Review of patents and application of spray drying in pharmaceutical，food and flavor industry. [J]. Recent Patents on Drug Delivery & Formulation，2014.

[31]　Patel M K. Technological improvements in electrostatic spraying and its impactto agriculture during the last decade and future research perspectives—A review [J]. Engineering in Agriculture，Environment and Food，2016，9(1)：92-100.

[32]　Leng J，Wang Z，Li X，et al. Accurate construction of a hierarchical nickel-cobalt oxide multishell yolk-shell structure with large and ultrafast lithium storage capabil-

ity [J]. Journal of Materials Chemistry A，2017，5(29)：14996-15001.

[33] Xia B，Lenggoro I W，Okuyama K．Preparation of nickel powders by spray pyrolysis of nickel formate [J]．Journal of the American Ceramic Society，2001，84(7)：1425-1432.

[34] Park S H，Kim C H，Kang Y C，et al．Control of size and morphology in Ni particles prepared by spray pyrolysis [J]．Journal of Materials Science Letters，2003，22(21)：1537-1541.

第**4**章
喷雾热解粉体的形貌调控

喷雾热解是一种通用的粉状材料和薄膜制备技术。由于薄膜材料的形貌相对简单和单一，本章重点描述和讨论喷雾热解工艺制备粉体材料的形貌调控机理与相关应用。喷雾热解通过将前驱体溶液喷雾成雾滴，然后在高温下进行热解，从而制备出具有不同形貌和结构的颗粒。这些颗粒在生产和实际应用中具有不同的效果和作用。为了制备这些颗粒，必须有意识地控制相关的制备条件。因此，研究喷雾热解中各种颗粒形貌和结构形成的机理对于控制制备条件和调控粉体形貌具有重要的指导意义[1]。

在喷雾热解过程中，前驱体溶液首先经喷雾形成雾滴，然后在高温下进行热解。在这个过程中，前驱体分子会发生裂解、氧化、还原、聚合等反应，从而生成固体颗粒。颗粒的形貌和结构取决于前驱体分子的性质、反应条件、气氛等多种因素。例如，在不同的反应气氛下，可以制备出具有不同形貌和结构的颗粒；在不同的反应温度下，可以调控颗粒的尺寸和形貌等。喷雾热解已被广泛用于制备各种具有不同纳米结构的粉体产品，如空心球、实心球、卵黄壳结构、核壳结构、纳米片（无基体和模板）、环形结构、针状结构和纤维状结构等（如图 4-1 所示）[2]。

图 4-1 喷雾热解制备的不同纳米结构的粉体

4.1 空心球

空心球的形成是由于雾化的液滴进入加热腔室后，溶剂蒸发，液滴直径变小，液滴表面溶质浓度不断增加，并在某一时刻达到其临界过饱和浓度，成核、生长，互相接触形成外壳，随后壳内的溶液迅速蒸发同时生成气体膨胀，从而形成空心球。

空心球微纳结构粉体被广泛应用于储能和能量转换领域，其结构由单层外壳围绕大的内部空隙组成，具有表面积大、密度低和路径长度短等独特的性能[3]。这种材料的优势在于能够减少体积变化，维持结构的稳定性，并有助于离子和电子的快速扩散。因此，空心球目前被广泛应用于二次电池（如锂离子电池和钠离子电池）、超级电容器、染料敏化太阳能电池（DSSCs）、光催化和燃料电池等领域。

模板法是一种常见的制备空心球粉末颗粒的方法，其基本思路是在表面兼容的模板颗粒上沉积材料前驱体，然后通过一定的化学或物理手段将模板颗粒去除，从而得到空心球颗粒。具体的步骤包括：①选择合适的模板颗粒，通常是具有亲水性表面的微小颗粒，如聚苯乙烯微球、二氧化硅微球等；②在模板颗粒表面沉积材料前驱体，可以采用多种方法，如浸渍、沉淀、化学还原等；③利用化学或物理手段去除模板颗粒，如热解、溶解、氧化等，从而得到空心球颗粒。模板法制备空心球颗粒具有高度可控性和可扩展性，可以通过调节模板颗粒的形貌、尺寸和表面性质来控制空心球颗粒的形态和大小。同时，模板法还可以应用于制备各种复杂的空心结构，如空心多壳结构、镂空结构等。由于模板法需要进行模板合成和去除的复杂操作，因此其制备过程相对较为烦琐，模板的合成和去除等复杂操作可能会导致材料品质的降低和生产成本的增加等额外问题。

采用喷雾热解工艺制备的中空结构，其形成机制与模板法完全不同[图 4-2(a)]。喷雾热解法之所以能够制备出空心球体粉末颗粒，是因为在喷雾的过程中，可溶性前驱体形成的液滴表面张力会使其呈现球形，而在高温条件下，前驱体在液滴表面发生热解反应，在球壳的位置原位析出和反应生成固相产物，在粉末收缩过程中内部的挥发物质在喷雾热解过程中被释放出来，因此液滴内部会形成一个空腔，从而得到具有空心球形结构的粉末产物。喷雾热解法具有制备空心球体粉末颗粒的优点，如制备过程简单、可控性好、操作灵活等。同时，该方法还可以制备出不同尺寸、形状和组成的空心球体粉末颗粒，能够满足不同应用领域的需求。因此，近些年来，许多研究报道了利用喷雾热解方法制备中空结构的粉末颗粒。

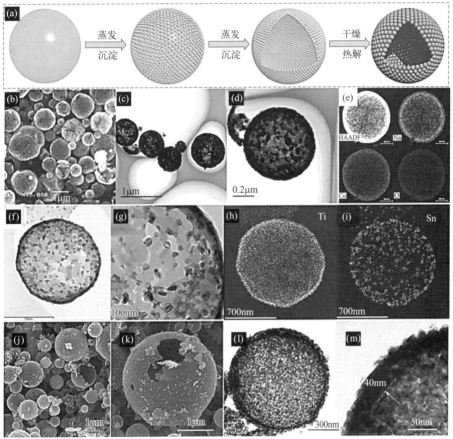

图 4-2　（a）通过喷雾热解工艺制备典型单壳空心球的形成示意图；（b）～（e）多壳
　　　 NiCo$_2$O$_4$ 球体，其中（b）SEM 图像，（c）（d）TEM 图像，（e）元素映射图；
　　　（f）～（i）Li$_4$Ti$_5$O$_{12}$-SnO$_2$ 空心复合粉末，其中（f）（g）TEM 图像，（h）
　　　（i）元素映射图；（j）～（m）SnO$_2$ 空心球体，其中（j）（k）SEM 图像，
　　　　　　　　　　　　　　（l）（m）TEM 图像

　　其中，单一或混合硝酸盐已被证明是制备中空纳米材料的理想前驱体成分[4,5]。在蒸发和沉淀阶段，由于它们的溶解度相对较低，溶剂迅速从液滴表面蒸发，盐类也迅速沉淀在球形液滴的表面，形成金属元素 M 的外壳 M(NO$_3$)$_2$·6H$_2$O。当溶剂蒸发完成后，M(NO$_3$)$_2$·6H$_2$O 将失去其结晶

水，最终分解成具有壳层结构的空心 M_xO_y 颗粒。例如，图 4-2(b)～(e) 通过控制前驱体溶液中纯硝酸镍和硝酸钴的比例，制备了尺寸分布窄、形态均匀、元素分布均匀的空心 $NiCo_2O_4$ 球体。

此外，其他前驱体成分如硝酸锂、四异丙醇钛、草酸锡等也被用于制备空心粉体结构。Ding 等人[6] 报道了具有不同 $Li_4Ti_5O_{12}/SnO_2$ 比例的单壳球形 $Li_4Ti_5O_{12}$-SnO_2 复合粉末，该空心复合粉体可以通过喷雾热解一步法直接获得，为了提高复合材料的结晶度，将粉末颗粒在空气中 800℃ 下进一步加热处理 3h，热处理后颗粒仍然是具有中空结构的球形粉体［图 4-2(f) 和 (g)］。元素映射图［图 4-2(h) 和 (i)］表明粉末中存在两个独立的物相，其中 SnO_2 纳米晶体的大小为几十纳米，均匀地分布在 $Li_4Ti_5O_{12}$ 基体中。

Lee 等人[7] 用氯化锡溶液作为前驱体成分来制备单层空心二氧化锡粉体颗粒。在前驱体溶液中加入柠檬酸，以便在超声波喷雾热解过程中获得中空形态。从制备的粉体扫描电子显微镜图像中可以观察到直径 0.05～3mm 不等的中空结构 SnO_2 球体结构［图 4-2(j)］，在 500℃ 下热处理 2h 后，颗粒的表面变得相对粗糙［图 4-2(k)］，而它们的尺寸和形貌并没有发生显著变化。透射电子显微镜图像进一步证实了热处理后 SnO_2 球体为单壳空心结构［图 4-2(l)］，薄壳的厚度约为 30～40nm［图 4-2(m)］。

Kang 等人[8] 采用喷雾热解法一步制备了金属硒化物/还原氧化石墨烯（rGO）复合粉末，得到的材料可用作钠离子电池负极。图 4-3(a) 给出了喷雾热解过程中 $CoSe_x$-rGO 复合粉体的形成机理，在 800℃ 下喷雾热解制备的 $CoSe_x$-rGO 复合粉末具有以 $Co_{0.85}Se$ 为主要相，$CoSe_2$ 为次要相的晶体结构，而制备的纯 $CoSe_x$ 粉末为球形和空心结构。在恒电流密度为 0.3A/g 的条件下，$CoSe_x$-rGO 复合粉末和纯 $CoSe_x$ 粉末在第 50 个循环中的放电容量分别为 420mA/h 和 215mA/h，而在第 2 个循环中的容量保持率分别为 80% 和 46%。此外，$CoSe_x$-rGO 复合粉体在反复的钠离子充放电过程中表现出很高的结构稳定性，其钠离子储存性能优于纯 $CoSe_x$ 粉体。

Zhou 等[9] 将溶有聚甲基丙烯酸甲酯（polymethyl methacrylate，PMMA）的前驱体溶液喷雾热解，制得蜂窝状颗粒和高尔夫球状颗粒，如图 4-4(a)～(d) 所示。蜂窝状颗粒的形成是由于溶液中四氢呋喃（tetrahydrofuran，THF）和 PMMA 之间的相互作用比较弱，加入水后，由于水是非溶剂，通过氢键和 THF 相互作用，致使 THF 和 PMMA 之间的相互作

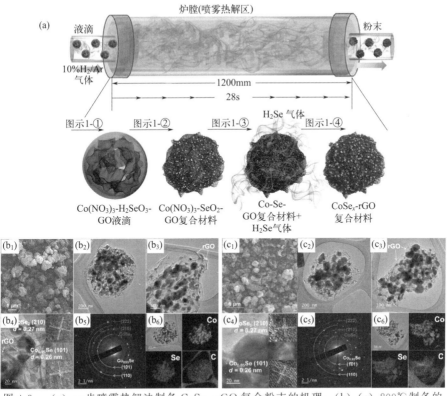

图 4-3　（a）一步喷雾热解法制备 $CoSe_x$-rGO 复合粉末的机理；（b）（c）800℃制备的 $CoSe_x$-rGO 粉体，其中（b_1）（c_1）SEM，（b_2）（b_3）（c_2）（c_3）TEM，（b_4）（b_5）（c_4）（c_5）SAED 图谱，（b_6）（c_6）元素映射图谱

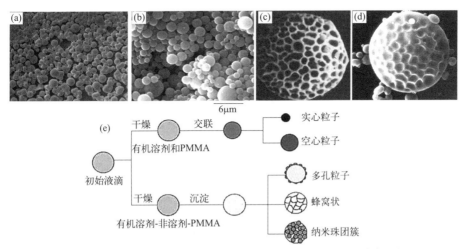

图 4-4　（a）（b）不同加热速率下 PMMA 颗粒的 SEM 图像；（c）蜂窝状的 PMMA 颗粒；（d）高尔夫球状的 PMMA 颗粒；（e）导致不同形态的颗粒形成原理示意图

用变得更弱，而 PMMA 链连接加强，这些链发生交联的同时又被水相分隔，在水和 THF 蒸发后这些链形成蜂窝状结构的球形颗粒。蜂窝状结构的球形颗粒在温度升到接近熔点时，表面的 PMMA 开始熔化，致使表面的小孔封闭，从而形成高尔夫球状颗粒。具体生成过程和机理如图 4-4(e) 所示。

NOBUO 等[10] 使用分别溶有 $Cu_2CO_3(OH)_2$ 和 $Cu(OH)_2$ 的 NH_4OH-NH_4HCO_3 的前驱体溶液，通过喷雾热解制备了泡沫状颗粒。其中由 $Cu_2CO_3(OH)$ 制备的颗粒如图 4-5 所示。泡沫状颗粒的形成可能是由于在热解炉中，雾滴表面处前驱体盐分解的气体扩散到空气中，而液滴内部的前驱体盐分解出气体不会扩散到空气中，而形成微小的气泡。由于分隔的膜较厚，阻止小气泡的气体向大气泡内渗透，这些微小的气泡不发生聚并，而是连接在一起，形成了泡沫状的球形颗粒。

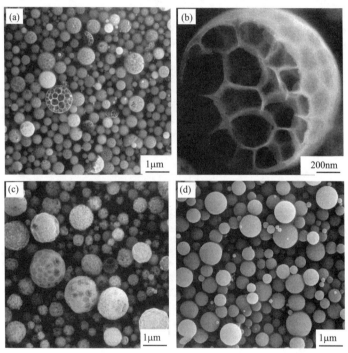

图 4-5　由 $Cu_2CO_3(OH)_2$ 溶液与 0.6mol/L NH_4HCO_3 形成的颗粒的 SEM 图像
干燥温度和热解温度如下：(a)(b) 分别为 100℃和 400℃；(c) 分别为 200℃和 400℃；(d) 分别为 100℃和 100℃

通过超声喷雾热解制备了热稳定性好的中孔和大孔炭粉。首先设计制备出水溶性的卤代有机羧酸盐，避免热解过程中产生固体炭之外的其他杂质。

然后原位生成临时模板，即无机盐，由于无机盐在水溶液中很容易溶解，因此通过改变碱金属含量可以有效调控最终材料的形态和孔结构。这为制备介孔和大孔炭提供了一种极其简便和通用的方法[11]（如图 4-6 所示）。

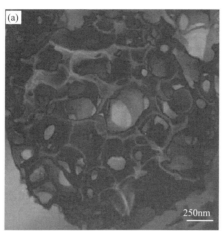

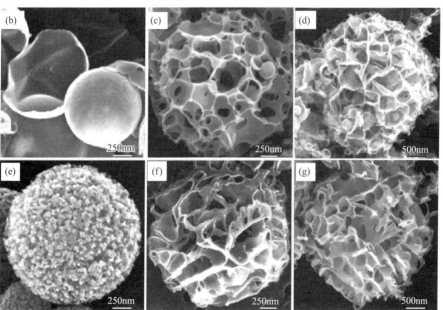

图 4-6 （a）超声喷雾热解多孔炭的 SEM 图像（反应条件：1.5mol/L 溶液，700℃，
Ar，1.0L/min）；产品来自（b）氯乙酸锂；（c）氯乙酸钠；（d）氯乙酸钾；
（e）二氯醋酸锂；（f）二氯乙酸钠；（g）二氯乙酸钾

需要指出的是，空心球后期有可能会收缩成为实心致密的球形粉体，但更可能由于烧结或热处理过程中的收缩应力而破碎，产生形状不规则的碎片，即为破损的球壳（如图 4-7 所示）。这是因为升温过快时，液滴表面溶剂蒸发的速度比扩散速度快，当液滴表面溶剂蒸发后，中心部位溶剂来不及扩散，变成凝胶壳；随着蒸发的继续进行，内部的溶液由于毛细管的作用，从液滴的内部迁移到液滴的表面，蒸发后，溶质在表面沉淀析出，填充在晶粒之间的空隙中，形成光滑的表面；随着干燥的进行，液滴表面干燥固化，液滴内部的核收缩，颗粒的温度上升，超过溶液的沸点，蒸发在颗粒内部发生，如果壳的空隙率太小，水蒸气来不及排出，当壳内气压上升到超过壳的局部能够承受的强度时，局部部位将出现通气孔，即形成破损球壳[12]。另一种情况是，在较高热解温度下，液滴表面干燥结晶形成壳，壳的形成阻止内部液体的蒸发扩散，在高的加热速率下，由于壳内液体急剧蒸发，导致壳内压强过高，引起球壳爆裂，形成碎片。

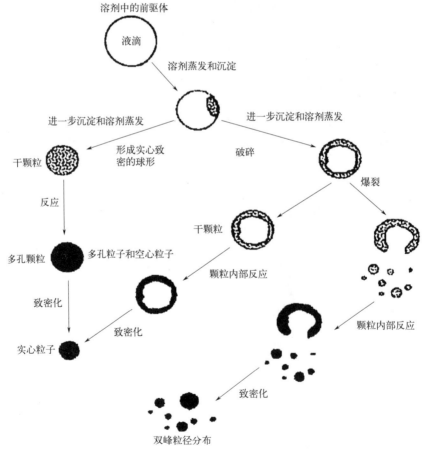

图 4-7　喷雾热解过程中从雾化液滴到粉末的过程描述[13,14]

4.2　实心球

实心球是喷雾热解中最常见的一种颗粒形态。由许多超细的初级纳米粒子组装而成的固体颗粒被看作是实心球。需要注意的是，"实心"并不一定意味着"致密"。实际上，在溶剂蒸发和盐类、添加剂分解的过程中，这些致密或"固体"二次粒子是纳米多孔的。在喷雾热解的整个过程中，析出和分解的过程不仅仅发生在液滴的表面，同时也发生在液滴的中心，因此晶核的形成充满整个液滴，最终形成实心球颗粒。由于实心球具有较高的堆积密度，因此被广泛用于储能等相关的应用中。此外，纳米级初级粒子之间的交错通道有利于电解质的渗透，从而暴露出更多的活性位点。

为了获得均匀的实心颗粒而不是空心球体或破碎的颗粒，研究者们已经进行了大量的工作[15]。目前已经确定了一些优先形成实心球颗粒的有利条件，包括：①金属盐应具有较高的溶解度，溶液应具有相对较低的饱和度；②溶剂的蒸发速率应尽可能低；③热解温度应接近溶质的熔点；④在特殊情况下，应使用凝胶溶液作为前驱体溶液。所有这些条件的目的是确保中心的浓度在外壳形成之前已经达到饱和平衡浓度。因此，喷雾热解技术非常适用于生产具有均匀化学成分和狭窄尺寸分布的实心球体颗粒。

Kang 等[16] 采用两种不同的前驱体溶液喷雾热解制备 $\gamma\text{-LiAlO}_2$ 颗粒，一种是氧化铝溶胶和锂盐的胶体混合物，另一种是硝酸铝和锂盐的水溶液。所制得的颗粒都是实心球颗粒，但由氧化铝溶胶和锂盐的胶体混合物制得的颗粒表面较粗糙，而由硝酸铝和锂盐的水溶液制得的颗粒表面光滑。这种表面形貌差异是由于沉淀机理不同导致的，当采用氧化铝溶胶和锂盐的胶体混合物时，锂盐会不均匀地沉淀在几十纳米长的氢氧化铝短纤维上，由于液滴内短纤维流动性差，因此会形成多孔和不光滑的表面。而在硝酸铝和锂盐的水溶液的情况下，沉淀是均匀的，从而导致密实和光滑的表面形成。

Li 等人制备了实心和空心的 $\text{Ni}_{0.8}\text{Co}_{0.1}\text{Mn}_{0.1}\text{O}_{1.1}$ 微球纳米复合材料[17]，该材料可以用作锂离子电池的负极材料，也可以作为 $\text{LiNi}_{0.8}\text{Co}_{0.1}\text{Mn}_{0.1}\text{O}_2$ 正极材料的前驱体。将微球与锂盐混合后烧结，可以实现表面氯化物的浓度平衡与液滴内部沉淀的同时发生 [图 4-8(a)]，因此实心球形的二次粒子是由许多纳米级的一次粒子组装而成的 [图 4-8(b) 和 (c)]。此外，采用平衡浓度低于氯化物平衡浓度的醋酸盐和硝酸盐作为原料合成前驱体粉体,发现沉淀优先发生在表面,因此外壳迅速形成。但同时液滴内部的溶质没有达到沉淀的饱和浓度,不会出现沉淀,从而形成了一个空心结构。

Li 等人[18] 通过喷雾热解制备了 Co_3O_4 微球,大量紧密排列的初级纳米颗粒组装而成,均匀地沉积在泡沫镍基底上,得到了一种具有充足孔隙的无黏结剂阳极材料 [图 4-8(d)～(h)]。

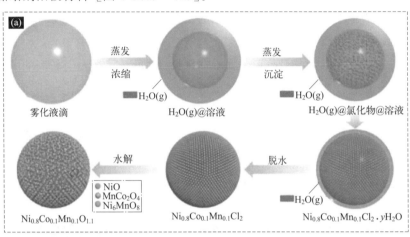

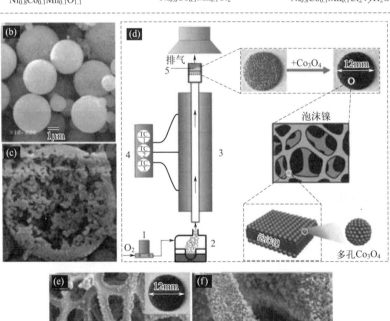

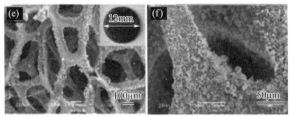

图 4-8　（a）～（c）用喷雾热解从氯化物溶液中制备多孔 $Ni_{0.8}Co_{0.1}Mn_{0.1}O_{1.1}$ 粉末，
其中（a）形成机制，（b）多孔 $Ni_{0.8}Co_{0.1}Mn_{0.1}O_{1.1}$ 粉末颗粒的 SEM 图像，（c）横
截面 SEM 图像；（d）～（h）泡沫镍支撑的 Co_3O_4 微球，其中（d）制备过程
示意图，（e）～（g）Co_3O_4 微球的 SEM 图像，（h）Co_3O_4 微球的 TEM 图像

　　Kang 的研究小组[19] 使用 N,N-二甲基甲酰胺作为干燥控制化学添加
剂，延长了干燥时间，并为溶质扩散提供了足够的时间，制备出具有致密内
部结构的 Ni-Co-Al-O 颗粒。

　　Taniguchi 等人[20] 采用超声喷雾热解法制备了 $LiM_{1/6}Mn_{11/6}O_4$（M＝
Mn,Co,Al,Ni）颗粒，实验制备装置如图 4-9（a）所示。从图 4-9（b）～（e）
SEM 图可看出，$LiAl_{1/6}Mn_{11/6}O_4$ 呈现出具有微孔结构的球形，从图 4-9（f）
TEM 图中可看出，$LiAl_{1/6}Mn_{11/6}O_4$ 球形颗粒是由一些 10nm 的初级颗粒凝

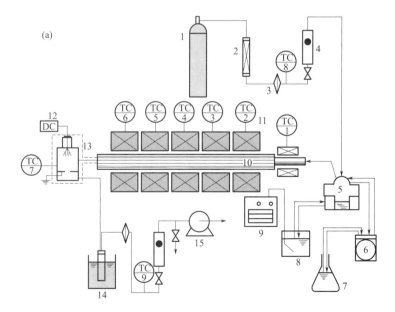

图 4-9

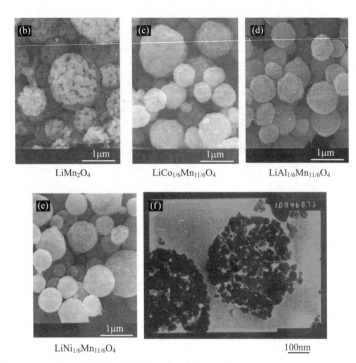

图 4-9 （a）实验仪器的示意图；（b）～（e）LiMn$_2$O$_4$ 和 LiM$_{1/6}$Mn$_{11/6}$O$_4$

（M＝Co、Al 和 Ni）粉末的表面形态；（f）LiAl$_{1/6}$Mn$_{11/6}$O$_4$ 颗粒的 TEM 照片

1—储气罐；2—填料柱；3—过滤器；4—流量计；5—超声雾化器；6—蠕动泵；

7—溶液；8—水浴；9—浸入式冷却器；10—反应管；11—电炉；12—直流

高压电源；13—静电除尘器；14—冷阱；15—真空泵

聚而成。制备过程中雾化后的液滴进入热解反应管中，在发生热解反应的同时，水分蒸发以致 LiM$_{1/6}$Mn$_{11/6}$O$_4$ 结晶析出形成初级颗粒，在范德华力、静电力和液桥力的作用下发生团聚形成 LiAl$_{1/6}$Mn$_{11/6}$O$_4$ 球形颗粒，而初级颗粒与初级颗粒之间的堆积空隙形成微孔。

4.3 卵黄壳结构

卵黄壳具有典型的核@空隙@壳的框架结构，作为电极材料和催化剂也具备较多优点。例如，功能核心和外壳之间的空隙可以作为缓冲空间，以适应高容量电极在锂离子电池和钠离子电池中的充放电过程中的体积变化[21-24]。此外，由于其高比表面积和分层孔隙的优势，卵黄壳结构的粉末在储能材料中表现出高催化活性和突出的速率性能，主要是因为这种结构有利于提高电子转移的速度和能力。

卵黄壳结构被广泛应用于生产储能材料，目前研究者提出了许多方法来制备这种结构，如选择性刻蚀、奥斯特瓦尔德熟化、软（或硬）模板法、柯肯达尔扩散和离子交换等。然而，由于其结构的复杂性，卵黄壳结构的合成和构建比其他中空或多孔结构更具挑战性。相较于这些传统方法，一锅式喷雾热解是一种直接而稳健的方法，可用于大规模合成。

Kang 等人[25] 使用喷雾热解技术从蔗糖和草酸锡组成的前驱体溶液中制备出卵黄壳结构的 SnO_2 ［图 4-10(a)～(c)］。虽然在整个喷雾热解过程中液滴的停留时间只有 22s（1000℃），但即使不经过后处理也能形成双壳 SnO_2 卵黄壳粉末。该研究还发现蔗糖是最合适的碳源，直接决定了卵黄壳结构的形成 ［图 4-10(d)］。首先，蔗糖和草酸锡分解生成具有致密球形结构的微型 $C\text{-}SnO_2$ 复合颗粒。复合颗粒表面的碳立即与周围的空气发生燃烧反应，但由于氧气供应不足，颗粒内部无法燃烧。颗粒表面的结晶 SnO_2 外壳具有较高的机械强度，表现出低收缩特性，而 $C\text{-}SnO_2$ 核心在高温下表现出一些收缩。因此，相分离过程形成了最初的核壳结构的 $C\text{-}SnO_2/SnO_2$。随后，在空隙中有足够的氧气时，内部核心发生了类似的第二次燃烧，最终形成了双壳 $SnO_2@SnO_2@SnO_2$ 蛋壳结构的粉末颗粒。

此外，还报道过一系列通过喷雾热解获得的卵黄壳结构单金属或多金属氧化物，包括 Fe_2O_3[26]、Co_3O_4[27]、WO_3[28]、V_2O_5[29]、NiO[30]、$Zn\text{-}Fe_2O_4$[31]、$CoMn_2O_4$[32]、$CoMn_2O_4$[33]、$Li_4Ti_5O_{12}$[34]、$LiMn_2O_4$[35] 和 $LiNi_{0.1}Mn_{1.5}O_4$[36]。

喷雾热解制备卵黄壳结构过程中，主要受到金属盐易分解性、碳源和氧化气氛这三个因素的影响。基于这些原则，有人采用超声喷雾热解技术，成功地从硝酸镍钴和聚乙烯吡咯烷酮（PVP）组成的溶液中，以 O_2 为载气，合成了多壳卵黄壳镍钴氧化物 ［图 4-10(e)～(i)］[37]，其中 PVP 被选为表面活性剂和碳源，在卵黄壳结构的形成中起着关键作用。通过在前驱体溶液中加入一定量的 PVP，可以准确地控制外壳的数量。在作为锂离子电池阳极材料时，这种电极材料在电化学性能方面表现出优异的表现，比由空心微球组成的电极材料更具优势。

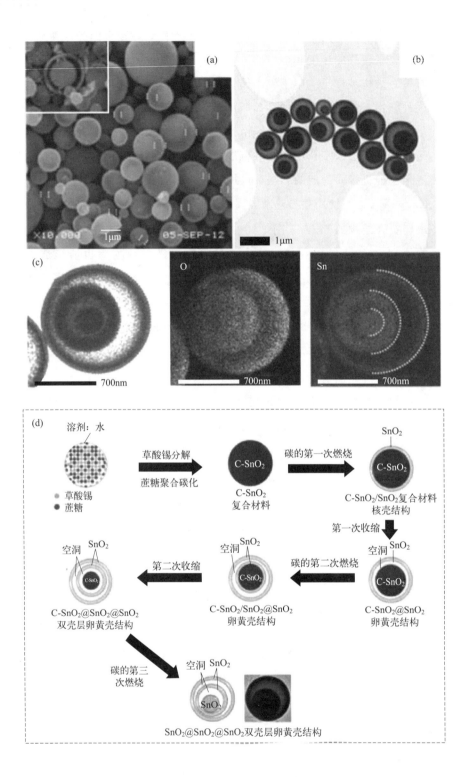

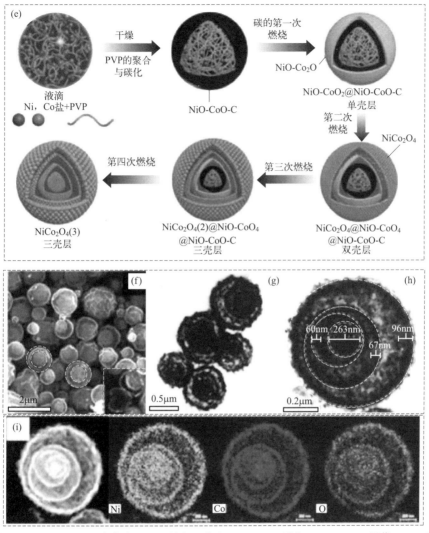

图 4-10　(a) ～ (d) 卵黄壳 SnO_2 粉末，其中 (a) SEM 图像，(b) TEM 图像，(c) 元素映射图谱；(d) 形成机制；(e) ～ (i) 多壳 $NiCo_2O_4$ 粉末，其中 (e) 形成机制，(f) SEM 图像，(g) (h) TEM 图像，(i) 元素映射图谱

4.4　核壳结构

核壳结构由一个活性核心和一个功能外壳组成，与卵黄壳结构最大的区别在于壳与核之间没有空隙，而是紧密接触。核壳结构是一种常见的表面改性策略，通过减轻界面副反应或改善离子/电子传导性和结构稳定性来提高

109

目标材料的性能[38]。

　　壳层材料的类型和结构对改变核体材料的电化学性能有显著影响。一般来说，由于核体和壳层材料之间的组成和结构差异，采用传统的湿化学方法通常需要多个合成步骤才能够完成。此外，由于壳层的聚集和偏析现象，很难获得均匀和完整的壳层[39,40]。但是近期研究发现，喷雾热解是一种简单有效的制备核壳材料的方法，它可以一步制备壳层均匀的粉体。

　　Hong 等人[41,42]通过一步式喷雾热解从含有草酸锡和 PVP 的水溶液中制备了球形的碳包覆核壳复合材料 [图 4-11(a)]，其中 SnO_x 纳米晶体被均匀地嵌入无定形碳基体中，形成均匀覆盖的壳层 [图 4-11(b)(c)]。类似地，采用喷雾热解法制备了 ZnO/SnO_2@C 的核壳结构材料 [图 4-11(d)(e)]，Li_2O-$2B_2O_3$ 玻璃表面改性的 $LiCoO_2$ 和 $LiMn_2O_4$ 阴极材料。在这些样品中，玻璃状的 Li_2O-$2B_2O_3$ 相能够在阴极电极材料的表面自发形成均匀的壳层。与传统的湿化学方法相比，喷雾热解法可以一步法制备核壳材料，且涂层均匀性更好[43]。

　　核壳结构的形成机制类似于卵黄壳结构，其中相分离过程在形成核壳结构中起着关键作用。然而，在喷雾热解过程中，无定形相会自然迁移到表面并形成外壳，而结晶相会自发地迁移到液滴内部。相比之下，卵黄壳结构的相分离过程中，内部核心和外部外壳相互分离并产生空隙，这主要是由于碳的燃烧反应。这种通过喷雾热解自发形成核壳结构的方法适用于生产具有厚壳层的复合粉体材料，而不适用于生产薄壳层的情况。但是，借用流化床反应的思路，通过改进喷雾热解工艺成功制备了具有均匀 TiO_2 壳层的 $LiMn_2O_4$ 正极材料 [图 4-11(f)][44]。在锂离子电池正极材料的合成中，壳层的量往往很小（<5%）。最初的液滴是由超声波雾化器从含有 Li 和 Mn 成分的前驱体溶液中产生的。在热解的第一阶段，液滴干燥和分解产生了含 Li 和 Mn 成分的复合颗粒。然后将四异丙醇钛（TTIP）蒸气连续注入炉子内部，产生 TiO_2 颗粒。在第二阶段，复合颗粒在气相中与 TiO_2 蒸气一起流动，并逐渐被 TiO_2 包裹。在喷雾热解过程中 Li 和 Mn 之间完全反应生成 $LiMn_2O_4$ 正极。因此，利用喷雾热解技术大规模直接制备 TiO_2 壳层的 $LiMn_2O_4$ 正极材料是可行的 [图 4-11(g) 和 (h)]。

　　类似地，也可以采用改良的火焰喷雾热解方法制备 ZrO_2 包覆的 $LiNi_{0.8}Co_{0.2}O$ 粉体。$LiNi_{0.8}Co_{0.2}O_2$ 的前驱体盐溶解在水溶液中，形成 $LiNi_{0.8}Co_{0.2}O_2$ 基体，而 Zr 前驱体与油相混合生成 ZrO_2 壳层。从粉体材料的显微组织结构可以发现，在每个核心粒子的表面上有厚度为 5～8nm 的均匀二氧化锆壳层 [图 4-11(i) 和 (j)]。

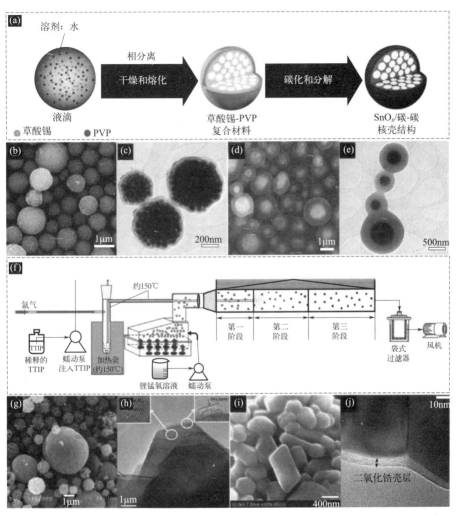

图 4-11　（a）～（e）SnO$_x$/碳核壳结构复合粉末，其中（a）形成机制，（b）SEM 图像，（c）TEM 图像，（d）ZnO/SnO$_x$/碳核壳结构复合粉末的 SEM 图像和（e）TEM 图像；（f）～（h）具有 TiO$_2$ 壳层的 LiMn$_2$O$_4$ 材料，其中（f）大规模原位喷雾热解工艺示意图，（g）粉末的 SEM 图像，（h）TEM 图像；（i）（j）ZrO$_2$ 包覆的 LiNi$_{0.8}$Co$_{0.2}$O$_2$ 粉末，其中（i）SEM 图像，（j）TEM 图像

Jung Sang Cho 等人[45] 通过一步喷雾热解和随后的硒化热处理制备了一种 NiCoSe$_2$/CNT 杂化微球［HYS-(NiCo)Se$_2$/CNT］。这种微球由多孔卵黄内部、薄壳外部和间隙空腔组成，呈层次结构，其中多孔卵黄由碳纳米管壁组成，还有在一步喷雾热解中形成的相互连通的中孔（如图 4-12 所

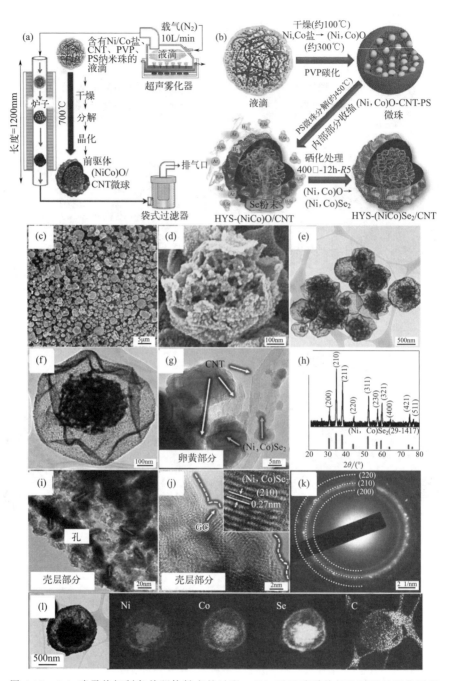

图 4-12 （a）喷雾热解制备前驱体粉末的过程；（b）通过喷雾热解和随后的硒化过程
形成 HYS-(NiCo)Se$_2$/CNT 微球的机制；（c）~（l）HYS-(NiCo)Se$_2$/CNT 微球的
形态、SAED、XRD 图案和元素图谱图像，其中（c）（d）FE-SEM 图像，（e）~（g）TEM
图像，（h）XRD 图谱，（i）（j）HRTEM 图像，（k）SAED 图案，（l）元素映射图谱

示），可用作钠离子电池的负极材料。HYS-(NiCo)Se$_2$/CNT 微球在 3.0A/g 的高电流密度下，循环 10000 次后的放电容量为 366mAh/g，第 2 次循环后的容量保持率为 85%；在 0.5～20.0A/g 电流密度下的放电容量分别为 444～163mAh/g。这种独特的卵黄-壳层结构、高电导率的碳纳米管壁、连通中孔和锚定的（Ni,Co）Se$_2$ 纳米颗粒的协同效应，导致了循环过程中高度的结构稳定性和优异的钠离子储存性能。

4.5　纳米板

二维（2D）层状纳米结构在能源储存和转换装置领域有应用价值[46]。二维材料通常是指厚度在原子或分子水平的超薄层结构，具有较大的反应面积、丰富的活性位点和较短的离子扩散路径等优势，提高了电化学性能，因此被视为具有竞争力的电极材料和催化剂候选材料[47]。

Park 等人[48] 以草酸锡（Ⅱ）和硒酸溶液为原料，通过喷雾热解合成了二维硒化锡纳米板［图 4-13(a)］。前驱体溶液在干燥和分解过程后转化为 SeO$_2$ 和 SnO$_2$。SnSe 纳米晶体在还原后生成并生长，最终形成微米级的颗粒。通过形成 H$_2$Se 气体去除过量的金属 Se，获得的 SnSe 纳米板具有高长径比和无聚集的特性，元素均匀地分布在颗粒中［图 4-13(b)～(f)］。

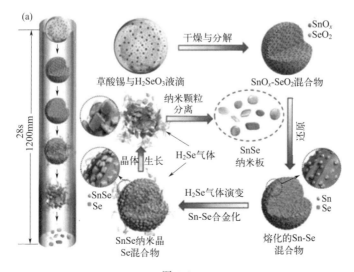

图 4-13

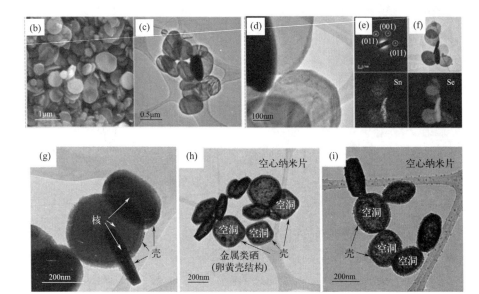

图 4-13　(a) ～ (f) 从含有草酸锡和 H_2SeO_3 的前驱体溶液中形成 SnSe 纳米片，其中 (a) 形成机制；(b) SnSe 纳米板的 SEM 图像，(c) (d) TEM 图像，(e) SAED 图案，(f) 元素分布图像；(g) ～ (i) SnSe-C 复合粉末的 TEM 图像，分别在 (g) 400℃、(h) 500℃ 和 (i) 600℃ 的温度下进行的喷雾和后处理

　　该小组[49] 也利用柯肯达尔效应，采用喷雾热解合成的 SnSe-C 粉末合成了 SnO_2 空心纳米片。SnSe-C 复合粉末由喷雾热解制备，PVP 作为添加剂，随后在空气中通过热处理氧化成 SnO_2 空心纳米片 [图 4-13(g)～(i)]。在氧化过程中，硒离子和锡离子以及 O_2 气体的扩散速率不同导致了不同的中间产物，从而形成了具有薄壳的 SnO_2 空心纳米片。此外，还可以以水溶性四水钼酸铵为前驱体，通过火焰喷雾热解工艺制备超细 TiO_2 掺杂的 a-MoO_3 纳米板[50]。

　　Amanda 等人[51] 结合喷雾热解反应合成了单晶 Bi_2WO_6 纳米板。Cho 等人[52] 通过喷雾热解和热处理来制备 MoO_3 纳米板。

4.6　薄膜材料

　　在目前的能源储存和转换应用中，薄膜材料的使用非常广泛，例如超级电容器、光催化、太阳能电池和燃料电池。与化学气相沉积（chemical vapor deposition，CVD)[53]、原子层沉积 (atomic layer deposition，ALD)[54]、溶胶-凝胶旋涂[55] 和溶胶-凝胶漏涂[56] 等常见的薄膜沉积技术相比，喷雾热解具有独特的优势。例如，在环境气氛、中等温度下，喷雾热解可以产生球形纳米粒子，而其他技术通常需要压力或真空。此外，基材准备是影响黏附强度的一个重要过程，而在喷雾热解中对基材几乎没有要求。喷雾热解沉积可以通过使用手持式喷涂机在平面上同时进行，这在浸渍/旋涂中受到限制。此外，通过修改工艺参数和溶液成分，可以对目标材料的成分和形态进行精确控制。

　　自 20 世纪 80 年代以来，喷雾热解技术一直被用来制造各种薄膜。到目前为止，喷雾热解沉积 (spray pyrolysis deposition，SPD) 技术已被证明是一种方便、有效、可扩展和成熟的合成薄膜材料的方法，在未来的工业应用中很有前景[57]。通过纳米颗粒组装的各种半导体薄膜，如 TiO_2、ZnO、WO_3、Fe_2O_3、CdS 和 PbS，比相同成分的体相材料的催化活性和光学特性更高。

　　喷雾热解沉积过程中，首先将前驱体溶液雾化成小液滴，然后将这些液滴喷射到加热的基底上形成薄膜 [图 4-14(a)]，薄膜的形成与制备粉末颗粒的过程是一样的，也是由几个单独过程组成，包括雾化、气溶胶运输和前驱体分解 [图 4-14(b)]。薄膜的特性和质量也由喷雾溶液的特性和工艺参数决定。不管溶液的影响如何，基材的特性被认为是最重要的工艺参数。这是由于热解反应主要发生在加热的基底表面，这与所有其他薄膜沉积技术有明显的区别，也对基底提出了重要的热容要求。基底温度是影响颗粒形态和晶体生长的关键因素，高温会使沉积的薄膜更加粗糙和多孔，而低温则会导致裂纹的出现[58,59]。沉积温度也影响制备的薄膜的质地、结晶度、相组成和其他性能。例如，用于气动喷雾沉积 (pneumatic spray deposition，PSD) 和静电喷雾沉积 (electrostatic spray deposition，ESD) 的喷雾热解装置[60]，PSD 和 ESD 装置分别利用双流体雾化器和静电雾化器来产生和喷射液滴。图 4-14(c) 展示了使用 PSD 技术在 NiO-SDC 基底上沉积的掺有 Sm 的陶瓷 (SDC) 薄膜的横截面，沉积的 SDC 薄膜是均匀、致密和无裂纹的，在高倍率 SEM 图像中可以观察到 SDC 薄膜和基底之间没有明显的空隙或界面 [图 4-14(d)]，表明薄膜和基底之间的附着力非常好。

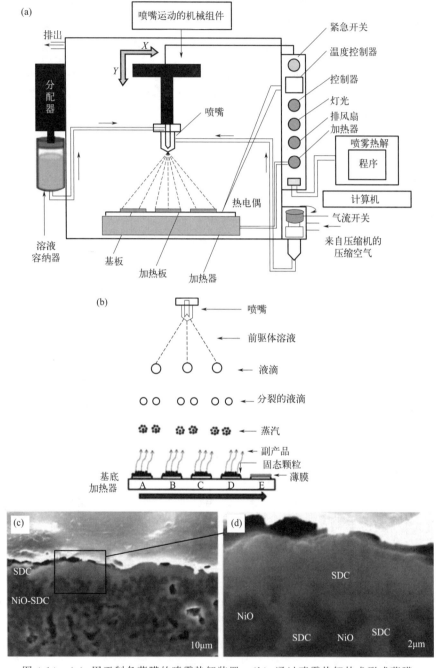

图 4-14 （a）用于制备薄膜的喷雾热解装置；（b）通过喷雾热解技术形成薄膜；
（c）（d）通过静电喷雾沉积在 NiO-SDC/NiO-YSZ 基底（YSZ＝钇稳定氧化锆）上的
SDC 薄膜的抛光截面 SEM 图像

4.7　一维结构

近年来，一维纳米结构材料，如纳米线、纳米棒和纳米管，由于其在纳米级电子和光电设备中的潜在应用，已经引起广泛的关注[61,62]。如水热法和溶液沉积法等湿法化学技术已被证明是大规模制造一维纳米结构材料的有前途的选择。要获得高质量的一维材料需要适当的基材预处理。各种沉积技术如气相-液相-固相沉积（vapor-liquid-solid，VLS）、化学气相沉积（chemical vapor deposition，CVD）、原子层沉积（ALD）和金属有机化学气相沉积（metal-organic chemical vapor deposition，MOCVD）等被用于在不同的基底上生长排列整齐的一维材料，但这些方法总是需要巨大的设备投资和严格的制备条件。SPD 技术作为一种经济可行的路线，可以用于生长高质量的一维纳米结构材料。

Htay 小组[63] 报道了通过喷雾热解制造一维单晶 ZnO 材料［图 4-15(a)］。由流量计调整的纯氮气将雾化室中产生的液滴输送到热解炉中。使用液体捕集器来过滤大尺寸的液滴，以保证只有细小的雾气可以被输送到正在制造一维氧化锌基底上。钠钙玻璃基底由一个特别设计的石墨体加热，喷嘴和基底之间的距离被固定为 8mm。基于这个实验系统提出了一个一维单晶氧化锌的可能生长机制［如图 4-15(b) 所示］。最初，由于基底的高温，第一次到达的前驱体液滴可能会分解并形成由活性物种组成的蒸气。然后蒸气可能参与类似 CVD 的过程，形成播种层（SL）。随后微小晶体种子聚集在 SL 表面形成种子晶体（SC），最后 SC 能否生长为一维单晶主要取决于生长条件。

此外，还可以由乙酸锌、硝酸铟（Ⅲ）和乙酸铵组成的前驱体溶液制备单晶 ZnO 纳米线。作为催化剂的铟盐在单晶生长中发挥了关键作用，而乙酸铵被用作缓冲剂以控制溶液的 pH 值。在 300℃ 的生长温度下获得了厚度为 10～30nm、长度为 1.5～2.0mm 的交错单晶氧化锌纳米线，其面积密度约为每平方厘米 15 亿片［图 4-15(c)］。

Krunks 等人[64] 报道使用气动喷雾沉积（PSD）制备氧化锌纳米棒，将氯化锌水溶液喷射到铟锡氧化物（ITO）玻璃基底上，并在 400～580℃ 的温度下生长，形成直径为 100～150nm、长度约 1mm 的六方氧化锌纳米棒。X 射线衍射（XRD）表征和光致发光（PL）测量表明，该方法制备的

117

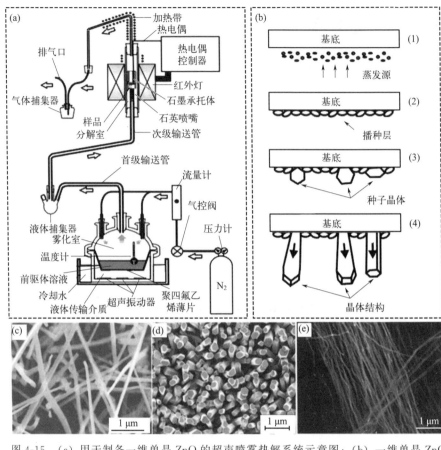

图 4-15 （a）用于制备一维单晶 ZnO 的超声喷雾热解系统示意图；（b）一维单晶 ZnO
可能的生长机制，其中（1）蒸气的蒸发和分解，（2）SL 的形成，（3）SC 的形成，
（4）结晶结构的生长；（c）ZnO 纳米线的 SEM 图像；（d）ZnO 纳米棒 SEM 图像；
（e）碳纳米管的 SEM 图像

氧化锌纳米棒具有高结晶和光学质量。

Alonso 等人[65] 则通过喷雾热解沉积方法，在氩气流下对二茂铁/苯的
混合物进行处理，合成了长度为 200mm 的多壁碳纳米管（MCNTs）。石英
管被用作 MCNTs 的生长基底，MCNTs 的直径受液滴大小影响，而长度则
主要受氩气流量和二茂铁浓度影响。温度是一个关键的控制变量，而二茂铁
则是必不可少的因素。

周晓东等[66] 则用两相流雾化器喷雾热解制备 ZrO_2 纤维。该方法的机
理是含有 PVA 的前驱体溶液在表面张力和黏度比值为适当值时，在拉伸剪

切力的作用下被拉长，固化后得到 ZrO_2 纤维。

4.8　立方形颗粒

Yoshifumi Itoh 等人[67] 使用硝酸钡和四异丙醇钛的前驱体溶液进行喷雾热解（前驱体浓度 0.05mol/L，盐浓度 0.75mol/L），制备了立方体钛酸钡晶体。在低浓度前驱体溶液中，当液滴表面成核时，仅在表面形成一个晶核，而内部没有晶核。然后，随着液滴继续蒸发，不会再产生新的晶核。超过平衡浓度的溶质将在现有晶核表面析出，导致晶核逐渐生长，直到液滴完全干燥变成一个单个晶体（如图 4-16 所示）。通过 SEM 和 TEM 图像可以看出，在不同热解温度下（热解温度为 825～1000℃），$BaTiO_3$ 粉末颗粒的生长状态不同，更高的热解温度导致出现了立方体形貌的颗粒[68]。

图 4-16　不同温度下用喷雾热解制备的 $BaTiO_3$ 颗粒的电子显微图像

（a）～（h）扫描电子显微镜图像，其中（a）1000℃，（b）900℃，（c）850℃，

（d）825℃，（e）800℃，（f）750℃，（g）700℃，（h）600℃；（i）～（l）透射电子

显微镜图像，其中（i）900℃，（j）800℃（k）700℃，（l）600℃，d_g 为

平均粒径，σ_g 为标准差

4.9 环形颗粒

Ferry Iskandar 等[69] 利用喷雾热解技术在 600℃ 制备了纳米硅石溶胶环状颗粒 [实验装置如图 4-17(a) 所示]。在干燥阶段，液滴表面的水分蒸发，热量被传递到周围的气流，导致液滴表面产生温度梯度，引发了热泳现象，使溶胶颗粒向液滴表面迁移，并形成微循环的表面张力梯度；同时惯性作用会导致液滴变形并最终形成环状粉末颗粒，如图 4-17(b)～(g) 所示，生成机理和影响因素如图 4-17(h) 所示。

Zhou X. D. 等[70] 将 PMMA 和粒径分布为 15～20nm 的 SiO_2 微粒溶于丙酮或 THF 中，再用两流式雾化器雾化料液，制备圆环状颗粒。当气流流速较大时，黏性力引发液滴变形成圆环状，喷雾热解后制得圆环状颗粒。研究发现，制备条件与粉体形貌之间存在密切关系。

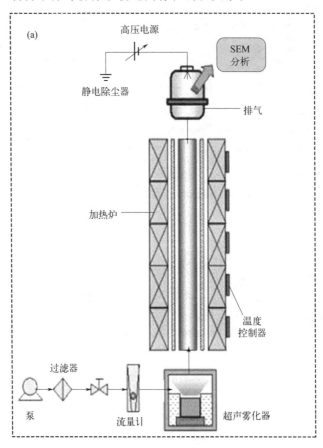

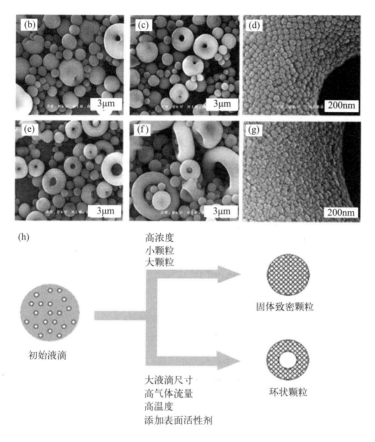

图 4-17　(a) 实验装置示意图；(b) ～ (g) 气体流速 Q 对颗粒形态的影响，其中
(b) $Q=0.5L/min$，(c) $Q=1.0L/min$，(e) $Q=2.0L/min$，(f) $Q=4.0L/min$，
(d) 和 (g) 分别为 5nm、25nm 的环状颗粒的直接局部放大；(h) 用喷雾热解
制备的颗粒的形态学变化

4.10　其他形貌颗粒

4.10.1　瓶子状颗粒

　　Tse-Chuan Chou 等[71] 以氯酸铝为前驱体，丙酮为沉淀剂，通过喷雾沉淀法制备了瓶子状的氯化铝颗粒（如图 4-18 所示）。其形成的机理可能是，氯酸铝前驱体溶液经雾化器雾化成细小的液滴后在离化的风洞中被加速到很高的沉降速度，并以很高动量与沉淀剂碰撞，碰撞时颗粒表面形成软

壳，并因流体应力而变形，液滴变成椭圆形。应力波使得球壳上部脱离，从而产生"瓶口"，这种瓶子状颗粒可以看作是环形颗粒的一种变体。对获得的氯化铝粉末进行高温热处理后可以得到该形貌的氧化铝颗粒。

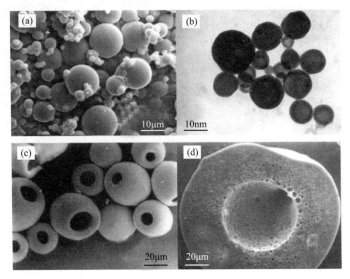

图 4-18　纳米和微米尺度氯化铝颗粒的扫描电子显微照片
（a）由传统喷雾干燥法制备的微型固体球体；（b）透射电子显微照片，显示了
由用前驱体氯酸铝溶液和丙酮喷雾沉淀法制备的具有空心纹理的纳米级氯化铝
球体颗粒的形态；（c）由喷雾沉淀法制备的微型瓶状颗粒；
（d）图（c）中瓶状颗粒的横截面

4.10.2　酒窝颗状粒

在研究喷雾热解制备的颗粒形貌特征时有时会发现酒窝颗粒，如图 4-19 所示。酒窝颗粒产生的原因可能是在颗粒表面已经析出溶质部分的下方，由于蒸发导致内压过大而爆裂。爆裂后，颗粒表面重新封闭形成酒窝。这种酒窝状颗粒对于理解喷雾热解法的机理和优化制备条件有重要意义[72]。

4.10.3　皱形颗粒

除了酒窝状颗粒外，还可以观察到有些颗粒表面呈现皱纹状[73]，如图 4-20 所示。皱纹状颗粒是由于空心颗粒在高温下塌陷而形成的。当喷雾热解过程中产生空心颗粒时，如果温度较低，则空心颗粒的壳保持坚硬；如果温度升高到颗粒的熔点，则空心颗粒的壳变软而塌陷，塌陷后形成皱纹状结构。

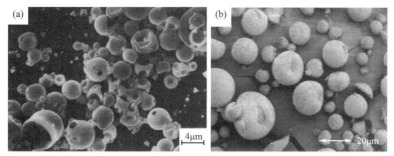

图 4-19　从 1mol/L Zr(CH$_3$COO)$_4$ 溶液中喷雾热解获得 ZrO$_2$ 的 SEM 颗粒形貌

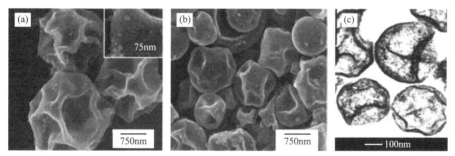

图 4-20　传统 SP 法制备的 ZnO 颗粒在不同温度下的电子显微图像和颗粒尺寸分布

（a）630℃，FE-SEM 图像；（b）430℃，FE-SEM 图像；（c）630℃，TEM 图像

4.10.4　斑点颗粒

使用喷雾热解法制备的维生素 C/甲基丙烯酸酯共聚物微球的表面呈现豹皮状，如图 4-21 所示。这种豹皮状是由于微球表面覆盖了褐色薄片造成的[74]，褐色薄片可能是由于维生素 C 在高温下氧化而形成的。

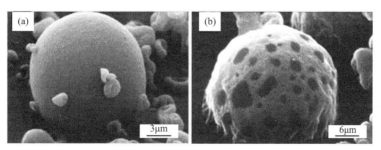

图 4-21　通过喷雾热解获得的空白（a）和含有维生素 C（b）的甲基丙烯酸酯共聚物

微粒的扫描电子显微镜照片

4.10.5 层状结构的颗粒

将纳米颗粒的溶胶喷雾干燥可以得到层状颗粒,当包含不同粒径溶胶颗粒的液滴进入干燥室后,由于蒸发引起液滴表面温度梯度,导致溶胶颗粒发生热泳现象。由于小颗粒的热泳作用较强,则小颗粒在干燥颗粒的表层形成覆盖层,而大颗粒在干燥颗粒的内层聚集。Lee 等[75] 发现 SnO_2-Ag 复合粉在 400℃进行热处理后,SnO_2 和 Ag 分离,在颗粒表面形成 Ag 薄层,认为这种相分离是由于不同材料之间润湿性差异引起的。Che 等[76] 利用含有 SiO_2 的 $Pd(NO_3)_2$ 前驱体溶液喷雾热解制得 SiO_2 包覆 Pd 颗粒,发现在 700℃以上时,PdO 分解生成 Pd 晶体,并迅速收缩到复合颗粒内部以降低表面自由能。

4.10.6 串珠状颗粒

通过喷雾热解制备碳纳米管复合粉体材料,其中碳纳米管表面包覆了不同的金属或金属氧化物颗粒。当金属盐溶液浓度较低时,金属盐会优先在碳纳米管表面的缺陷处形成核心,然后逐渐长大和分解。因此,复合粉体材料通常呈现出一种"珠串"结构,即碳纳米管为绳,颗粒为珠[77,78]。图 4-22(见文后彩插)展示了以铜为例制备的复合粉体材料的形貌和形成机理。这种表面修饰后的复合粉体有利于提高碳纳米管与基体之间的界面结合性能。此外,还可以通过喷雾热解的方法来设计和制备不同金属或者金属氧化物修饰的碳纳米管、石墨烯等纳米材料。

4.10.7 纳米颗粒

图 4-23(a)～(c) 展示了超声雾化制备的金纳米颗粒产品的过程和机理,其制备粉末的球形度好,粒度可控,粒度范围较窄。

通过上面分析可以看出,颗粒形貌形成的机理是多种多样的,比较复杂,涉及前驱体溶液的性质、干燥室或热解炉的温度、气体的流速等诸多因素,掌握其形成机理,可以控制这些因素可以得到所需形貌的颗粒。有人总结了饱和度、析出反应以及单相和多相等液相特性在喷雾热解过程中对颗粒形成机制的影响,但是实际情况和影响因素要远比该提出的机理要复杂得多,如图 4-24 所示。尽管前面已经分析了喷雾法中多种形貌颗粒形成的机理,但仍然有一些形貌的颗粒形成机理需进一步地去探索和研究[79]。

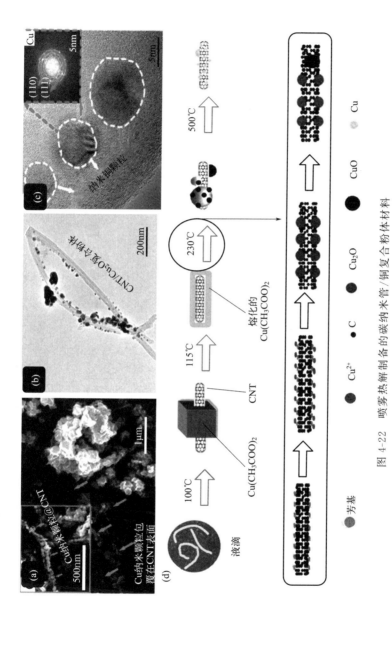

图 4-22　喷雾热解制备的碳纳米管/铜复合粉体材料

(a) SEM 图像；(b) TEM 图像；(c) HRTEM 图像；(d) 复合粉体的形成机制示意图

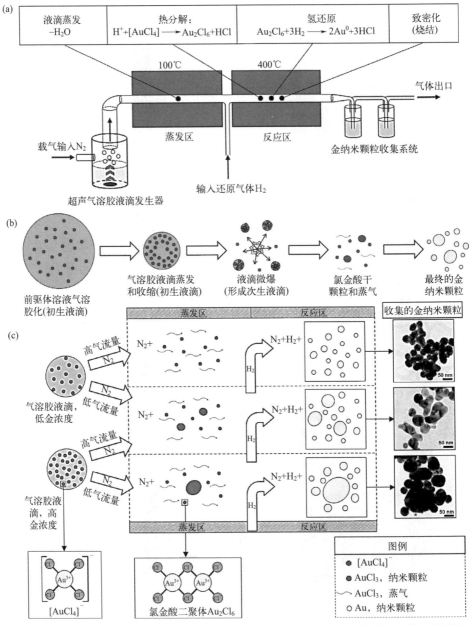

图 4-23 (a) USP 的模块化设计；(b) 气溶胶液滴破裂成次级液滴并形成金纳米粒子的
示意图；(c) 金纳米粒子形成机制的示意图（取决于金浓度和气体流量）[80]

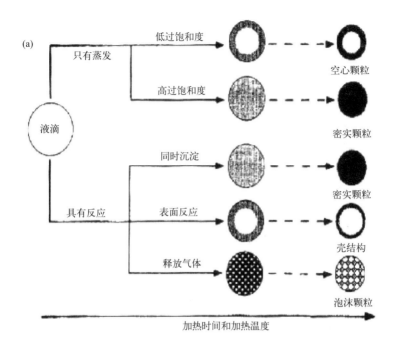

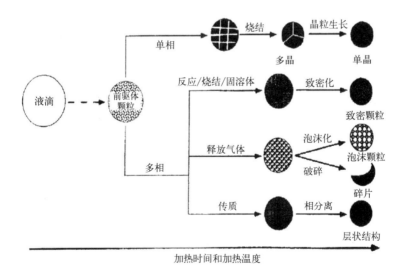

图 4-24

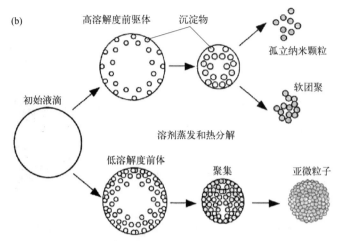

图 4-24 液滴内反应对驱动阶段颗粒结构形成机制的影响

参考文献

［1］ 傅宪辉，沈志刚. 喷雾造粒中形成的各种颗粒形貌和结构 ［J］. 中国粉体技术，2005，11(2)：44-49.

［2］ Cho J S，Won J M，Lee J K，et al. Design and synthesis of multiroom-structured metal compounds-carbon hybrid microspheres as anode materials for rechargeable batteries ［J］. Nano Energy，2016，26：466-478.

［3］ Yu L，Hu H，Wu H B，et al. Complex hollow nanostructures：synthesis and energy-related applications ［J］. Advanced Materials，2017，29(15)：1604563.

［4］ Hou C，Wang B，Murugadoss V，et al. Recent advances in Co_3O_4 as anode materials for high-performance lithium-ion batteries ［J］. Engineered Science，2020，11(5)：19-30.

［5］ Leng J，Wang Z，Li X，et al. Accurate construction of a hierarchical nickel-cobalt oxide multishell yolk-shell structure with large and ultrafast lithium storage capability ［J］. Journal of Materials Chemistry A，2017，5(29)：14996-15001.

［6］ Ding M，Liu H，Zhu J，et al. Constructing of hierarchical yolk-shell structure $Li_4Ti_5O_{12}$-SnO_2 composites for high rate lithium ion batteries ［J］. Applied Surface Science，2018，448：389-399.

［7］ Cho Y H，Liang X，Kang Y C，et al. Ultrasensitive detection of trimethylamine using Rh-doped SnO_2 hollow spheres prepared by ultrasonic spray pyrolysis ［J］.

Sensors and actuators B: Chemical, 2015, 207: 330-337.

[8] Park G D, Kang Y C. One-pot synthesis of CoSe$_x$-rGO composite powders by spray pyrolysis and their application as anode material for sodium-ion batteries [J]. Chemistry—A European Journal, 2016, 22(12): 4140-4146.

[9] Zhou X D, Zhang S C, Huebner W, et al. Effect of the solvent on the particle morphology of spray dried PMMA [J]. Journal of Materials Science, 2001, 36: 3759-3768.

[10] Kieda N, Messing G L. Microfoamy particles of copper oxide and nitride by spray pyrolysis of copper-ammine complex solutions [J]. Journal of Materials Science Letters, 1998, 17(4): 299-301.

[11] Skrabalak S E, Suslick K S. Porous carbon powders prepared by ultrasonic spray pyrolysis [J]. Journal of the American Chemical Society, 2006, 128(39): 12642-12643.

[12] Meenan P, Roberts K J, Knight P C, et al. The influence of spray drying conditions on the particle properties of recrystallized burkeite (Na$_2$CO$_3$ · (Na$_2$SO$_4$)$_2$) [J]. Powder Technology, 1997, 90(2): 125-130.

[13] 胡国荣, 刘智敏, 方正升, 王剑锋, 石迪辉, 秦庆伟. 喷雾热分解技术制备功能材料的研究进展: 功能材料, 2005, 3(36): 335-336.

[14] Messing G L, Zhang S C, Jayanthi G V. Ceramic powder synthesis by spray pyrolysis [J]. Journal of the American Ceramic Society, 1993, 76 (11): 2707-2726.

[15] Li H, Wang Z, Chen L, et al. Research on Advanced Materials for Li-ion Batteries [J]. Advanced Materials, 2009, 21(45): 4593-4607.

[16] Kang Y C, Park S B, Kwon S W. Preparation of submicron size gamma lithium aluminate particles from the mixture of alumina sol and lithium salt by ultrasonic spray pyrolysis [J]. Journal of Colloid and Interface Science, 1996, 182 (1): 59-62.

[17] Li T, Li X, Wang Z, et al. A short process for the efficient utilization of transition-metal chlorides in lithium-ion batteries: a case of Ni$_{0.8}$Co$_{0.1}$Mn$_{0.1}$O$_{1.1}$ and LiNi$_{0.8}$Co$_{0.1}$Mn$_{0.1}$O$_2$ [J]. Journal of Power Sources, 2017, 342: 495-503.

[18] Li T, Li X, Wang Z, et al. A new design concept for preparing nickel-foam-supported metal oxide microspheres with superior electrochemical properties [J]. Journal of Materials Chemistry A, 2017, 5(26): 13469-13474.

[19] Ju S H, Jang H C, Kang Y C. Al-doped Ni-rich cathode powders prepared from the precursor powders with fine size and spherical shape [J]. Electrochimica Acta,

2007，52(25)：7286-7292.

[20] Taniguchi I，Song D，Wakihara M. Electrochemical properties of $LiM_{1/6}Mn_{11/6}O_4$ (M＝Mn，Co，Al and Ni) as cathode materials for Li-ion batteries prepared by ultrasonic spray pyrolysis method [J]. Journal of Power Sources，2002，109(2)：333-339.

[21] Liu N，Wu H，McDowell M T，et al. A yolk-shell design for stabilized and scalable Li-ion battery alloy anodes [J]. Nano Letters，2012，12(6)：3315-3321.

[22] Geng H，Yang J，Dai Z，et al. Co_9S_8/MoS_2 yolk-shell spheres for advanced Li/Na storage [J]. Small，2017，13(14)：1603490.

[23] Liu J，Zhou Y，Wang J，et al. Template-free solvothermal synthesis of yolk-shell V_2O_5 microspheres as cathode materials for Li-ion batteries [J]. Chemical Communications，2011，47(37)：10380-10382.

[24] Cai Z，Xu L，Yan M，et al. Manganese oxide/carbon yolk-shell nanorod anodes for high capacity lithium batteries [J]. Nano Letters，2015，15(1)：738-744.

[25] Hong Y J，Son M Y，Kang Y C. One-pot facile synthesis of double-shelled SnO_2 yolk-shell-structured powders by continuous process as anode materials for Li-ion batteries [J]. Advanced Materials，2013，25(16)：2279-2283.

[26] Son M Y，Hong Y J，Lee J K，et al. One-pot synthesis of Fe_2O_3 yolk-shell particles with two，three，and four shells for application as an anode material in lithium-ion batteries [J]. Nanoscale，2013，5(23)：11592-11597.

[27] Son M Y，Hong Y J，Kang Y C. Superior electrochemical properties of Co_3O_4 yolk-shell powders with a filled core and multishells prepared by a one-pot spray pyrolysis [J]. Chemical Communications，2013，49(50)：5678-5680.

[28] Sim C M，Hong Y J，Kang Y C. Electrochemical properties of yolk-shell，hollow，and dense WO_3 particles prepared by using spray pyrolysis [J]. ChemSusChem，2013，6(8)：1320-1325.

[29] Ko Y N，Kang Y C，Park S B. A new strategy for synthesizing yolk-shell V_2O_5 powders with low melting temperature for high performance Li-ion batteries [J]. Nanoscale，2013，5(19)：8899-8903.

[30] Choi S H，Kang Y C. Ultrafast synthesis of yolk-shell and cubic NiO nanopowders and application in lithium ion batteries [J]. ACS Applied Materials & Interfaces，2014，6(4)：2312-2316.

[31] Won J M，Choi S H，Hong Y J，et al. Electrochemical properties of yolk-shell structured $ZnFe_2O_4$ powders prepared by a simple spray drying process as anode material for lithium-ion battery [J]. Scientific Reports，2014，4(1)：1-5.

[32]　Kim M H, Hong Y J, Kang Y C. Electrochemical properties of yolk-shell and hollow $CoMn_2O_4$ powders directly prepared by continuous spray pyrolysis as negative electrode materials for lithium ion batteries [J]. RSC Advances, 2013, 3 (32): 13110-13114.

[33]　Choi S H, Kang Y C. Yolk-shell, hollow, and single-crystalline $ZnCo_2O_4$ powders: preparation using a simple one-pot process and application in lithium-ion batteries [J]. ChemSusChem, 2013, 6(11): 2111-2116.

[34]　Yang K M, Ko Y N, Yun J Y, et al. Preparation of $Li_4Ti_5O_{12}$ yolk-shell powders by spray pyrolysis and their electrochemical properties [J]. Chemistry—An Asian Journal, 2014, 9(2): 443-446.

[35]　Sim C M, Choi S H, Kang Y C. Superior electrochemical properties of $LiMn_2O_4$ yolk-shell powders prepared by a simple spray pyrolysis process [J]. Chemical Communications, 2013, 49(53): 5978-5980.

[36]　Choi S H, Hong Y J, Kang Y C. Yolk-shelled cathode materials with extremely high electrochemical performances prepared by spray pyrolysis [J]. Nanoscale, 2013, 5(17): 7867-7871.

[37]　Mao D, Wan J, Wang J, et al. Sequential templating approach: a groundbreaking strategy to create hollow multishelled structures [J]. Advanced Materials, 2019, 31(38): 1802874.

[38]　Li H, Zhou H. Enhancing the performances of Li-ion batteries by carbon-coating: present and future [J]. Chemical Communications, 2012, 48(9): 1201-1217.

[39]　Hirakawa T, Kamat P V. Charge separation and catalytic activity of $Ag@TiO_2$ core-shell composite clusters under UV-irradiation [J]. Journal of the American Chemical Society, 2005, 127(11): 3928-3934.

[40]　Su L, Jing Y, Zhou Z. Li ion battery materials with core-shell nanostructures [J]. Nanoscale, 2011, 3(10): 3967-3983.

[41]　Hong Y J, Kang Y C. One-pot synthesis of core-shell-structured tin oxide-carbon composite powders by spray pyrolysis for use as anode materials in Li-ion batteries [J]. Carbon, 2015, 88: 262-269.

[42]　Hong Y J, Kang Y C. General formation of tin nanoparticles encapsulated in hollow carbon spheres for enhanced lithium storage capability [J]. Small, 2015, 11 (18): 2157-2163.

[43]　Choi S H, Kim J H, Ko Y N, et al. Electrochemical properties of Li_2O-$2B_2O_3$ glass-modified $LiMn_2O_4$ powders prepared by spray pyrolysis process [J]. Journal of Power Sources, 2012, 210: 110-115.

[44] Hong Y J, Son M Y, Lee J K, et al. Characteristics of stabilized spinel cathode powders obtained by in-situ coating method [J]. Journal of Power Sources, 2013, 244: 625-630.

[45] Oh S H, Cho J S. Hierarchical (Ni, Co) Se$_2$/CNT hybrid microspheres consisting of a porous yolk and embossed hollow thin shell for high-performance anodes in sodium-ion batteries [J]. Journal of Alloys and Compounds, 2019, 806: 1029-1038.

[46] Xiong P, Peng L, Chen D, et al. Two-dimensional nanosheets based Li-ion full batteries with high rate capability and flexibility [J]. Nano Energy, 2015, 12: 816-823.

[47] Seo J, Jun Y, Park S, et al. Two-dimensional nanosheet crystals [J]. Angewandte Chemie International Edition, 2007, 46(46): 8828-8831.

[48] Park G D, Lee J H, Kang Y C. Superior Na-ion storage properties of high aspect ratio SnSe nanoplates prepared by a spray pyrolysis process [J]. Nanoscale, 2016, 8(23): 11889-11896.

[49] Park G D, Lee J K, Kang Y C. Synthesis of uniquely structured SnO$_2$ hollow nanoplates and their electrochemical properties for Li-ion storage [J]. Advanced Functional Materials, 2017, 27(4): 1603399.

[50] Park G D, Choi S H, Kang Y C. Electrochemical properties of ultrafine TiO$_2$-doped MoO$_3$ nanoplates prepared by one-pot flame spray pyrolysis [J]. RSC Advances, 2014, 4(33): 17382-17386.

[51] Mann A K P, Skrabalak S E. Synthesis of single-crystalline nanoplates by spray pyrolysis: a metathesis route to Bi$_2$WO$_6$ [J]. Chemistry of Materials, 2011, 23 (4): 1017-1022.

[52] Cho Y H, Ko Y N, Kang Y C, et al. Ultraselective and ultrasensitive detection of trimethylamine using MoO$_3$ nanoplates prepared by ultrasonic spray pyrolysis [J]. Sensors and Actuators B: Chemical, 2014, 195: 189-196.

[53] Nagel S R, MacChesney J B, Walker K L. An overview of the modified chemical vapor deposition (MCVD) process and performance [J]. IEEE Transactions on Microwave Theory and Techniques, 1982, 30(4): 305-322.

[54] Sheng J, Han K L, Hong T H, et al. Review of recent progresses on flexible oxide semiconductor thin film transistors based on atomic layer deposition processes [J]. Journal of Semiconductors, 2018, 39(1): 011008.

[55] Tahir M B, Riaz K N, Hafeez M, et al. Review of morphological, optical and structural characteristics of TiO$_2$ thin film prepared by sol gel spin-coating technique

[J]. Indian Journal of Pure & Applied Physics（IJPAP），2017，55（10）：716-721.

[56] Hahm C D，Bhushan B. Lubricant film thickness mapping using a capacitance technique on magnetic thin-film rigid disks [J]. Review of Scientific Instruments，1998，69(9)：3339-3349.

[57] Salles V，Bernard S. A review on the preparation of borazine-derived boron nitride nanoparticles and nanopolyhedrons by spray-pyrolysis and annealing process [J]. Nanomaterials and Nanotechnology，2016，6：1.

[58] Htay M T，Tani Y，Hashimoto Y，et al. Synthesis of optical quality ZnO nanowires utilizing ultrasonic spray pyrolysis [J]. Journal of Materials Science：Materials in Electronics，2009，20：341-345.

[59] Ayouchi R，Martin F，Leinen D，et al. Growth of pure ZnO thin films prepared by chemical spray pyrolysis on silicon [J]. Journal of Crystal Growth，2003，247（3-4）：497-504.

[60] Xie Y，Neagu R，Hsu C S，et al. Spray pyrolysis deposition of electrolyte and anode for metal-supported solid oxide fuel cell [J]. Journal of the Electrochemical Society，2008，155(4)：B407.

[61] Liu C，Li F，Ma L P，Hui-Mi Cheng，Advanced materials for energy storage [J]. Adv Mater，2010，22：E28-E62.

[62] Ji L，Lin Z，Alcoutlabi M，et al. Recent developments in nanostructured anode materials for rechargeable lithium-ion batteries [J]. Energy & Environmental Science，2011，4(8)：2682-2699.

[63] Htay M T，Hashimoto Y，Ito K. Growth of ZnO submicron single-crystalline platelets，wires，and rods by ultrasonic spray pyrolysis [J]. Japanese Journal of Applied Physics，2007，46(1R)：440.

[64] Dedova T，Krunks M，Grossberg M，et al. A novel deposition method to grow ZnO nanorods：Spray pyrolysis [J]. Superlattices and Microstructures，2007，42（1-6）：444-450.

[65] Valenzuela-Muñiz A M，Alonso-Nuñez G，Miki-Yoshida M，et al. High electroactivity performance in Pt/MWCNT and PtNi/MWCNT electrocatalysts [J]. International Journal of Hydrogen Energy，2013，38（28）：12640-12647.

[66] 周晓东，古宏晨，ZHANGSC. 喷雾热分解法制备氧化锆纤维的过程研究 [J]. 无机材料学报，1998(03)：401-406.

[67] Itoh Y，Lenggoro I W，Okuyama K，et al. Size tunable synthesis of highly

crystalline BaTiO$_3$ nanoparticles using salt-assisted spray pyrolysis [J]. Journal of Nanoparticle Research, 2003, 5: 191-198.

[68] 徐华蕊. 喷雾热分解法制备超细粉末过程中颗粒形貌和组分分布控制研究与应用 [D]. 博士学位论文, 华东理工大学, 2000.

[69] Iskandar F, Gradon L, Okuyama K. Control of the morphology of nanostructured particles prepared by the spray drying of a nanoparticle sol [J]. Journal of Colloid and Interface Science, 2003, 265(2): 296-303.

[70] Zhou X D, Gu H C. Synthesis of PMMA-ceramics nanocomposites by spray process [J]. Journal of Materials Science Letters, 2002, 21: 577-580.

[71] Chou T C, Ling T R, Yang M C, et al. Micro and nano scale metal oxide hollow particles produced by spray precipitation in a liquid-liquid system [J]. Materials Science and Engineering: A, 2003, 359(1-2): 24-30.

[72] Zhang S C, Messing G L, Borden M. Synthesis of solid, spherical zirconia particles by spray pyrolysis [J]. Journal of the American Ceramic Society, 1990, 73 (1): 61-67.

[73] Panatarani C, Lenggoro I W, Okuyama K. Synthesis of single crystalline ZnO nanoparticles by salt-assisted spray pyrolysis [J]. Journal of Nanoparticle Research, 2003, 5: 47-53.

[74] Esposito E, Cervellati F, Menegatti E, et al. Spray dried Eudragit microparticles as encapsulation devices for vitamin C [J]. International Journal of Pharmaceutics, 2002, 242(1-2): 329-334.

[75] Lee G G, Ohhira T, Hoshino K, et al. Separaration phenomenon between dispersion phase and matrix of mechanical alloyed SnO$_2$ particle dispersed Ag composite powder particles during heat treatment [J]. Journal of the Japan Society of Powder and Powder Metallurgy, 1996, 43(6): 801-806.

[76] CHE S, SAKURAI O, YASUDA T, et al. Preparation and formation mechanism of silica-encapsulated palladium particles by spray pyrolysis [J]. Journal of the Ceramic Society of Japan, 1997, 105(1219): 269-271.

[77] Chen X, Bao R, Yi J, et al. Enhancing interfacial bonding and tensile strength in CNT-Cu composites by a synergetic method of spraying pyrolysis and flake powder metallurgy [J]. Materials, 2019, 12(4): 670.

[78] Li L, Bao R, Yi J, et al. Preparation of CNT/Cu nano composite powder with uniform dispersion and strong interface bonding by SP method [J]. Powder Technology, 2018, 325: 107-112.

［79］ Lenggoro I W，Itoh Y，Iida N，et al．Control of size and morphology in NiO parti-
cles prepared by a low-pressure spray pyrolysis ［J］．Materials Research Bulletin，
2003，38(14)：1819-1827．

［80］ Majerič P，Jenko D，Friedrich B，et al．Formation mechanisms for gold nanopar-
ticles in a redesigned Ultrasonic Spray Pyrolysis ［J］．Advanced Powder Technology，
2017，28(3)：876-883．

第**5**章

喷雾热解的前处理和后处理

喷雾热解作为一种先进的材料制备技术，具有诸多优势。在本书前面的讨论中，我们提到了喷雾热解的一个重要优点，即能够精确控制多元组分的比例。这一优势归功于喷雾热解对前驱体溶液或分散液的调节能力。例如，在传统的制备方法中，将石墨烯、碳纳米管等纳米增强体均匀分散到金属或陶瓷基体中是一项极具挑战性的任务。然而，如果首先制备出具有良好分散性的石墨烯、碳纳米管分散液，再将其与金属或陶瓷基体的盐溶液混合，通过喷雾热解工艺使物料以雾化液滴的形式析出并烧结到一起，那么分散不均匀的问题将得到较好的解决，从而实现纳米增强体与金属或陶瓷基体的均匀混合，为后续块体材料制备提供均质的粉体原料。

除了解决分散不均匀的问题，喷雾热解技术还可以用于制备高纯超细金属或金属氧化物粉体。具体来说，可以通过对金属盐溶液进行处理，采用沉淀法、离子交换、萃取等方法进行一系列的除杂和提纯。然后在喷雾热解过程中，通过一次反应即可获得高纯超细的金属或金属氧化物粉体。

值得注意的是，如果能控制喷雾热解过程中的气氛和环境条件，还可以得到其他类型的粉体材料，如金属氮化物、硫化物、碳化物等粉体。

喷雾热解所使用的金属盐多为湿法冶金的产物或副产物，因此该工艺方法在工业化生产和成本控制方面具有重要意义。特别是在冶金与材料两个行业的结合上，喷雾热解技术为两个领域之间的融合创造了新的可能性。在实际生产过程中，冶金企业可以将湿法冶金产生的金属盐副产物作为喷雾热解的原料，实现资源的高效利用。同时，喷雾热解技术为材料制备提供了更多的选择，使得金属、陶瓷等传统材料得以与新兴的纳米增强体相结合，为新型复合材料的研发和应用带来新的机遇。

常见的喷雾热解前处理方法有两种，一种是对液相组分的除杂提纯处理，另一种是对固相组元的表面改性技术，两种处理技术的目的是获得高纯高均匀性的溶液前驱体；后处理方法主要是对获得的喷雾热解粉体进行形貌、相组织的调控，以期获得满足后期工艺所需的原料，例如热处理、破碎和分级等操作。

5.1　盐溶液的除杂提纯技术

不同的盐溶液或金属离子有不同的物理化学特性，同一种金属盐溶液也因杂质种类和数量不同而需采用不同的除杂和提纯方法。考虑到溶液种类的复杂性和多样性，本节无法全面介绍所有溶液的除杂提纯工艺和方法，在此仅以仲钨酸铵（ammonium paratungstate，APT）制备高纯超细钨粉为例，介绍其提纯的工艺和过程，以凸显溶液前处理对喷雾热解工艺的影响和重要性。

高纯钨具有优异的机械性能和抗等离子体辐照损伤能力，是国际热核聚变实验堆（international thermonuclear experimental reactor，ITER）、实验先进超导托卡马克装置（experimental advanced superconducting Tokamak，EAST）等聚变堆第一壁和偏滤器的主要候选材料之一[1]。此外，钨也是非锕系重金属中中子产额最高的，适合作为固体靶散裂中子源的材料[2]。

通常制备高纯钨的原料为仲钨酸铵和偏钨酸铵（ammonium metatungstate，AMT），分子式分别为 $(NH_4)_{10}W_{12}O_{41} \cdot xH_2O$ 和 $(NH_4)_6H_2W_{12}O_{40} \cdot yH_2O$[3]。AMT 通常是由 APT 热分解或加酸失去 NH_4^+ 和结晶水制成，AMT 热离解为三氧化钨的转换率比 APT 高，溶解性也比 APT 好，但不易去除杂质，故实际应用中常采用 APT 作为制备高纯钨的原料。高纯钨的制备步骤：除杂提纯→高纯 APT→黄钨（WO_3）→蓝钨（$WO_{2.9}$）/紫钨（$WO_{2.72}$）→高纯钨粉。因反应条件不易控制，因此一般工业上常采用的蓝钨为黄钨、蓝钨和紫钨的混合物。

中国是世界上主要的钨储量国和生产国[4]。虽然我国钨资源丰富，但我国主要生产钨的中低端产品，占全球钨行业很少的利润份额。近些年来，我国钨产业的利润率仅在 5% 左右，但欧洲和日本等发达国家依靠高纯钨和钨的高端产品，利润率高达 20% 及以上。尽管我国现在制备高纯 W 的技术已经取得长足进步，但与瑞典、美国、以色列、日本等国家还有明显的差距。

喷雾热解制备高纯超细钨粉的前提是对前驱体溶液进行除杂提纯，以保证粉体的纯度，目前针对钨材料的除杂方法主要分为两类，湿法除杂提纯和火法除杂提纯。由于喷雾热解属于液相操作范畴，因此这里仅仅讨论含钨离子溶液的湿法除杂提纯方法。

5.1.1 沉淀除杂法

钨钼的离子半径、原子结构相似，化学性质接近，在矿物中形成共生物，Mo 是高纯 W 制备过程中难除杂质之一[5]。沉淀除杂法是利用钨离子和杂质离子与不同沉淀剂反应生成沉淀物的能力差异而实现钨和杂质之间的有效分离。该方法具有工艺流程短、设备简单、生产成本较低等优点，适用于工业大规模物料和工业浸出液的除杂，也是一种较成熟的高纯 W 制备方法。然而沉淀法的除杂效果有限，同时会消耗大量化学试剂产生废水[6]。

赵中伟等人[7] 首先采用生成三硫化钼沉淀的方法除去溶液中大部分 Mo，即在碱性 Na_2WO_4 溶液中加入 S^{2-} 和稀 H_2SO_4 生成 MoS_3 沉淀，然后将溶液进行萃取，在形成的 $(NH_4)_2WO_4$ 溶液中加入 M_{115} 沉淀剂深度去除 Mo，该方法的除钼率为 97%。

方君娟等[8] 用过量的 $CaCO_3$ 使 Na_2WO_4 溶液中的 P 生成 $Ca_3(PO_4)_2$ 沉淀，除磷率可以达到 99% 以上。

Yuanyuan Cai 等[9] 使用十六烷基三甲基溴化铵（cetyltrimethylammonium bromide，CTAB）辅助 $MnSO_4$ 通过选择性沉淀法分离 W 和 Mo。CTAB 具有良好的阴离子配位结构，可以与 Mo 生成络合物。在最佳条件下，沉淀物主要由 $MnWO_4$ 和少量 $MnMoO_4$ 组成，W 的沉淀率可以达到 89.57%。

对于杂质元素 Si，可加入一定量的镁盐沉淀剂，在碱性环境中形成高水合硅酸镁（$MgO \cdot mSiO_x \cdot nH_2O$）沉淀[10]。

杂质元素 Al 离子在 pH=7.0~8.0 时基本完全沉淀。溶液中的 W 可采用钨酸沉淀形式回收。

对于杂质元素 Mo，加入 Fe^{2+} 生成 $FeMoO_4$ 沉淀。

对于杂质元素 V，在碱性溶液中，大多数 V 离子处于聚合状态，聚合 V 离子比 WO_4^{2-} 具有更低的价态，因此它们对高价离子 Fe^{3+} 具有更强的亲和力，反应生成 $FeVO_4$ 沉淀。

因此，加入的沉淀剂因钨溶液中所含杂质的种类和浓度而定[10]。

5.1.2　氨溶结晶法

氨溶结晶法的基本原理是利用不同离子在氨水中溶解度差异进行分离，达到除杂纯化的目的。

由于煅烧后的 APT 生成在一定温度下易溶于氨水的含水氧化钨化合物，而化合物中的大多数杂质不易溶于氨水，因此将溶液过滤，蒸发结晶可得高纯 APT，高纯 APT 在高温、H_2 条件下还原后生成高纯 W。

该方法主要是去除 Fe、Si、Al、Ca、Mg、Mn、Cr、K、Na 等杂质[11]。而且在除杂过程中氨可循环使用，并能在弱碱性和相对较低（或中等）的温度下与 Cu、Ni、Co、Li 形成稳定的金属-氨络合物，保留在氨溶液中。与氨的络合能力为 Cu＞Ni＞Co＞Li。由于氨的存在钼酸盐不能完全沉淀[12]，所以该方法去除 Cu、Ni、Co、Li 和 Mo 的效果不理想。该法虽然操作简单、环保和成本低，但在结晶过程会有部分杂质在结晶晶体中，除杂效率不高，往往需要多次氨溶，循环多次后才可以获得纯度较高的 APT。综上所述，利用氨水除杂纯化 APT 是一种可行但有待改进的方法。

周武平等[13] 采用氨溶结晶法，将工业 0 级 APT 在 550～600℃煅烧生成的黄钨溶解于浓度 10％的氨水中，将 $(NH_4)_2WO_4$ 溶液过滤并在 90～120℃下进行蒸发结晶，制备出纯度大于 99.999％、杂质含量小于 $10\mu g/L$ 的高纯钨粉。

章小兵等[14] 研究了氨溶方式、热离解温度、热离解时间对 $(NH_4)_2WO_4$ 溶出率以及对 Fe(S)/WO_3 质量比的影响，发现氨溶方式为热离解后氨溶、热离解温度 280℃±5℃、热离解时间为 50min 的钨酸铵样品溶出率效果最佳。这是由于在 280℃左右 APT 几乎全部形成易溶于氨水的含水氧化钨化合物。若温度过低，样品中还含有较多的原料 APT，若温度过高，APT 则形成不易溶于氨水的无水三氧化钨。热离解方式和时间对 Fe(S)/WO_3 质量比几乎没有影响。

5.1.3　溶剂萃取法

溶剂萃取法是根据物质在互不相容的两种溶剂中溶解度的不同而将杂质去除的方法。

在钨酸盐溶液中萃取时，主要是利用钨钼离子、钨钼形成的过氧化物、硫代钼酸盐同钨酸盐对硫离子的亲和力不同使 W 与杂质分离，从而制备高纯 W。通过溶剂化作用提取到纯净的含氧有机溶剂中，并且萃取受到有机溶剂的酸碱度和组成、介电常数、离子状态、水相和有机相的比例（A/O）、原液浓度和萃取时间等条件的影响。萃取剂主要有酸性萃取剂、中性（溶剂化）萃取剂、碱性萃取剂（阴离子交换剂）和螯合萃取剂[15]。如甲苯-3,4-二硫醇（3,4-dimercaptotoluene，DMT）、磷酸三丁酯（tri-n-butyl phosphate，TBP）、伯胺萃取剂 N1923[16] 和叔胺萃取剂 N235[17]。该方法能有效去除钨钼离子、钨钼形成的过氧化物、硫代钼酸盐等杂质。而且操作条件灵活多变，有机溶剂可循环使用。但该方法也有一些缺点：需要消耗大量硫离子；对 Cu、Ni、Co、Li 等杂质去除效果不佳；对环境造成污染。

溶剂萃取法是从酸性溶液中提取 W 的最有效方法。当钨钼的待分离金属浓度大于 1.0g/L 时，溶剂萃取法的工艺效率要优于离子交换法，且其外排废水排出量较离子交换法可减少 75%～80%[18]。但由于萃取剂与萃取物质结合性较好，造成萃取剂与萃取物质的分离困难，必须使用氧化剂才可将两者分离，氧化剂会给萃取剂带来破坏，使其可重复使用次数减少。

Luqi Zeng 等[19] 用混合萃取剂在盐酸-磷酸钨溶液中去除 Fe。他们研究了 2-乙基己基膦酸单-(2-乙基己基)酯（P507）、二(2-乙基己基)磷酸（P204）、伯胺（N1923）辅助磷酸三丁酯（TBP）萃取 W、Mo，去除杂质 Fe。从协同作用来看，萃取剂的萃取能力为 P507＞P204＞N1923。P507 和 TBP 混合液对 Mo 和 W 的萃取有很强的协同作用，对 Fe 的萃取有很强的拮抗作用。

Chen 等[20] 通过萃取和两步反萃，从 W 的浸出液中成功地萃取分离了 W 和轻稀土元素。在三(辛基-癸基)胺（N235）10%（体积分数）、异辛醇 4%（体积分数）、A/O＝1∶1、pH＝2.6、温度 30℃、接触时间 10min 的条件下，从浸出液中提取出 99.8% W 和 99.5%的稀土磷钨酸络合阴离子；然后通过 H_2SO_4 反萃取从负载有机相中回收和分离 W 和稀土元素，轻稀土元素可以通过沉淀法以氢氧化物沉淀的形式回收；再用氨水溶液反萃取有机相中负载的 W。弱碱性阴离子萃取剂通常使用碱性溶液进行反萃取，碱性越强，反萃取越有效，但会减少萃取剂的使用寿命。

Yang Yu 等[21] 采用溶剂萃取法去除原料 APT 中的 U 和 Th 杂质元素，结合多次结晶工艺成功制备出 6N 高纯钨。

5.1.4　离子交换法

离子交换法是根据树脂对硫化后的钨酸离子和杂质离子的吸附能力的不同从而将两者分离的方法。

树脂按照酸碱度可分为强酸/弱酸类型（阳离子交换剂）和强碱/弱碱类型（阴离子交换剂），按照树脂的孔径大小可分为大孔树脂和普通树脂。大孔离子交换树脂具有多孔结构，具有许多微孔和大孔，离子交换过程同时发生在树脂颗粒和内部微粒的表面，吸附效率高[22]。在高纯 W 的制备过程中，离子交换法由于其优异的分离选择性、高浓度富集比和操作简单的特点而在除杂过程中发挥重要作用。

但离子交换法也有很多缺点，如除杂酸碱度范围较小、需要添加额外的试剂调节酸碱度[23]、树脂交换能力低、水资源浪费等。由于解吸过程中产生的大量 APT 会堵塞离子交换柱，影响吸附效率且减少树脂使用寿命，所以弱碱性树脂难以用于工业实践[24]。另外，离子交换树脂对杂质吸附力比较弱，除杂效果不佳。

Xiaoying Lu 等[25] 采用弱碱性阴离子交换树脂 D309 去除钨酸盐溶液中的 Mo，在分离的最佳条件下（pH＝7.0，时间 4h），W 和 Mo 的分离系数达到 9.29，然后用 NaOH 溶液进行解吸。当 pH＝7.0 时，W 转化为 $HW_6O_{21}^{5-}$，而 Mo 的主要形式仍然是单离子。与单体阴离子相比，阴离子吸附剂对杂多阴离子具有更高的亲和力。D309 树脂更倾向于吸附异钨酸盐而不是钼酸盐。当 pH 值继续降低时，钨和钼都以阴离子聚合物的形式存在。由于它们的吸附能力相当，分离因子较小。

艾永红等[26] 采用 201×7 型强碱性阴离子树脂结合沉淀法进行除杂。首先，采用树脂对钨酸钠溶液进行吸附，然后用浓度 0.5～0.8mol/L 的 NH_4Cl 和浓度 0.2～0.5mol/L 的氨水混合液进行解吸，溶液中的 Cl^- 被置换到树脂，使树脂循环使用，得到的含钨解吸液中加入 $(NH_4)_2S$ 和 $CuSO_4$，在 pH＝8.0～9.0 的条件下使 Mo 生成 $CuMoS_4$ 沉淀，过滤结晶可得高纯 APT，其中除钼率可达 95.2% 以上。

对于某些难以处理的金属杂质，去除方法主要是离子交换法和溶剂萃取法。然而，两者均存在投资大、工作环境恶劣的缺点，因为试剂通常是具有挥发性和一定毒性的有机化合物。

综上所述，通过各种单元操作，利用主要组元与杂质离子的物理化学性能差异将其进行分离，然后获得高纯离子溶液作为喷雾热解的前驱体，最终获得的粉体材料具有前驱体一样超高的纯度。笔者所在课题组通过三次氨溶解析出循环后获得的高纯 APT 在氨水中进行溶解，然后在 850℃喷雾热解得到纯度为 99.995％，平均颗粒尺寸为 200～500nm 的氧化钨球形粉末（如图 5-1 所示）。

图 5-1　喷雾热解制备高纯氧化钨粉末的 SEM 图像

5.2　粉体的表面处理

利用喷雾热解法制备的粉体颗粒具有微纳米级的尺寸，涵盖了金属、陶瓷和高分子等多种材料。与常规的块状材料相比，这些粉体颗粒由于具有较大的比表面积、较高的表面活性和表面能，因此在光学、热学、电学、磁学、催化等方面表现出优越的性能，并在先进陶瓷、新能源、微电子、航天航空、生物制药、光学检测等领域得到了广泛的应用。然而，有时由于颗粒之间易发生团聚和难以分散，导致其潜在的优异性能难以充分发挥或利用。因此，需要对微纳米粉体进行适当的表面处理，以改善其表面稳定性和提高其分散性能[27]。

粉体表面处理是指利用各种材料或助剂，通过物理、化学、机械等手段对粉体表面进行改性，以有目的地调节粉体表面的物理化学特性或赋予其新的功能。例如，可以改变粉体表面的晶体结构和官能团，调节其表面能、润湿性、电荷性、吸附性和反应性等。

粉体表面处理涵盖多种方法和案例，涉及广泛的材料类型和应用领域。本节内容主要是介绍一些常见的粉体表面处理方法，并举例说明与喷雾热解法制备的粉体之间的关联性和重要性。值得注意的是，粉体材料的表面处理不仅可以作为喷雾热解工艺的前处理工序，也可以作为后处理工序。

5.2.1 粉体表面处理目的

粉体表面处理的目的是改善微纳粉体的应用性能，提高其使用价值、拓展其应用领域，以适应新材料、新技术和新产品开发的需求。具体可以归纳为以下几点[28]：

（1）提高分散性，防止颗粒团聚，增加粉体的稳定性

由于微纳粉体具有较大的比表面积、较高的表面活性和较多的表面原子，在制备、储运和使用过程中容易发生团聚现象，导致其微纳效应降低或消失。因此，通过表面处理改善和提高微纳粉体的分散性和稳定性对于促进其工业应用具有重要意义。

在无机/无机复合材料中，无机组分之间的分散性对材料最终性能有显著影响。例如，在彩色陶瓷地砖中添加的陶瓷颜料，如果分散不均匀，会影响陶瓷制品的色彩均匀性和档次。使用经过表面处理（提高在无机相中的分散性）的陶瓷颜料可以使最终产品色泽更好，并且节省昂贵颜料的用量。

同理，在碳纳米管材料增强金属/陶瓷/高分子复合材料中，为了充分利用碳纳米管增强体材料的本征特性以及保证材料性能的稳定性，在不损伤其结构完整性的前提下需要对其进行分散处理。通过酸化、活化等一系列表面处理方法可以获得良好分散性的碳纳米管增强体分散液。图 5-2 为单壁碳纳米管（SWCNT）、多壁碳纳米管（MWCNT）的 SEM 图、SWCNT 的 TEM 图像和 SWCNT 管束的示意图，图 5-3 为官能团对碳纳米管吸附性能的影响，图 5-4 为通过不同途径的碳纳米管表面功能化。

（2）改善界面结合性

在制备复合材料时，增强体与基体之间的界面结合是影响复合材料性能的关键因素。然而，常用的陶瓷相和碳纳米材料作为增强体来增强金属、高分子材料和陶瓷材料时，往往存在润湿性差、相容性低的问题。例如，在石墨烯增强铜基复合材料中，石墨烯与铜之间的润湿性不佳，不利于两者之间的界面结合。因此，改善增强体与基体之间的相容性是一个重要的研究方向。其中，对增强体进行表面处理是一种有效的方法。常见的表面处理方法有电镀和化学镀等，在增强体表面形成一层过渡层，以改善其与基体之间的晶格匹配关系和扩散特性，提高其界面结合强度。如图 5-5 所示，在氧化石墨烯表面化学镀铜后可以获得分散性良好的石墨烯。

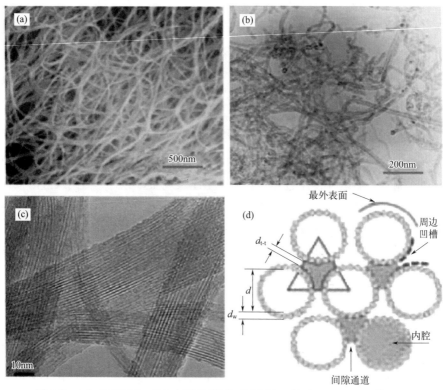

图 5-2 （a）SWCNT、（b）MWCNT 的 SEM 图，及（c）SWCNT 的 TEM
图像和（d）SWCNT 管束的示意图

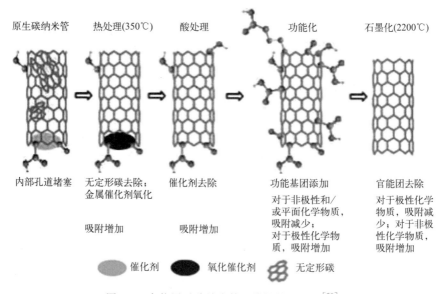

图 5-3 官能团对碳纳米管吸附性能的影响[29]

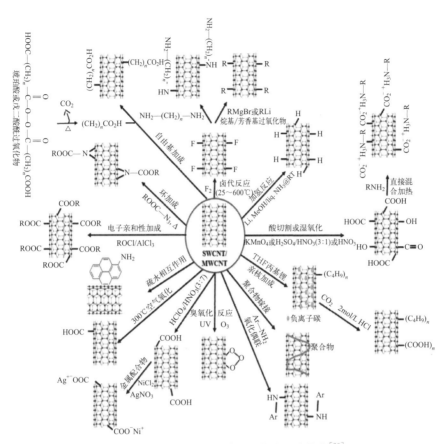

图 5-4　通过不同途径的碳纳米管表面功能化[30]

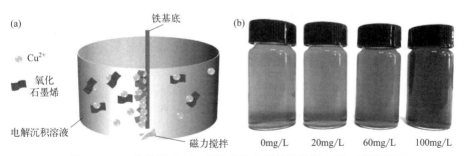

图 5-5　（a）化学镀 Cu-Gr 镀层实验室制备示意图；（b）不同 GO
浓度的 Cu-Gr 化学镀液的照片[31]

　　同样地，在塑料、橡胶、胶黏剂等高分子材料工业及高聚物基复合材料领域中，无机矿物填料具有重要作用。然而，由于无机粉体填料与基质（即有机高聚物）之间存在表面或界面性质差异，导致相容性不佳，从而影响了其在基质中均匀分散性。过量或不适当地填充可能会降低材料力学性能并增加其脆化风险，既增加了填料用量，又削弱了填料本身所具有特性。

因此，必须对无机粉体填料表面进行处理，以改善其表面的物理化学特性，增强其与基质，即有机高聚物或树脂等的相容性和在有机基质中的分散性，以提高材料的机械强度及综合性能。图 5-6 展示了腐殖酸对 SiC 进行表面修饰的试验原理图和 SEM 图像，由此可见，经过腐殖酸修饰后 SiC 在水中具有显著提高的分散性。

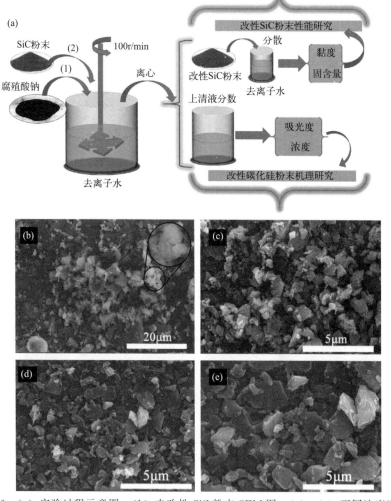

图 5-6　（a）实验过程示意图；（b）未改性 SiC 粉末 SEM 图；（c）～（e）不同浓度腐殖酸钠改性的 SiC 粉末的 SEM 图像，其中（c）5g/L，（d）10g/L，（e）15g/L[32]

因此可以认为，表面改性是无机填料实现从一般增量填料向功能性填料转变所需的一种加工手段，同时也是高分子材料及有机/无机复合材料发展中采用的一种新型技术方法，这也体现了粉体表面改性研究的一个重要目标。

（3）提高粉体吸附、比表面积和催化特性

吸附和催化粉体材料为了提高其吸附和催化活性以及选择性、稳定性、机械强度等性能，需要对其进行表面处理或表面改性。例如，在活性炭、硅藻土、氧化铝、硅胶、海泡石、沸石等粉体表面通过浸渍法负载金属氧化物、碱或碱土金属、稀土氧化物以及铜、银、金、铝、钻石、铂金等金属或贵金属，形成异质结复合粉体，从而提高其催化性能。这是目前催化材料研究的一个热点方向。

（4）提高制品的加工性能

通过对微纳粉体表面处理可以使其获得特殊的加工性能或者功能特性，有利于降低粉末的使用成本，拓宽粉体的应用范围，增加粉体的利用价值。例如：铜包铁粉是一种褐红色不规则状粉末，由硫酸铜溶液和铁粉发生置换反应，在铁表面均匀包覆一层铜，并用氢气还原烧结退火而成。它易成形，可压制成齿轮、铜套、含油轴承等零件，广泛应用于家用电器、电机、传动部件等领域。

银包铜粉是采用化学镀技术，在超细铜粉表面形成不同厚度的银镀层。它既克服了铜粉易氧化的缺点，又具有导电性好、化学稳定性高、不易氧化且价格低廉等优势。其中，片状银包铜粉可广泛适用于导电涂料、导电油墨、导电胶等领域；球形银包铜粉流动性好，适用于各种高温导体烧结浆料、高性能厚膜浆料、导电橡胶、导电塑料等导电复合材料。

（5）提高分散稳定性和良好的流变性

颜料是涂料中不可或缺的组分之一。它不仅影响着涂料的光泽、着色力、遮盖力、流动性等物理性能，还决定着涂料的耐候性、耐热性、抗菌防霉性和保色性等化学稳定性。因此，在制备涂料时要求颜料具有良好的分散稳定性和流变性。

颜料通常分为无机颜料和有机颜料两大类。无机颜料主要包括着色颜料和体质颜料。为了使其在有机基质涂料中均匀分散，并与基体形成牢固的结合力，在制备过程中需要对其进行表面改性处理。表面改性处理可以改善无机颜料的表面湿润性、亲水亲油平衡、电荷密度等参数。

在近年来发展迅速的特种功能涂料中，则需要使用一些具有电、磁、声、热、光等功能效应的粉体材料作为填充剂或者颜料。这些粉体材料不仅要求粒度超细，并且要求在表面改性处理后能够保持其原有功能效应。

此外，在环保意识日益增强的今天，在建筑装饰行业广泛使用的水性涂料也对无机颜料和填充剂提出了更高的要求。除了与其他组分相容匹配之外，在水溶剂中还要保持较长时间的分散稳定性和良好的流变行为。喷雾热解工艺也可以用来制备钛白粉、铁红等颜料粉体。

（6）赋予特殊的功能特性

层状晶体结构粉体材料具有可插层改性的特点。利用这一特点，可以制备出新型矿物层间化合物。例如，在黏土或石墨等粉体材料中插入其他分子或离子，可以改变原粉体的物理化学性质或功能。如层间化合物石墨就具有耐高温、抗热震、防氧化、耐腐蚀、润滑性和密封性等优良功能。它是制备新型导电材料、电极材料、储氢材料、柔性石墨、密封材料等的重要原料，其应用范围已扩大到冶金、石油、化工、机械、航空航天、核能、新能源等领域。例如，钠电池正极材料 $Na_{0.78}Cu_{0.27}Zn_{0.06}Mn_{0.67}O_{24}$ 就是一种通过 Zn 掺杂而制备的层状氧化物，具有高容量和良好的循环稳定性。

（7）改善粉体视觉效果

许多高附加值产品需要具有良好光学效应和视觉效果。为了达到这一目标，可以对一些粉体原料进行表面处理。如白云母粉经金属氧化物（如氧化钛、氧化铬等）表面改性后，就可以用于化妆品、塑料制品、浅色橡胶、涂料、特种涂料、皮革等领域。这样可以赋予这些制品珠光效应，并提高其装饰效果和商用价值。

5.2.2　粉体表面处理方法

粉体表面改性方法是指通过改变非金属矿物粉体表面或界面的物理化学性质来调节其性能的方法，主要包括物理包覆、化学包覆、机械力化学、沉淀反应、化学插层和高能表面改性等。

（1）物理包覆

在不发生化学反应的情况下，利用物理作用将改性剂包覆在粉体颗粒表面，从而实现表面改性的目的。例如：采用高分子或树脂（如聚合物、酚醛树脂、呋喃树脂等）对铸造砂、石英砂等粉体进行表面处理等。另外，利用库仑静电引力使带有与基体表面相反电荷的包覆剂吸附到被包覆颗粒表面。图 5-7

展示了静电吸附钯纳米颗粒（Pd NP）在石墨烯表面形成包覆层的图像。

图 5-7 （a）～（d）在缺陷部位强静电吸附钯纳米颗粒的原理图，其中（a）阴离子或阳离子钯吸附到预先存在的缺陷部位，（b）阴离子钯吸附在远离氧官能团的芳香碳质子化 π 键上，（c）阳离子或阴离子钯前驱体吸附到去质子化或质子化含氧官能团上，（d）石墨烯缺陷部位负载钯纳米粒子；（e）～（h）石墨烯负载 Pd 催化剂的高分辨率透射电子显微镜图像，其中（e）GO 表面缺陷中钯纳米颗粒，（f）钯纳米粒子的较小尺寸群体（1.7 ± 0.4）nm（68%）和较大尺寸群体（12.3 ± 4.6）nm（32%），（g）（h）（1.6 ± 1.2）nm 钯纳米颗粒及分布状态[33]

（2）化学包覆

利用有机表面改性剂分子中的官能团与颗粒表面发生吸附或化学反应，从而实现表面改性，是目前最常用的粉体表面改性方法。通过化学反应使基体和包覆物之间形成稳定的化学键，从而生成均匀致密的包覆层。

通常所用表面改性剂主要有偶联剂（硅烷、钛酸酯、铝酸酯、锆铝酸酯、有机络合物、磷酸酯等）、表面活性剂（高级脂肪酸及其盐、高级胺盐、非离子型表面活性剂、有机硅油或硅树脂等）、有机低聚物及不饱和有机酸等。

例如：碳纳米管的共价键化学改性是在碳纳米管的侧壁引入化合物或者适当的官能团。碳纳米管上由于 sp^2 杂化的碳原子具有较高的 π 电子密度，使得碳纳米管的反应活性比平面石墨烯层更强，从而可以通过共价键连接化学基团。化学改性会将碳纳米管中的 sp^2 杂化轨道的碳原子转变为 sp^3 杂化，导致碳纳米管的表面碳六边形稳定结构遭到破坏，从而影响其电学性能

149

等与表面结构相关的性能。但是表面化学改性可以有效改善碳纳米管在溶液或者聚合物中的分散度和相容性，从而有利于复合材料力学性能的提高。

图 5-8 展示了一些在单壁碳纳米管表面进行官能团化的化学反应和一系列重要的接枝到碳纳米管表面官能团的化学特征，对于多壁碳纳米管、石墨

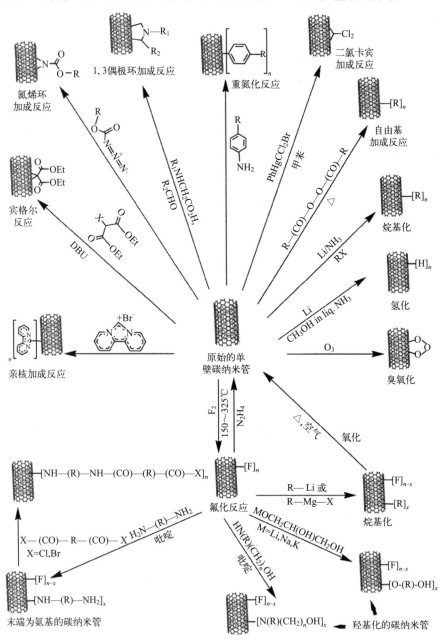

图 5-8　CNTs 表面官能团化的一些合成路线示意图

烯和碳质材料都适用[34]。

此外可以采用氧气、空气、浓硫酸、浓硝酸、盐酸或者混合酸等氧化剂对碳纳米管表面的官能团（如—COOH、—OH 等）进行氧化。通过这种氧化处理，尤其是酸氧化处理，总是会在碳纳米管的表面上留下缺陷，而这些缺陷位于生成的官能团与碳纳米管表面相连接的 C—C 键上。碳纳米管表面基团的数量与氧化处理的时间和温度等因素相关，一般处理时间越长，得到的官能团数量越多。同时，还与氧化处理的方式和氧化剂的强弱等因素有关。

（3）机械力化学

利用挤压、冲击、剪切、摩擦等机械力有目的地激活颗粒表面和改变粉体颗粒分布形态结构，增强活性剂与基体之间的反应活性和化学吸附，将改性剂均匀分布在粉体颗粒外表面，使各种组分相互渗入和扩散，形成包覆。

机械化学作用可以增强颗粒表面的活性点和活性基团，增强其与有机基质或有机表面改性剂的使用，适用于高岭土、滑石、云母、硅灰石、钛白粉等各类粉体[35,36]。

（4）沉淀反应

利用化学沉淀反应，向含有粉体颗粒的溶液中加入沉淀剂，或者加入可以引发反应体系中沉淀剂生成的物质，使改性离子发生沉淀反应，在颗粒表面析出，从而对颗粒进行包覆。沉淀反应包覆往往是在纳米粒子表面包覆无机氧化物，可以便捷地控制体系中的金属离子浓度以及沉淀剂的释放速度和剂量，特别适合对微纳米粉体进行无机改性剂包覆[37,38]。例如：云母粉表面包覆 TiO_2 制备珠光云母颜料、钛白粉表面包覆 SiO_2 和 Al_2O_3 等。

（5）化学插层

利用层状结构的粉体颗粒晶体层之间结合力较弱（分子键或范德华键）或存在可交换阳离子等特性，通过化学反应或离子交换反应改变粉体的性质的改性方法。因此，用于插层改性的粉体一般来说具有层状或类层状晶体结构，如蒙脱土、高岭土等层状结构的硅酸盐矿物或黏土矿物以及石墨等。用于插层改性的改性剂大多为有机物，包括季铵盐类、聚合物、有机单体、氨基酸等有机插层剂，此外还有羧基钛、金属氧化物、无机盐等。

（6）高能表面改性

利用紫外线、红外线、电晕放电、等离子体照射和电子束辐射等方法对粉体进行表面改性的方法。例如：对碳酸钙粉末采用 ArC_3H_6 低温等离子处理进行改性后可以改善其与聚丙烯界面之间的黏结性；采用红外照射法在炭黑表面接枝聚苯乙烯等聚合物可以显著提高炭黑在介质中的分散性；通过微波辐射和空气等离子体处理，可以对多孔二氧化硅表面进行激活，增强其表面羟基含量，从而改善水合效果。

在实际应用中，通常需要综合采用多种方法来改变颗粒的表面性质以满足应用的需要。通过对微纳粉体进行一定的表面包覆，可以有效地解决微纳粉体团聚的问题，极大地改善粒子的分散性及与其他物质的相容性，使颗粒表面获得新的物理、化学及其他新的功能。在选择表面改性技术时，应根据核心粉体和包膜材料的特性以及改性后复合粉体的应用场合来进行综合考虑。

值得一提的是，喷雾热解法既可以用来制备粉体，又可以用来进行粉体的表面改性。该过程既可以与传统的表面处理技术相结合（例如，采用喷雾热解分解硝酸镍得到的超细镍粉直接通入含有表面活性剂的水溶液中进行表面钝化处理），同时也可以利用自身的特点实现表面处理（如图 5-9 所示为喷雾热解制备的钨包覆碳纳米管，可以看到通过喷雾热解工艺可以将氧化物和金属颗粒均匀的包覆到增强体材料的表面上）。

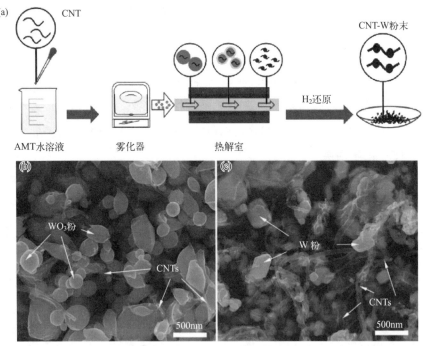

图 5-9 喷雾热解制备微纳 WO₃ 和 W 粉包覆碳纳米管复合粉体

（a）工艺过程图；（b）还原前粉末 SEM 图；（c）还原后粉末 SEM 图[39]

5.3　热处理

热处理是一种通过改变金属材料的表面或内部显微组织结构，以控制其性能的工艺[40]。它通常是将固体材料置于一定介质中，加热至适宜的温度并保持一定时间，然后在不同介质中以不同速度进行冷却的过程。粉末作为固体材料的一种形式，同样可以通过热处理来进行调控和优化。由于喷雾热解制备的粉末通常处于非平衡状态，因此需要进行热处理以获得更均匀或稳定的物相。

金属热处理是机械制造中的重要工艺之一。与其他加工工艺相比，热处理通常不改变工件的形状和整体化学成分，而是通过改变工件内部显微组织或表面化学成分，以赋予或改善工件的使用性能。它的特点是改善工件的内在质量，通常无法用肉眼观察到，因此它是机械制造中的特殊工艺过程，也是质量管理的重要环节。

为了使金属工件具有所需的力学、物理和化学性能，除了合理选用材料和各种成形工艺外，热处理工艺通常也是必不可少的。钢铁是机械工业中应用最广的材料，钢铁的显微组织非常复杂，可以通过热处理来控制。此外，铝、铜、镁、钛等及其合金也可以通过热处理改变其力学、物理和化学性能，以获得不同的使用性能。虽然热处理通常应用于金属材料中，但同样也适用于陶瓷材料、高分子材料等制备加工过程中[41-43]。

例如：通过火焰喷雾热解方法已成功地从 $AlCl_3$ 蒸气中制备出约 $10\sim 30nm$（α 相＋γ 相）和 $80\sim 100nm$（α 相经煅烧）的纳米 Al_2O_3，如图 5-10 所示。根据 XRD 结果，喷涂态纳米颗粒由 α 相和 γ 相 Al_2O_3 组成，在 1100℃下煅烧 2h，纳米颗粒可转化为 α 相，煅烧粉末的粒径约为 $80\sim 100nm$。

Wang 等人[44] 采用喷雾热解合成技术，将一种新型金属盐催化反应合成得到比表面积（SSA）高达 $1106m^2/g$ 的单个碳纳米球。通过改变前驱体浓度，碳纳米球直径可从 10nm 到几微米变化。通过简单地改变催化剂和碳源的比例就可得到固体、中空和多孔碳纳米球，而不使用任何模板。得到的空心碳纳米球每克碳可吸附 300mg 染料，这比传统炭黑颗粒的吸附量高出 15 倍以上。将该粉末在 2300℃时进行退火处理实现固态碳的石墨化，然后作为超级电容器的电极材料进行测试，结果在 $0.1A/g$ 电流密度下观察到高达 $112F/g$ 的比电容，在 20000 次循环后没有电容损失，如图 5-11 所示。

Vallet-RegíM 等人[45] 采用喷雾热解法制备了成分均匀、形貌规则的

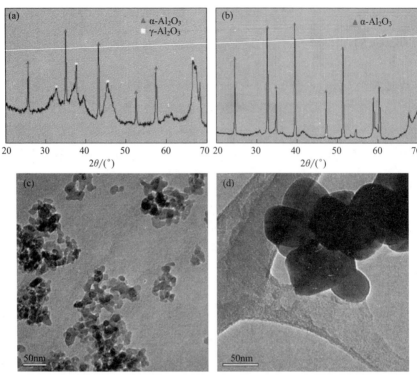

图 5-10 （a）喷涂氧化铝纳米颗粒的 XRD 图谱；（b）氧化铝纳米颗粒在 1100℃
煅烧 2h 后的 XRD 图；（c）喷涂氧化铝纳米颗粒的 TEM 显微照片；（d）氧化铝
纳米颗粒在 1100℃ 煅烧 2h 的 TEM 显微照片[41]

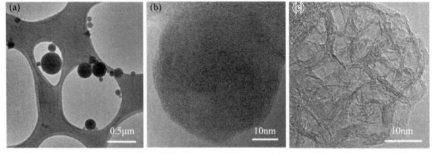

图 5-11 $Zn(NO_3)_2$ 与糖为前驱体经喷雾热解合成得到碳纳米球的 TEM 图像
（a）（b）HCl 蚀刻后；（c）在 2300℃下退火后

$Na_{2/3}Ni_{1/3}Mn_{2/3}O_2$ 纳米片。首先通过一步喷雾热解法制备 P3-$Na_{2/3}Ni_{1/3}Mn_{2/3}O_2$ 菱形微球，然后经 800~1000℃ 热处理后将其转化为六角形 P2-$Na_{2/3}Ni_{1/3}Mn_{2/3}O_2$ 纳米片，其中经 900℃ 后处理的 P2-$Na_{2/3}Ni_{1/3}Mn_{2/3}O_2$ 片的平均尺寸和厚度分别为 2.2μm 和 550nm。在 800℃、900℃ 和 1000℃ 温度下

处理获得的样品以 0.1C 的电流速率进行充放电测试，得到初始放电容量分别为 69mAh/g、86mAh/g 和 80mAh/g，200 次循环后的放电容量分别为 68mAh/g、80mAh/g 和 76mAh/g，然而未经过热处理的 P3-$Na_{2/3}Ni_{1/3}Mn_{2/3}O_2$ 纳米片的放电容量经过 200 次循环由 62mAh/g 下降到 50mAh/g。由此可见 P2-$Na_{2/3}Ni_{1/3}Mn_{2/3}O_2$ 纳米片具有较低的电荷转移电阻，并且比 P3-$Na_{2/3}Ni_{1/3}Mn_{2/3}O_2$ 纳米片具有更加优异的速率性能。具体如图 5-12（见文后彩插）所示。

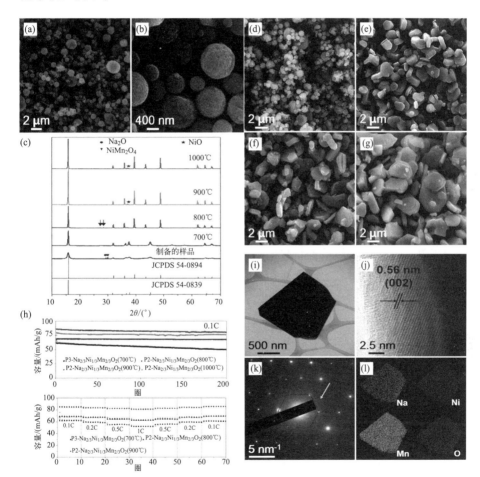

图 5-12 （a）（b）800℃喷雾热解工艺制备的 P3-$Na_{2/3}Ni_{1/3}Mn_{2/3}O_2$ 纳米片的 SEM 图像；（c）后处理前后的 P2-和 P3-$Na_{2/3}Ni_{1/3}Mn_{2/3}O_2$ 纳米片的 XRD 图谱；（d）700℃，（e）800℃，（f）900℃和（g）1000℃处理后的 P3-和 P2-$Na_{2/3}Ni_{1/3}Mn_{2/3}O_2$ 纳米片的 SEM 图像；（h）P3-$Na_{2/3}Ni_{1/3}Mn_{2/3}O_2$ 和 P2-$Na_{2/3}Ni_{1/3}Mn_{2/3}O_2$ 纳米片的循环和速率性能；（i）～（l）P2-$Na_{2/3}Ni_{1/3}Mn_{2/3}O_2$ 纳米片在 900℃温度下进行后处理的形态和表征，其中（i）TEM 图像，（j）HRTEM 图像，（k）SAED 图案和（l）元素图谱图像

5.4 球磨破碎

正如前面章节中提到的，喷雾热解后有时可能会得到空心球粉体，为了进一步对粉体进行超细化，可以对其进行球磨破碎处理。随着材料科学和技术的不断发展，新型材料和高功能材料的生产和开发对有关粉体的微细化或超细化提出了越来越高的要求，超细粉碎机械的研究和开发也理所当然地成为人们越来越重视的课题。

5.4.1 球磨机的工作原理及机内运动轨迹分析

通常所讲的球磨机为工业化常见的滚筒式球磨机，其主要组成部分"转筒"安装在一两个大型的轴承上，球磨机分为单仓、两仓和多仓型球磨机。物料经球磨机给料仓进入筒体内部，且内部装有一定形状和大小的研磨介质。球磨机旋转时，研磨体在离心力和与筒体内壁的衬板面产生的摩擦力的作用下，紧贴在筒体内壁的衬板面上，随筒体一起旋转，并被带到一定高度，在重力作用下自由下落，下落时研磨体像抛射体一样，冲击底部的物料把物料击碎。研磨体上升、下落是周而复始的循环运动。

另外，在球磨机旋转的过程中，体内介质还会产生滑动和滚动现象，因而研磨体、衬板与物料之间发生研磨作用，使物料实现细磨作业。物料的不断给入，使得进料与出料端物料之间存在着料面差，从而强制物料流动，并且研磨体下落时冲击物料产生的轴向推力也迫使物料流动，同时，球磨机内气流运动也会帮助物料流动，直至到达出料口排出，完成粉磨作业。其结构示意图如图 5-13 所示。

影响球磨的因素很多，常用来调控的关键影响参数有球磨筒的转速、装球量、球料比、球尺寸、研磨介质等，但也包括球磨筒的气氛、研磨物料的性质和研磨球的形状等。为了达到较好的球磨效率，减少无用功，球磨筒的转速通常需要小于临界转速，避免出现离心力超过重力，造成紧靠球磨筒内衬物料和球不脱离筒壁而与转筒一起回转的情况。滚筒式球磨机球罐中磨球运动的示意图如图 5-14 所示。

5.4.2 强制球磨

由于常规的滚筒式球磨依赖的是物料和研磨球之间的压碎、碰撞、击碎

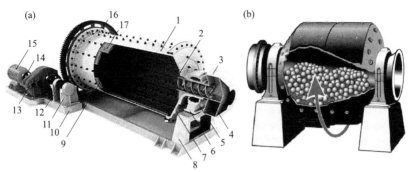

1—筒体；2—石板；3—进料器；4—进料螺旋；5—轴承盖；
6—轴承座；7—辊轮；8—支架；9—花板；10—驱动座；
11—过桥轴承座；12—小齿轮；13—减速机；14—联轴器；
15—电机；16—大齿圈；17—大衬板

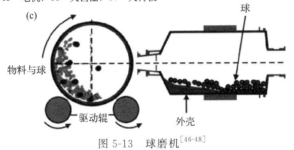

图 5-13 球磨机[46-48]

（a）结构示意图；（b）实物图；（c）截面图

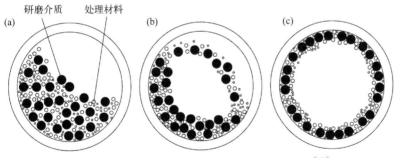

图 5-14 滚筒式球磨机球罐中磨球运动的示意图[49]

（a）级联；（b）分离；（c）滚动

和磨削等作用，导致作用在粉体上的能量有限，同时研磨所需的时间也大幅增加[50]。为了提高研磨效率，目前也开发出了一些强制研磨的方式，基本思路是对整个球磨体系输入额外的能量，提高系统整体作用在粉体上的能量，通过空间来换取时间。因此强制球磨的腔体相比较滚筒式球磨小很多，尽管效率增加、细化效果增强，但是产量会受到一定程度影响，生产成本也会大幅增加。如行星式球磨目前仅适用于实验室规模，难以实现工业级别的放大。

（1）行星式球磨

行星式球磨机是针对粉碎、研磨、分散金属、非金属、有机、中草药等粉体进行设计的，特别适合实验室研究使用。

工作原理是利用磨料与试料在研磨罐内高速翻滚，对物料产生强力剪切、冲击、碾压，达到粉碎、研磨、分散、乳化物料的目的（如图 5-15 所示）。行星式球磨机在同一转盘上通常装有四个球磨罐，当转盘转动时，球磨罐在绕转盘轴公转的同时又围绕自身轴心自转，作行星式运动，从而实现公转对自转球磨罐的强制能量输入，使得罐中磨球和物料在高速旋转运动过程中相互碰撞，对粉体材料起到研磨的作用和效果。

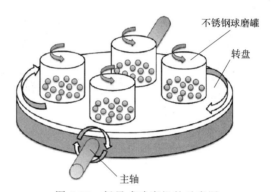

图 5-15　行星式球磨机的示意图

（2）搅拌式球磨

搅拌式球磨，采用搅拌桨或者搅拌轴的旋转作用强制带动物料和研磨球产生强烈的环流和剪切应力，可以对物料起到比传统研磨方式更强烈的研磨效果，其结构如图 5-16 所示。该设备的填充率高、能耗小、可连续生产、转

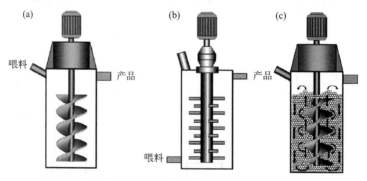

图 5-16　（a）垂直螺旋和（b）垂直销搅拌磨机示意图；

（c）搅拌磨机中的介质流动模式[51]

速可调，并且工作过程中不会产生研磨死角。与传统球磨机比较可大幅提高研磨效率，增加研磨效果，节约时间成本。因此搅拌式球磨机已经在硬质合金混合料、弥散强化复合粉体、金属陶瓷等的工业化生产中得到了广泛应用。

（3）振动球磨

振动球磨机，是一种利用偏心电机系统和弹簧装置组合的高频振动使腔体内的研磨介质连续冲击物料的球磨机，如图 5-17 所示。弹簧的振动作用强制球磨系统中的物料与介质之间产生剧烈的相互碰撞[52,53]。振动球磨机是一种新型的高效节能研磨设备。在研磨细粉和超细粉体材料方面，它比传统的旋转球磨机具有明显的优势。振动球磨机的研磨效率可提高 2～5 倍，能耗可降低 20%～30%。

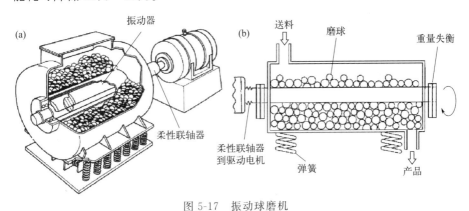

图 5-17　振动球磨机

（a）结构图；（b）截面图

振动球磨机可广泛应用于选矿、建材、磨料、化工原料、冶金、电力、特种陶瓷、耐火材料等行业的细粉和超细粉体加工。近年来，振动磨机在镁工业中得到了广泛的应用，因为它解决了生产过程中粉末黏附和研磨的问题。

5.4.3　喷雾热解与球磨工艺联用

球磨工艺不仅具有破碎喷雾热解获得的粉体的效果，同时也具有跟其他物相混料获得复合粉体材料的作用。通过球磨可以将喷雾热解获得粉体产物与非热解获得的粉体进行混料得到复合粉体。

Yun Chan Kang 等人[54] 首先制备出中空二氧化铈颗粒，然后通过简单的球磨工艺将这些聚集体分解成纳米级颗粒，经过 800～1300℃煅烧处理后，初级颗粒的平均尺寸从几十纳米增加到亚微米尺寸。

Izumi Taniguchi 等人[55] 通过喷雾热解和湿法球磨相结合制备了 LiMn-

PO$_4$/C 纳米复合材料（球磨前后的显微组织结构如图 5-18 所示），物相结构显示为 LiMnPO$_4$ 橄榄石，样品的初级粒径约为 100nm，以 LiMnPO$_4$/C 纳米复合材料样品作为锂电池正极材料，表现出良好电化学性能和充放电循环性能。

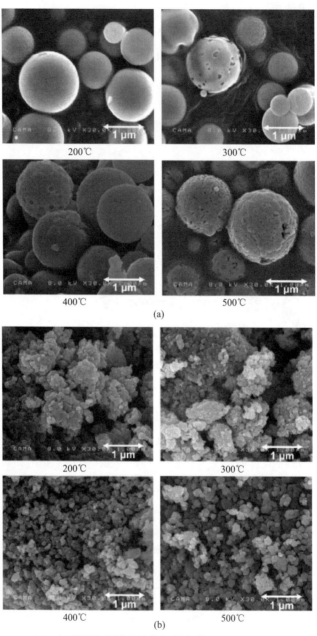

(a)

(b)

图 5-18 （a）在不同温度下喷雾热解制备的 LiMnPO$_4$ 的 SEM 图像；

（b）喷雾热解和球磨组合制备的 LiMnPO$_4$/C 纳米复合材料的 SEM 图像

Izumi Taniguchi 等人[56] 通过喷雾热解（SP）与行星球磨（BM）组合，成功制备了碳包覆的 LiFePO$_4$。观察发现，导电碳可以很好地分布在 LiFePO$_4$ 的表面上，碳包覆的 LiFePO$_4$ 在放电容量、循环稳定性和倍率性能方面可以提供更好的电池性能。图 5-19 为复合粉体的制备流程图，以及球磨前后复合粉体的微观形貌组织。

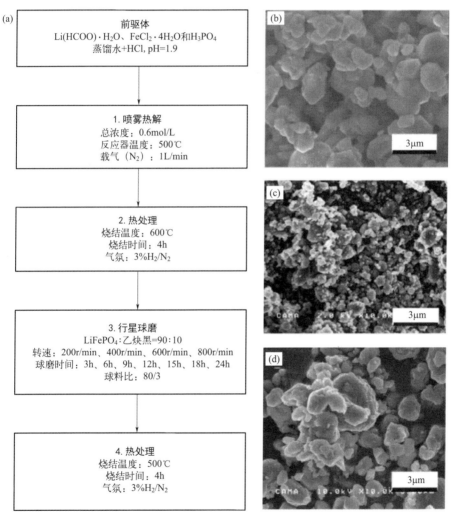

图 5-19　（a）通过喷雾热解和球磨工艺的组合以及随后的热处理制备碳包覆的

LiFePO$_4$ 的流程图；（b）球磨前的 LiFePO$_4$、

（c）碳涂覆的 LiFePO$_4$ 和（d）球磨后的

LiFePO$_4$ 的 SEM 照片

5.5　分级

超细粉料不仅是制备结构材料的基础，其本身也是一种具有特殊功能的材料，为精细陶瓷、电子元件、生物工程处理、3D打印材料、优质耐火材料以及与精细化工有关的材料等许多领域所必需。随着超细粉体在现代工业越来越广泛地应用，粉体分级技术在粉体加工中的地位越来越重要[57]。

在粉体的制备过程中，往往只有一部分粉体达到粒度要求，或者说不同粒度的粉末在使用时应用场景不同，如果不将已经达到要求的产品及时分离出去，可能会影响粉体的使用效果和性能，而且会造成能源浪费和产品的不稳定。此外，颗粒细化到一定程度后，出现二次团聚的现象，甚至因颗粒团聚变大而使粉碎工艺恶化。为此，在超细粉体制备过程中要对产品进行分级，一方面控制产品粒度处于所需的分布范围，另一方面使混合物料中粒度已达到要求的产品及时分离出来，以免粉体的粒度分布过宽，影响使用。

可见分级的目的是提高粉体的质量和效率，控制产品的粒度分布，避免能源浪费和过粉碎问题。分级可以使已达到要求的粉体及时分离出来，使未达到要求的粉体返回再粉碎，从而降低能耗和成本。为了使喷雾热解的粉体适用于更多的应用场景，因此有必要对超细粉体进行分级。

5.5.1　分级的原理

广义的分级是利用颗粒粒径、密度、颜色、形状、化学成分、磁性等特性的差异而把颗粒分为不同的几个部分。狭义的分级是根据不同粒径颗粒在介质（通常采用空气和水）中受到离心力、重力、惯性力等的作用，产生不同的运动轨迹，从而实现不同粒径颗粒的分级。

气流分级设备通常为分级机与旋风分离器、除尘器、引风机组成一套分级系统（如图5-20所示）。物料在风机抽力作用下由分级机下端入料口随上升气流高速运动至分级区，在高速旋转的分级涡轮产生的强大离心力作用下，使粗细物料分离。符合粒径要求的细颗粒通过分级轮叶片间隙进入旋风分离器或除尘器收集，粗颗粒夹带部分细颗粒撞壁后速度消失，沿筒壁下降至二次风口处，经二次风的强烈淘洗作用，使粗细颗粒分离，细颗粒上升至分级区二次分级，粗颗粒下降至卸料口排出。

图 5-20　气流分级设备示意图[58]

5.5.2　分级的关键问题

对于任何分级方法而言，要想取得较好的分级效果必须提高分级物料的分散性和选择合适的分级力场。

物料经超细化后呈现与原物料不同的性质，首先是比表面增大，表面能升高；其次表面原子或离子数的比例大大提高，使其表面活性增加，粒子之间引力增大或由于外来杂质如水分的作用而易于聚集；超细粒子也易在粉碎过程中由于碰撞吸收或粉碎后由于静电等作用力而聚集在大粒子上，无论在空气中还是在液相中均易生成粒径较大的二次颗粒，这使得对超细产品的分级比普通产品分级更加困难。因此分级的首要任务是分散粒子，使其处于单分散状态，从而提高粉体的流散性，即超细粉体的基础在于粉体粒子的分散。可以说，充分的分散可使分级过程事半功倍。

解决粉体粒子分散后的另一个难题是设计稳定、可调节的力场。理想的分级力场应该具有分级力强、流场稳定及分级迅速等性质。由于粉体粒子在不同的介质、不同的力场中的行为不一样，因此必须了解其物理特性、运动特性，设计高效合理的分级力场。目前，分级机使用的力场主要为重力场、惯性力场和离心力场。

5.5.3　分级机的分类

按所用介质可分为干法分级（介质为空气）与湿法分级（介质为水或其他液体）。

干法分级的特点是用空气作流体，成本较低，方便易行，但它可能会存在分级精度不高和容易造成空气污染的问题。

湿法分级用液体作为分级介质，具有分级精度较高、无爆炸性粉尘等优点，但该工艺存在较多的后处理问题，如分级后的粉体需要脱水、干燥、分散、废水处理等。

按是否具有运动部件分级机可划分为两大类：

① 静态分级机。分级机中无运动部件，如重力分级机、惯性分级机、旋风分离器、螺旋线式气流分级机和射流分级机等。这类分级机构造简单，不需动力，运行成本低。操作及维护较方便，但分级精度不高，不适于精密分级。

② 动态分级机。分级机中具有运动部件，主要指各种涡轮式分级机。这类分级机构造复杂，需要动力，能耗较高，但分级精度较高，分级粒径调节方便，只要调节叶轮旋转速度就能改变分级机的切割粒径，适于精密分级。

目前市场上关于粉体的需求越来越苛刻，尤其对粉体粒度的分布要求也越来越严格，因此在喷雾热解工艺后衔接分级单元操作的必要性也越来越凸显，未来很可能该单元操作会成为喷雾热解制备粉体产品生产流程中的标准配置。

参考文献

[1] Chen Z，Han W，Yu J，et al. Microstructure and helium irradiation performance of high purity tungsten processed by cold rolling [J]. Journal of Nuclear Materials，2016，479：418-425.

[2] Fukuzumi S，Yoshiie T，Satoh Y，et al. Defect structural evolution in high purity tungsten irradiated with electrons using high voltage electron microscope [J]. Journal of Nuclear Materials，2005，343(1-3)：308-312.

[3] 龙本夫. 不同特性氧化钨粉末对氢还原钨粉末性质的影响 [D]. 厦门大学，2017.

[4] 余泽全. 中国钨行业现状分析及建议 [J]. 国土资源情报，2020，238(10)：57-62.

[5] 张邦胜，肖连生，张启修. 沉淀法分离钨钼的研究进展 [J]. 江西有色金属，2001，15(2)：26-29.

[6] Cai Y，Ma L，Xi X，et al. Separation of tungsten and molybdenum using selective precipitation with manganese sulfate assisted by cetyltrimethyl ammonium bromide

(CTAB) [J]. Hydrometallurgy，2020，198：105494.

[7] 伏彩萍，姜文伟，赵中伟. 二段除钼锡法处理高钼高锡钨矿物原料制取高纯 APT [J]. 中国钨业，2004，19(5)：84-87.

[8] 方君娟，王水龙，杨亮. 碳酸钙沉淀法从钨酸钠溶液中深度脱除磷的研究 [J]. 中国钨业，2019，34(5)：42-45.

[9] Yuanyuan Cai，Liwen Ma，Xiaoli Xi. Separation of tungsten and molybdenum using selective precipitation with manganese sulfate assisted by cetyltrimethyl ammonium bromide (CTAB) [J]. Hydrometallurgy，2020，198：105494.

[10] Ma L，Xi X，Huang Z，et al. Theoretical analysis and experimental study on metal separation of tungsten-containing systems [J]. Separation and Purification Technology，2019，209：42-55.

[11] 李哲，郭让民. 高纯钨单晶坯料预处理工艺探讨 [J]. 材料科学与工程学报，2000(z1)：99-101.

[12] Wu H，Duan S，Liu D，et al. Recovery of nickel and molybdate from ammoniacal leach liquor of spent hydrodesulfurization catalyst using LIX84 extraction [J]. Separation and Purification Technology，2021，269：118750.

[13] 周武平，宋鹏，王铁军，等. 一种大规模集成电路用高纯钨粉的制备方法：中国，CN103302299A [P]. 2013-09-18.

[14] 章小兵，万林生，邹爱忠. 氨溶高纯仲钨酸铵的生产工艺参数研究 [J]. 有色冶金设计与研究，2012 (5)：20-22.

[15] Nguyen T H，Lee M S. Separation of molybdenum（Ⅵ）and tungsten（Ⅵ）from sulfate solutions by solvent extraction with LIX 63 and PC 88A [J]. Hydrometallurgy，2015，155：51-55.

[16] Li Z，Zhang G，Guan W，et al. Separation of tungsten from molybdate using solvent extraction with primary amine N1923 [J]. Hydrometallurgy，2018，175：203-207.

[17] Wilfong W C，Ji T，Duan Y，et al. Critical review of functionalized silica sorbent strategies for selective extraction of rare earth elements from acid mine drainage [J]. Journal of Hazardous Materials，2022，424：127625.

[18] 但宁宁，李江涛. 高纯仲钨酸铵产品制备工艺现状及发展前景 [J]. 粉末冶金材料科学与工程，2021，25(5)：363-368.

[19] Zeng L，Yang T，Yi X，et al. Separation of molybdenum and tungsten from iron in hydrochloric-phosphoric acid solutions using solvent extraction with TBP and P507 [J]. Hydrometallurgy，2020，198：105500.

[20] Chen X，Chen Q，Guo F，et al. Solvent extraction of tungsten and rare earth with

tertiary amine N235 from H_2SO_4-H_3PO_4 mixed acid leaching liquor of scheelite [J]. Hydrometallurgy，2020，196：105423.

[21] Yu Y，Song J，Bai F，et al. Ultra-high purity tungsten and its applications [J]. International Journal of Refractory Metals and Hard Materials，2015，53：98-103.

[22] Lu X，Huo G，Liao C. Separation of macro amounts of tungsten and molybdenum by ion exchange with D309 resin [J]. Transactions of Nonferrous Metals Society of China，2014，24(9)：3008-3013.

[23] Huo G，Peng C，Song Q，et al. Tungsten removal from molybdate solutions using ion exchange [J]. Hydrometallurgy，2014，147：217-222.

[24] Xintao Yi，Guangsheng Huo，Haipeng Pu. Improving the washing and desorption of tungsten-adsorbed weak base resin [J]. Hydrometallurgy，2020，192：105258.

[25] Lu X，Huo G，Liao C. Separation of macro amounts of tungsten and molybdenum by ion exchange with D309 resin [J]. Transactions of Nonferrous Metals Society of China，2014，24(9)：3008-3013.

[26] 艾永红，陈有生. 利用低品位白钨精矿制备仲钨酸铵的方法：中国，CN109437308A [P]. 2019-03-08.

[27] Samal P，Newkirk J. Powder metallurgy methods and applications [J]. ASM Handbook of Powder Metallurgy，2015，7.

[28] Cruz J，Fangueiro R. Surface modification of natural fibers：a review [J]. Procedia Engineering，2016，155：285-288.

[29] Liu X，Wang M，Zhang S，et al. Application potential of carbon nanotubes in water treatment：a review [J]. Journal of Environmental Sciences，2013，25(7)：1263-1280.

[30] Das R，Abd Hamid S B，Ali M E，et al. Multifunctional carbon nanotubes in water treatment：the present，past and future [J]. Desalination，2014，354：160-179.

[31] Li S，Song G，Fu Q，et al. Preparation of Cu-graphene coating via electroless plating for high mechanical property and corrosive resistance [J]. Journal of Alloys and Compounds，2019，777：877-885.

[32] Liu Y，Liu J，Yang T. Surface modification of SiC powder with sodium humate：Adsorption kinetics，equilibrium，and mechanism [J]. Langmuir，2018，34(33)：9645-9653.

[33] Gilliland Ⅲ S E，Tengco J M M，Yang Y，et al. Electrostatic adsorption-microwave synthesis of palladium nanoparticles on graphene for improved cross-coupling activity [J]. Applied Catalysis A：General，2018，550：168-175.

［34］ Banerjee S，Hemraj-Benny T，Wong S. S. Covalent surface chemistry of single-walled carbon nanotubes ［J］. Advanced Materials，2010，17(1)：17-29.

［35］ 李璇，张敏，李秋叶，杨建军. 二氧化钛表面处理研究进展 ［J］. 化学研究，2017，28(05)：537-547.

［36］ 李启厚，吴希桃，黄亚军，刘志宏，刘智勇. 超细粉体材料表面包覆技术的研究现状 ［J］. 粉末冶金材料科学与工程，2009，14(01)：1-6.

［37］ 陈加娜，叶红齐，谢辉玲. 超细粉体表面包覆技术综述 ［J］. 安徽化工，2006(02)：12-15.

［38］ 邓飞云，武笑宇，余向飞，梅柳香. 超细粉体表面包覆技术研究进展 ［J］. 材料开发与应用，2012，27(06)：102-104-110.

［39］ Zhang L，Bao R，Yi J，et al. Improving comprehensive performance of copper matrix composite by spray pyrolysis fabricated CNT/W reinforcement ［J］. Journal of Alloys and Compounds，2020，833：154940.

［40］ Laleh M，Sadeghi E，Revilla R I，et al. Heat treatment for metal additive manufacturing ［J］. Progress in Materials Science，2022：101051.

［41］ Tok A I Y，Boey F Y C，Zhao X L. Novel synthesis of Al_2O_3 nano-particles by flame spray pyrolysis ［J］. Journal of Materials Processing Technology，2006，178(1-3)：270-273.

［42］ Kim S H，Liu B Y H，Zachariah M R. Synthesis of 9 metal oxide particles by a new inorganic matrix spray pyrolysis method ［J］. Chemistry of Materials，2002，14(7)：2889-2899.

［43］ Lee S Y，Kim J H，Kang Y C. Electrochemical properties of P2-type $Na_{2/3}Ni_{1/3}Mn_{2/3}O_2$ plates synthesized by spray pyrolysis process for sodium-ion batteries ［J］. Electrochimica Acta，2017，225：86-92.

［44］ Wang C，Wang Y，Graser J，et al. Solution-based carbohydrate synthesis of individual solid，hollow，and porous carbon nanospheres using spray pyrolysis ［J］. ACS Nano，2013，7(12)：11156-11165.

［45］ Vallet-Regí M，Rodríguez-Lorenzo L M，Ragel C V，et al. Control of structural type and particle size in alumina synthesized by the spray pyrolysis method ［J］. Solid State Ionics，1997，101：197-203.

［46］ https：//zhuanlan. zhihu. com/p/137175411.

［47］ https：//www. kjzj. com/info/technique3678. html.

［48］ https：//pharmacygyan. com/ball-mill/.

［49］ Tole I，Habermehl-Cwirzen K，Cwirzen A. Mechanochemical activation of natural clay minerals：an alternative to produce sustainable cementitious binders—review

[J]. Mineralogy and Petrology，2019，113(4)：449-462.

[50] Chen Z，Lu S，Mao Q，et al. Suppressing heavy metal leaching through ball milling of fly ash [J]. Energies，2016，9(7)：524.

[51] Ashok Gupta，Denis Yan. Stirred Mills-Ultrafine Grinding Mineral Processing Design and Operations (Second Edition). Elsevier，2016，287-316.

[52] https：//ballmillssupplier. com/product-center/vibration-ball-mill/.

[53] https：//www. pharmapproach. com/vibration-mill/.

[54] Kang H S，Kang Y C，Koo H Y，et al. Nano-sized ceria particles prepared by spray pyrolysis using polymeric precursor solution [J]. Materials Science and Engineering：B，2006，127(2-3)：99-104.

[55] Doan T N L，Taniguchi I. Cathode performance of $LiMnPO_4$/C nanocomposites prepared by a combination of spray pyrolysis and wet ball-milling followed by heat treatment [J]. Journal of Power Sources，2011，196(3)：1399-1408.

[56] Konarova M，Taniguchi I. Preparation of carbon coated $LiFePO_4$ by a combination of spray pyrolysis with planetary ball-milling followed by heat treatment and their electrochemical properties [J]. Powder Technology，2009，191(1-2)：111-116.

[57] https：//zhuanlan. zhihu. com/p/309350779.

[58] https：//www. alpapowder. cn/products/qiliufenjiji. html.

第6章
喷雾热解的应用

喷雾热解是一种可实现规模化制备和连续生产的气溶胶热处理技术，只需简单的设备即可实现，每天最高可生产数吨粉体材料。最初，工业上使用喷雾热解是由酸性废料制备商业氧化铁（Fe_2O_3）颗粒开始的，并实现了盐酸的回收，而国内最早引进该工业设备的公司是鞍山钢铁集团公司[1]。巴斯夫（德国 Badische Anilin-und-Soda-Fabrik）申请的关于喷雾热解的专利涉及储氧元件、催化剂和/或催化剂基底的多金属混合氧化物。喷雾热解侧重于实际应用的专利数量逐年增加，表明其巨大的商业价值已经引起研究机构和企业的高度重视。这些专利有应用于多层陶瓷电容器的超细镍金属纳米颗粒、用于量子点敏化光伏电池的多孔 TiO_2 纳米颗粒、碳纳米管/石墨烯金属/陶瓷复合粉体、锂电池三元正极材料、多组分荧光陶瓷粉末和用于制氢的钛酸锶纳米颗粒催化剂等，涵盖了科学研究和工业生产的多个方面和领域。

6.1 可充电电池

可充电电池是一种将化学能转换为电能的设备。在充电过程中，正极和负极之间的化学反应产生电子的流动，从而将电能储存在电池中；而电池释放能量时，电子会在电路中流动产生电流，将储存在电池中的能量转化为有用的电能。

可充电电池是现代社会最重要的储能设备之一，预计在未来几十年将取代汽油工业，从小型便携式电子产品到大型汽车，为越来越多的应用提供动力。其中，锂离子电池由于其高能量和功率密度，已被广泛应用于先进的电动汽车和便携式电子产品。1991 年索尼公司将其引入商业市场，自此之后锂离子电池的工作原理和系统组成没有发生明显的变化，它们仍然是基于锂离子在阳极和阴极之间的能量交换。除了锂离子电池（lithium-ion battery，LIB）[2]，其他新型的可充电电池系统也不断被开发和应用，如钠离子电池（sodium-ion battery，SIB)[3]、锂-硫电池（lithium-sulfur battery，Li-S battery)、多价离子电池、金属空气电池等。通过喷雾热解制备各种复合材料和纳米结构，并将其应用在锂离子电池、钠离子电池和 Li-S 电池中，这些研究都有助于提高可充电电池的性能和使用寿命。图 6-1 描述了不同类型的可充电电池的工作原理。

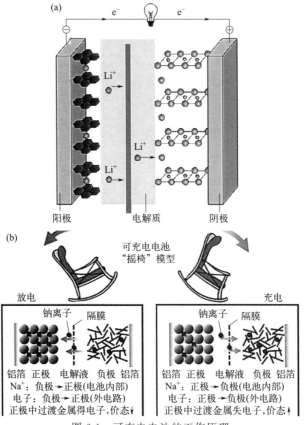

图 6-1 可充电电池的工作原理

（a）锂离子电池；（b）钠离子电池

　　锂离子电池广泛应用于各种便携式电子设备、电动工具和电动车辆等领域。它以锂离子在正负极之间的迁移来存储和释放电能。锂离子电池由一个或多个电池单元组成，每个电池单元包含一个正极、一个负极和介于两者之间的电解质。正极通常由锂化合物（如钴酸锂、锰酸锂或磷酸铁锂）构成，负极通常由碳材料（如石墨）构成，而电解质则是一种能够促进锂离子在正负极之间移动的化学物质。充电时，锂离子从正极释放出来，穿过电解质，最终嵌入负极的碳材料中；放电时，锂离子则从负极脱嵌，穿过电解质，重新嵌入正极材料中，释放出电能。这个过程可以反复进行，使锂离子电池具有可充电的特性。锂离子电池相对于传统的镍镉电池和镍氢电池具有许多优点，包括高能量密度、轻量化、无"记忆效应"、较低的自放电倍率和较长的循环寿命等。这些特性使得锂离子电池成为许多移动设备和电动交通工具的首选。

钠离子电池类似于锂离子电池，但是使用钠离子而不是锂离子来存储和释放电能。钠离子电池的基本结构与锂离子电池类似，包括正极、负极和电解质。正极材料通常使用钠化合物，例如钠镍钴锰氧化物（$NaNiCoMnO_2$）或钠铁磷酸盐（$NaFePO_4$），负极则通常使用碳材料。电解质可以是固态或液态，取决于具体的设计和应用。在充电过程中，钠离子从正极释放出来，穿过电解质，嵌入负极的碳材料中，从而将电能存储在电池中；在放电过程中，钠离子则从负极脱嵌，穿过电解质，重新嵌入正极材料中，释放出电能。这个过程可以反复进行，实现电池的可充电性能。相对于锂离子电池，钠是地球上丰富的资源，相对于锂更加廉价和易于获取，可降低电池的成本。其次，钠离子电池的电解液可以使用水基溶液，与锂离子电池相比更加安全。此外，钠离子电池在高温和高能量密度方面也具备潜力。然而，钠离子电池仍处于研究和开发阶段，并且在商业化应用上相对较少。目前仍需要进一步地研究和工程改进，以提高钠离子电池的性能、循环寿命和安全性，满足实际应用的需求。

6.1.1 锂离子电池

纯电动汽车和混合电动汽车的快速发展，对为其提供动力源的锂离子电池的能量和功率密度也提出了越来越高的要求。为了开发有前途的候选材料来升级取代目前的商业电极材料，许多研究报道了各种高容量电极材料，例如锂、硅、锡和锗等合金型材料，以及氧化物和硫化物等转换型阳极材料[4-6]。此外，还有富镍或富锂的层状锂过渡金属氧化物正极材料。总之，高容量电极材料被认为是下一代高能量密度锂离子电池的突破口[7-9]。然而，这些材料存在着巨大的体积变化、副反应和结构塌陷等问题，实际应用的成本也很高。因此，必须开发出方便、高效和工业上可行的合成技术，为大规模生产高性能的纳米结构电极材料奠定物质基础，喷雾热解是可以考虑的一种有效方法和途径。

（1）锂离子电池的正极

锂离子电池的正极主要采用陶瓷粉末，同时掺杂或者包覆一些不同的元素。目前喷雾热解已经成为一种能够迅速制造成分均匀的多组分正极材料的重要技术。如表 6-1 所示，通过喷雾热解或者基于喷雾热解技术可以制备出

表 6-1　通过喷雾热解制备的纳米结构正极材料及其在锂离子电池中的性能

正极材料			合成条件		电化学性能			文献
体系	形貌	粉末粒度	前驱体溶液	工艺参数	测试条件	循环次数	容量 /(mAh/g)	
$LiNi_{0.5}Mn_{1.5}O_4$	粉末	约 1μm	$LiNO_3+Ni(NO_3)_2+Mn(NO_3)_2+$蔗糖	超声雾化,500℃,空气	0.1C	50	139	[10]
$LiNi_{0.5}Mn_{1.5}O_4$	卵黄壳球	约 1μm	$LiNO_3+Ni(NO_3)_2+Mn(NO_3)_2+$蔗糖	超声雾化,700℃,空气	10C	1000	108	[11]
$LiNi_{1/3}Co_{1/3}Mn_{1/3}O_2$	粉末	约 500nm	$Ni(NO_3)_2+Co(NO_3)_2+Mn(NO_3)_2+LiNO_3$	超声雾化,500℃,空气	0.1C	50	163	[12]
$LiNi_{0.1}Co_{0.1}Mn_{0.1}O_2$	粉末	2.7μm	$NiCl_2+CoCl_2+MnCl_2+Li_2CO_3$	超声雾化,500℃,空气	1C	100	173	[13]
$LiNi_{0.8}Co_{0.15}Mn_{0.05}O_2$	粉末	0.5~1.0μm	$Ni(NO_3)_2+Co(NO_3)_2+Mn(NO_3)_2+$柠檬酸+乙二醇+DMF+LiOH	超声雾化,900℃,空气	0.5C	30	174	[14]
$LiNi_{0.8}Co_{0.15}Al_{0.05}O_2$	粉末	1.1~3.1μm	$Ni(NO_3)_2+Co(NO_3)_2+Al(NO_3)_3+$柠檬酸+乙二醇+DMF+LiOH	超声雾化,900℃,空气	0.1C	40	158	[15]
$LiFePO_4/C$	多孔球	—	$LiNO_3+Fe(NO_3)_2+NH_4H_2PO_4+$柠檬酸	超声雾化,700℃,5% H_2/N_2	0.125C	100	153	[16]
$LiMnPO_4-C$	复合粉体	2~10μm	$LiH_2PO_4+Mn(NO_3)_2+$柠檬酸+蔗糖	超声雾化,500℃,氩气	20C	100	106	[17]
C 包覆 $LiFePO_4$	粉末	1~3μm	$Li(HCOO)+FeCl_2+H_3PO_4$	500℃,N_2	0.1C	100	165	[18]
TiO_2 包覆 $LiMn_2O_4$	粉末	880nm	$LiNO_3+Mn(NO_3)_2+TTIP+$乙醇	900℃,空气	1C	170	109	[19]
$LiCoO_2$	粉末	—	$Li_2CO_3+Co(NO_3)_2+$柠檬酸+乙二醇	超声雾化,900℃,空气	0.1C	50	134	[20]

续表

正极材料			合成条件		电化学性能			文献
体系	形貌	粉末粒度	前驱体溶液	工艺参数	测试条件	循环次数	容量 /(mAh/g)	
$LiMn_2O_4$	微球	5.01μm	$LiNO_3+Mn(NO_3)_2$	超声雾化,800℃,空气	2C	100	126	[21]
$LiCoPO_4$-C	复合粉体	87nm	$LiNO_3+H_3PO_4+Co(NO_3)_2+$乙炔黑	300℃,空气	0.1C	25	141	[22]
$LiCo_xMn_{1-x}PO_4$-C	纳米复合粉体	一次颗粒100nm	$LiNO_3+H_3PO_4+Co(NO_3)_2+Mn(NO_3)_2$	超声雾化,300℃,3% H_2/N_2	0.5C	100	123	[23]
$LiCo_{1/3}Mn_{1/3}Fe_{1/3}PO_4$-C	纳米复合粉体	一次颗粒107nm	$LiNO_3+H_3PO_4+Co(NO_3)_2+Mn(NO_3)_2+Fe(NO_3)_2+$乙炔黑	超声雾化,300℃,3% H_2/N_2	1C	50	138	[24]
LiV_3O_8	卵黄壳球	1~2μm	$LiNO_3+V_2O_5+HNO_3+$蔗糖	1000℃,N_2	1000	100	194	[25]
V_2O_5	致密微球	—	$V_2O_5+HNO_3$	1000℃,空气	0.5C	20	263	[26]
V_2O_5	卵黄壳球	一次颗粒120nm	$V_2O_5+HNO_3+$蔗糖	1000℃,N_2	1C	50	222	[27]
Li_2O-B_2O_3修饰$LiCoO_2$	粉末	—	$LiNO_3+Co(NO_3)_2+H_3BO_3$	火焰喷雾热解,丙烷,O_2	0.5C	50	109	[28]
Zr掺杂$LiCoO_2$	粉末	1.7μm	$LiNO_3+Co(NO_3)_2+ZrO(NO_3)_2$	超声雾化,400~800℃,空气	1C	50	108	[29]
$LiNi_{1/3}Co_{1/3}Mn_{1/3}O_2$	粉末	—	$LiNO_3+Ni(NO_3)_2+Mn(NO_3)_2+Co(NO_3)_2$	450℃,空气	1C	100	236	[30]
$Li_{1.167}Ni_{0.18}Co_{0.548}Mn_{0.105}O_2$-石墨烯	纳米复合粉体	—	$LiNO_3+Ni(NO_3)_2+Mn(NO_3)_2+Co(NO_3)_2+$氧化石墨烯	800℃,空气	1000	90	155	[31]

不同体系、不同形貌的锂离子电池正极材料，如层状锂过渡金属氧化物、尖晶石氧化物，以及硅酸盐和磷酸盐等。

其中，Choi 等人通过喷雾热解制备了一种 $LiNi_{0.5}Mn_{1.5}O_4$ 正极材料，如图 6-2 所示（见文后彩插）。该结构具有独特的卵黄壳形貌结构，由多孔的外壳和蛋黄状的内核组成，分布在外壳和内核上的开放孔隙可以为储存锂离子提供较大的界面和通道，同时还增强了电解质的渗透性，缩短了锂离子

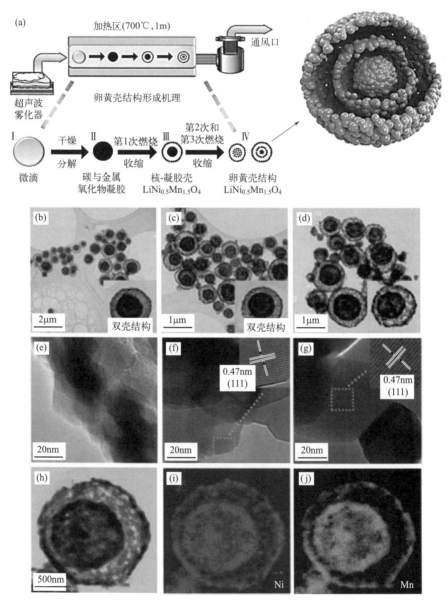

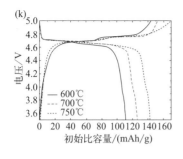
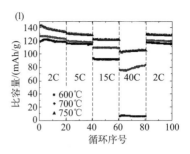

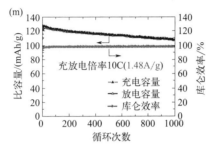

图 6-2　(a) 喷雾热解形成核壳结构 $LiNi_{0.5}Mn_{1.5}O_4$ 粉末的机理示意图；(b)~(j)
$LiNi_{0.5}Mn_{1.5}O_4$ 核壳粉末表征，其中 (b) ~ (g) 为透射电子显微镜图，(h)~(j)
为点映射图像，(b) (e) 后处理温度为 600℃，(c) (f) 后处理温度为 700℃，
(d) (g) 后处理温度为 750℃；(k)~(m) 在不同温度下后处理的 $LiNi_{0.5}Mn_{1.5}O_4$
核壳粉末的电化学性能，其中 (k) 在 2C 充放电倍率下的初始充放电曲线，
(l) 在不同充放电倍率下的性能，(m) 在 10C 恒定充放电倍率下的
循环性能和库仑效率

的扩散长度，从而有利于电极电化学性能的有效提升。该 $LiNi_{0.5}Mn_{1.5}O_4$ 粉末表现出优异的充放电性能和长期循环性能（1000 次循环后，10C 下 108mAh/g）[图 6-2(k)~(m)]。此外，采用喷雾热解技术制备的锂离子电池 $LiNi_{0.8}Co_{0.1}Mn_{0.1}O_2$ 正极材料，由于原子尺度的均匀混合以及多孔结构和富含 Ni^{3+} 的表面，其电极表现出优异的电化学性能，在 0.1C 时提供了 204mAh/g 的高放电容量，并在 1C 循环 100 次后表现出 95.6％的高容量保持率。

目前文献已经证明喷雾热解技术是进行元素掺杂改性正极材料的一种理想方法。例如，Taniguchi 课题组[32-36] 发表了一系列通过喷雾热解合成掺有 Ti、Fe、Al、Ni 和 Co 的 $LiMn_2O_4$ 阴极材料来改善材料电化学性能的研究报道。Ju 等人[37] 使用超声喷雾热解成功地合成了铝掺杂的富镍 $LiNi_{0.8}Co_{0.15}Al_{0.05}O_2$ 正极材料。

但是，喷雾热解工艺更容易得到空心或多孔纳米材料，导致粉体材料的松装密度相对较低，这些缺点可能导致其在制备高能量密度锂离子电池的实际应用中受到阻碍，因此需要通过加入各种添加剂或改善次级粒子的尺寸来提高松装密度。例如，通过在前驱体溶液中加入 N,N-二甲基甲酰胺作为干燥控制剂，可以获得实心的 $LiNi_{0.8}Co_{0.15}Al_{0.05}O_2$ 球体粉末，进而提高松装密度，这是因为干燥控制剂延长了干燥时间，为晶体的生长提供了足够的时间。还有，Zang G 等人[38] 使用喷雾热解制备了空心颗粒，然后将粉末进行球磨，并与相同成分的前驱体溶液混合，形成浆液。通过二次喷雾热解，材料的密度从 $0.50g/cm^3$ 增加到 $1.05g/cm^3$。这种方法在一定程度上提高了阴极材料的松装密度。Li Y 等人[39] 通过在喷雾热解的 $Ni_{0.8}Co_{0.1}Mn_{0.1}O_2$ 微球上沉积致密的 $Ni_{0.8}Co_{0.1}Mn_{0.1}(OH)_2$ 纳米片，得到了新颖的 $Ni_{0.8}Co_{0.1}Mn_{0.1}O_2$ @ $Ni_{0.8}Co_{0.1}Mn_{0.1}(OH)_2$ 层状结构，其中 $Ni_{0.8}Co_{0.1}Mn_{0.1}(OH)_2$ 层能够保护 $Ni_{0.8}Co_{0.1}Mn_{0.1}O_2$ 微球在烧结过程中不碎裂，并提高产品的振实密度（从 $1.57g/cm^3$ 提高到 $1.91g/cm^3$）。粒子的核心由许多纳米颗粒组装而成，其表面被大量的纳米薄片装饰，形成了约 0.8mm 厚的层。微球在高倍率 10C 下表现出 129mAh/g 的容量，在 1C 下 300 次循环后的放电容量为 169mAh/g，容量保持率仍能达到 90.5%。

（2）锂离子电池的负极

同样地，喷雾热解技术可以用来制备高容量锂离子电池负极材料，通过设计其纳米结构和导电复合材料来提升其电化学性能。例如，利用喷雾热解衍生的无模板方法，从含有硝酸铁和蔗糖的溶液中制备了具有两层或更多外壳的卵黄壳 Fe_2O_3 颗粒[40]。当用作锂离子电池的负极材料时，与致密的 Fe_2O_3 颗粒相比，卵黄壳 Fe_2O_3 颗粒表现出更优越的电化学性能。循环后，致密的 Fe_2O_3 颗粒在 Li^+ 插入/提取过程中被破碎成几块，而卵黄壳颗粒则保持初始结构。卵黄壳结构的空隙为锂离子插入/提取引起的巨大体积变化提供了缓冲空间，从而提高了结构的稳定性，得到了非常优异的电化学性能。

无定形碳、碳点（carbon dots）、石墨烯（graphene）和碳纳米管（carbon nanotubes，CNT）等碳材料由于其良好的导电性和有效的缓冲能力，被广泛认为是高容量负极材料的理想基体[41-43]。喷雾热解技术可以有效地合成具有可控形貌和均匀成分的复合电极材料。

Lee 等人[44] 利用喷雾热解从含有 Si 纳米颗粒、氢氧化钠（NaOH）和柠檬酸的水溶液中制备了 Si-SiO$_x$-C 复合材料，其中作为添加剂的 NaOH 蚀刻 Si 并产生了 [SiO$_4$]$^{4-}$，通过控制蚀刻时间制备了具有不同比例的 Si 和 SiO$_x$ 的复合材料。柠檬酸作为碳源在球形颗粒的表面分解成均匀的碳涂层（具体制备过程如图 6-3 所示）。在独特的复合结构中，Si 纳米颗粒被均匀地嵌入 SiO$_x$ 基体中，并有一个均匀的碳涂层，无定形的 SiO$_x$ 基体可以容纳电化学循环过程中硅体积的巨大变化，而均匀的碳涂层不但防止了颗粒的破裂和结块，并且增强了复合材料的电子传导性，使制备的样品表现出优异的电化学性能，初始库仑效率最高可达 80.2%，在 1C 倍率下循环 200 次后，容量为 1034mAh/g［图 6-3(e)］。

同样地，通过喷雾热解制备的含有石墨烯或 CNT 的复合材料也表现出优异的电化学性能。例如，可以从含有六水硝酸钴和氧化石墨烯纳米片（GO）的溶液中制备一种 CoO$_x$@RGO 复合材料，RGO 球体上紧密地装饰着空心氧化钴纳米颗粒。作为锂离子电池的阳极材料，该复合材料表现出优异的电化学性能，在电流密度为 2A/g 的情况下，经过 200 次循环可逆容量高达 1156mAh/g[45]。

通过喷雾热解还可以合成 SnO$_2$-CNT 中空微球[46]，SnO$_2$ 纳米球均匀地分散在碳纳米管（CNT）网络中［图 6-4(a) 所示］。多孔的中空结构可以缩短锂离子的扩散途径和适应体积膨胀，导电性强且柔韧的 CNT 网络改善了 SnO$_2$ 和集电器之间的电子传输，并缓冲了电极的体积变化。所制备的 SnO$_2$-CNT 复合材料是一种优秀的锂储存材料，具有高可逆容量（在电流密度为 4A/g 时约为 796mAh/g）、良好的循环性能（高达 1000 次）和优异的倍率能力（在 13A/g 时为 437mAh/g）［图 6-4(f) 和 (g)］。

表 6-2 总结了通过喷雾热解制备的纳米结构负极材料及其在锂离子电池中的性能，发现制备的大多数纳米结构都具有先进的结构特性，如减少锂离子扩散途径、扩大活性位点的暴露面积、提供有效的缓冲空间和改善的电子传导性等。这些特性都表明，喷雾热解技术作为一种简单、高效、连续、可扩展和低成本的制备方法，能够广泛应用于设计和构建锂离子电池的纳米结构电极材料，并为其赋予卓越的锂离子存储性能[47]。

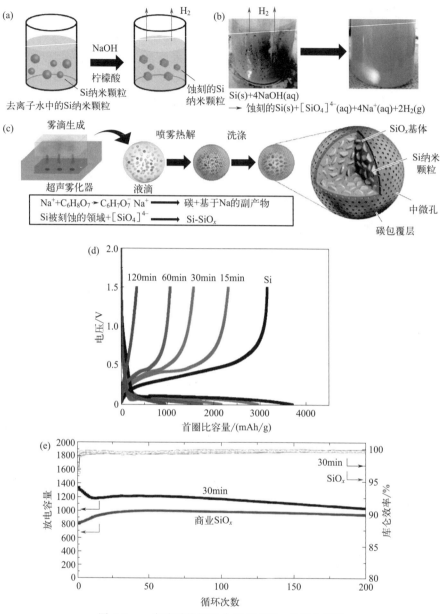

图 6-3　一步喷雾热解法合成 Si-SiO$_x$-C 复合材料

（a）前驱体溶液的制备示意图，首先将 Si 纳米颗粒分散在蒸馏水中，然后依次加入 NaOH
和柠檬酸；（b）反应前后的前驱体溶液照片；（c）通过喷雾热解法合成 Si-SiO$_x$-C 复合
材料的过程，以及不同关键步骤中的中间复合物；（d）（e）Si-SiO$_x$-C 复合材料的电
化学性能，图（d）中 Si-SiO$_x$-C 的首次放电曲线取决于 NaOH 蚀刻时间，图（e）
直接比较了 Si-SiO$_x$-C-NaOH 蚀刻-30min 与商业 SiO$_x$ 循环性能和库仑效率

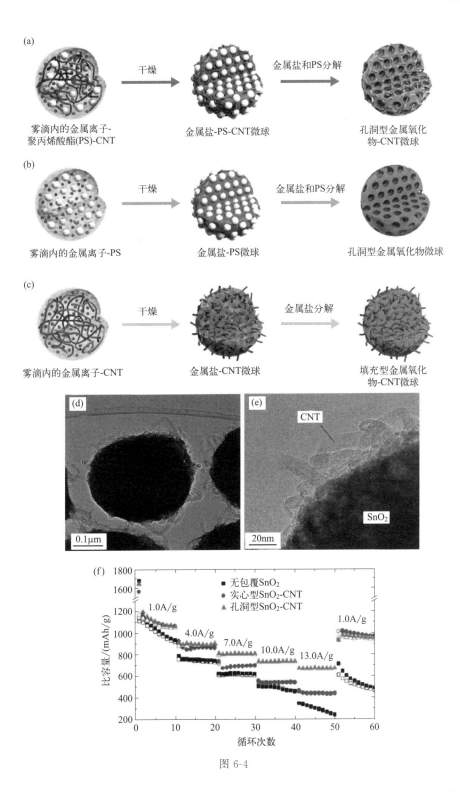

(a)

雾滴内的金属离子-
聚丙烯酸酯(PS)-CNT 　　干燥→　　 金属盐-PS-CNT微球 　　金属盐和PS分解→　　 孔洞型金属氧化物-CNT微球

(b)

雾滴内的金属离子-PS 　　干燥→　　 金属盐-PS微球 　　金属盐和PS分解→　　 孔洞型金属氧化物微球

(c)

雾滴内的金属离子-CNT 　　干燥→　　 金属盐-CNT微球 　　金属盐分解→　　 填充型金属氧化物-CNT微球

(d) 0.1μm

(e) CNT　SnO$_2$ 20nm

(f)

- ■ 无包覆SnO$_2$
- ● 实心型SnO$_2$-CNT
- ▲ 孔洞型SnO$_2$-CNT

1.0A/g 4.0A/g 7.0A/g 10.0A/g 13.0A/g 1.0A/g

纵轴：比容量/(mAh/g)
横轴：循环次数

图 6-4

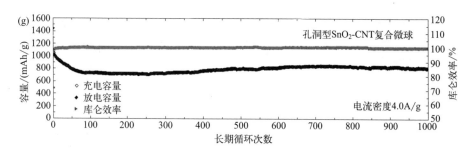

图 6-4 （a）～（c）一步喷雾热解法形成微球的原理示意图，其中（a）孔洞型 SnO_2-CNT
复合微球，（b）表面光滑且具有均匀分布的孔洞型无包覆的 SnO_2 微球，以及（c）
填充型 SnO_2-CNT 复合微球；（d）（e）填充型 SnO_2-CNT 复合微球的透射电子
显微镜图像；（f）所有样品在不同电流密度下的倍率性能；（g）孔洞型 SnO_2-
CNT 复合微球的长期循环性能

　　总的来说，纳米技术是提高锂离子电池性能的重要途径。相比块状材料，纳米结构的材料表现出更高的活性、更快的质量/电荷传输和更好的操作稳定性。然而，很多制备方法，例如水热法、模板法和气相沉积法只适用于实验室规模的制备。这些方法需要严格的合成条件、烦琐的操作程序和漫长的反应时间，限制了它们在实际大规模生产中的应用。相比之下，喷雾热解是一种简便和连续的气溶胶热处理技术，需要的仪器相对简单，并且可以很容易地扩大规模。然而，与使用喷雾热解制备的材料相比，商业电极材料，例如石墨、$LiFePO_4$、$LiCoO_2$ 和 $LiNi_{1-x-y}Co_xMn_yO_2$ 仍然具有巨大的成本优势。因此，开发更高效、更先进的雾化装置和降低能耗是喷雾热解必须解决的工程问题。

6.1.2　钠离子电池

　　钠离子电池（SIB）是一种有望替代锂离子电池（LIB）的可充电电池，因为钠的自然丰度高且成本低。然而，钠的大离子半径（Na^+ 为 0.102nm，Li^+ 为 0.076nm）和相对较高的摩尔质量（Na 为 22.99g/mol，Li 为 6.94g/mol）是钠离子电池存在的挑战，还有缓慢的离子扩散动力学、高结构应力和在主晶格中难以协调等问题。例如，由于钠离子的体积较大，无法有效插入传统的锂离子电池阳极材料如石墨中，因此，钠离子电池需要更坚固的结构来应对电化学循环过程中的体积变化。

表 6-2　通过喷雾热解制备的纳米结构负极材料及其在锂离子电池中的性能

负极材料		前驱体溶液成分	形态特征		电化学性能			文献
体系	形貌		平均粒径/μm	比表面积/(m²/g)	电流密度/(mA/g)	循环次数	容量/(mAh/g)	
SnO_2	空心纳米板	$SnC_2O_4+H_2SeO_3+PVP$	0.2	41.5	5000	600	500	[48]
Co_3O_4	空心纳米粉	$Co(NO_3)_2+NaCl$	1.0	33.7	1000	150	775	[49]
$NiCo_2O_4$	中空球	$Ni(CH_3COO)_2+Co(CH_3COO)_2$	1.0	50.9	100	50	801	[50]
NiO	卵黄壳微球	$Ni(NO_3)_2+$蔗糖	0.4	8	700	150	951	[51]
Co_3O_4	卵黄壳微球	$Co(NO_3)_2+$蔗糖	1.0	4	10000	100	548	[52]
SnO_2	卵黄壳微球	SnC_2O_4+蔗糖	1.0	13	625	40	678	[53]
C/Fe_3O_4	微球	$Fe(NO_3)_3+NH_4NO_3+$蔗糖	0.6	328	560	200	400	[54]
$NiCo_2O_4$	卵黄壳球	$Ni(NO_3)_2+Mn(NO_3)_2+PVP$	0.6	7.9	400	100	1064	[55]
$ZnO\text{-}Mn_3O_4$	卵黄壳球	$Zn(NO_3)_2+Mn(NO_3)_2+$蔗糖	1.2	22	700	100	912	[56]
$Sn\text{-}C$	空壳微球	$SnC_2O_4+Ni(NO_3)_2+PVP$	0.8	448	1000	500	691	[57]
$Sn\text{-}MnO\text{-}Mn_2SnO_4$	空壳微球	$SnC_2O_4+Mn(NO_3)_2+PVP$	1.0	48	1000	100	784	[58]
SnO_xC	核壳球	SnC_2O_4+PVP	0.77	3	2000	500	1033	[59]
$NiO\text{-}TiO_2$	核壳球	$Ni(NO_3)_2+C_{12}H_{28}O_4Ti+$乙醇	0.034	24.6	300	80	970	[60]
$Zn_2SnO_4\text{-}C$	核壳球	$SnC_2O_4+Ni(NO_3)_2+PVP$	2.0	36	1000	120	770	[61]
Co_3O_4	致密微米球	$CoCl_2$	2.0	7.8	200	100	1011	[62]
$Co_3O_4\text{-}C$	多室球	$Co(NO_3)_2+(C_6H_{10}O_5)_4$	1.5	17	3000	150	1243	[63]

续表

负极材料		前驱体溶液成分	形态特征		电化学性能			文献
体系	形貌		平均粒径/μm	比表面积/(m²/g)	电流密度/(mA/g)	循环次数	容量/(mAh/g)	
C/Fe$_3$O$_4$	多孔微球	蔗糖+硝酸铁+硝酸钠	0.47~1.11	704	780	30	520	[64]
Ni$_7$S$_6$-Ni$_3$S$_6$-C	微球	Ni(NO$_3$)$_2$+硫脲+蔗糖	0.6	2.8	1000	500	472	[65]
Mn-N-rGO	纳米棒	KMnO$_4$+N掺杂石墨烯+尿素	长0.89; 直径60nm	62.94	1400	100	660	[66]
Fe$_3$O$_4$	石墨烯微球	FeCl$_3$+氧化石墨烯	0.8	130	7000	1000	690	[67]
Sn@SiOC	核壳结构纳米复合粉体	Sn(CH$_3$CO$_2$)$_2$+Ph$_2$Si(OH)$_2$+乙醇	0.05	42.8	895	200	708	[68]
SnO$_x$-C-rGO	纳米颗粒	SnC$_2$O$_4$+氧化石墨烯+蔗糖	0.5	103	1000	175	844	[69]
ZnS-rGO	纳米颗粒	ZnCl$_2$+硫脲+氧化石墨烯	0.6	46	4000	700	437	[70]
Co$_2$(OH)$_3$Cl-rGO	颗粒	CoCl$_2$+氧化石墨烯	1.5	1.7	5000	600	833	[71]
NiO-MnCo$_2$O$_4$	微球	NiCl$_2$+CoCl$_2$+MnCl$_2$	1.0	10.2	800	300	687	[72]
Li$_4$Ti$_5$O$_{12}$	粉末	LiNiO$_3$+TTIP+乙二醇	1.4	2.3	170	80	170	[73]
Li$_2$TiO$_3$-LiCrO$_2$	粉末	LiNiO$_3$+TTIP+Cr(NiO$_3$)$_3$+HNO$_3$+CoCl$_2$	0.92	—	15	30	195	[74]
Co$_2$(OH)$_3$Cl	粉末	CoCl$_2$	1.5	6	5000	1000	609	[75]
SnO$_2$-CuO	纳米棒	SnSO$_4$+Cu(NO$_3$)$_2$+柠檬酸	0.02	—	3000	50	394	[76]

（1）钠离子电池的正极

与锂离子电池正极材料相比，目前对于使用喷雾热解制备钠离子正极材料的研究相对较少，原因是难以开发出适合大尺寸钠离子插层/脱层的阴极材料。尽管如此，已经有一些研究人员探索了一些钠离子电池正极材料，如 $Na_{2/3}Ni_{1/3}Mn_{2/3}O_2$、$Na_{2/3}Fe_{1/3}Mn_{2/3}O_2$、$Na_{0.44}MnO_2$、$Na_2FePO_4F$ 和 $Na_3V_2(PO_4)_3$，其中减小颗粒尺寸和碳包覆是提高倍率性能和循环稳定性的有效策略。

Langrock A 等人[77] 使用一锅式超声波喷雾热解，从由硝酸钠、氟化钠、硝酸铁、磷酸和蔗糖组成的前驱体溶液中制备了碳包覆的多孔空心 Na_2FePO_4F/C 微球［微观结构如图 6-5（a）～（e）所示］。当被用作钠离子电池的正极材料时［图 6-5（f）和（g）］，Na_2FePO_4F/C 复合微球表现出高的可逆容量（0.1C 时约 89mAh/g），良好的循环性能（750 次循环后可逆容量为 60mAh/g），以及卓越的倍率能力（9C 时 30mAh/g）。

采用上述类似的方案，以柠檬酸为碳源，以一定化学计量的 NH_4VO_3、$NH_4H_2PO_4$ 和 Na_2CO_3 为起始材料，制备了碳包覆的空心 $Na_3V_2(PO_4)_3/C$ 复合材料[78]。与传统溶胶凝胶法制备的相同成分的 $Na_3V_2(PO_4)_3/C$ 复合材料相比，碳包覆的空心 $Na_3V_2(PO_4)_3/C$ 复合材料表现出了更高的初始放

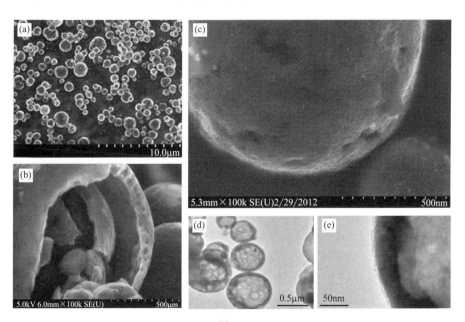

图 6-5

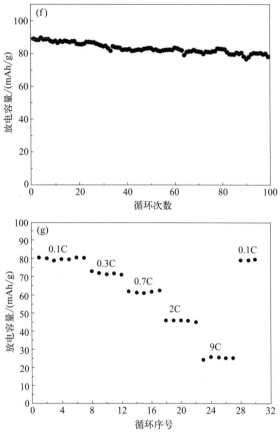

图 6-5　通过喷雾热解制备的多孔空心 Na_2FePO_4F/C 微球

(a)~(e) SEM 和 TEM 图像；(f) 0.1C 倍率下的放电容量和电荷
容量保持性能；(g) 不同倍率下的放电容量

电容量和更好的循环性能，此外原位碳包覆层可以有效地改善电子导电性和反应动力学。原位包覆材料的优异电化学性能归因于其多孔中空结构，它可以促进电解质对中空微球的渗透，使电化学反应可以在颗粒内部和表面同时进行。

通过喷雾热解还成功地合成出了具有理论容量高的层状钠过渡金属氧化物（如 $Na_{2/3}Ni_{1/3}Mn_{2/3}O_2$ 和 $Na_{2/3}Fe_{1/3}Mn_{2/3}O_2$）。例如，Lee S Y 等人[79]通过喷雾热解从 $NaNO_3$、$Ni(NO_3)_2$ 和 $Mn(NO_3)_2$ 的溶液中成功制备了 P2 型 $Na_{2/3}Ni_{1/3}Mn_{2/3}O_2$ 纳米板。前驱体颗粒的球形形状 [图 6-6(a) 和 (b)] 在退火后完全消失，当后处理温度高于 700℃时，它们转化为规则的板块 [图 6-6(c) 和 (d)]，这种形态变化主要是因为后处理过程中物相从斜方体结构向六方体结构相变引起的。在 900℃ 下制备的 P2-$Na_{2/3}Ni_{1/3}Mn_{2/3}O_2$ 纳米板

［图 6-6(e)］表现出了优异的电化学性能，在 0.1C 下循环 200 次后，其放电容量为 80mAh/g ［图 6-6(g)］，在 1C 下即使循环 40 次后也有 80mAh/g 的高可逆容量 ［图 6-6(h)］。P2-Na$_{2/3}$Ni$_{1/3}$Mn$_{2/3}$O$_2$ 纳米板正极的规则形态、成分均匀性和快速的 Na$^+$ 移动性促成了其出色的 Na 离子储存性能。

Chang Y 等人[80] 采用超声喷雾热解-固相烧结法制备了 P2 型 Na$_{2/3}$Fe$_{1/2}$Mn$_{1/2}$O$_2$ 材料。在空气中暴露一段时间后，材料中的一小部分钠离子自发地从晶格中扩散到表面，与表面二氧化碳和水分发生反应，在颗粒

图 6-6

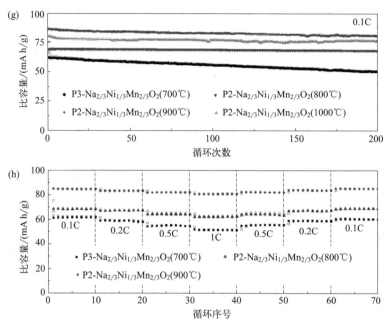

图 6-6 （a）（b）在 800℃下通过喷雾热解工艺制备的 P3-$Na_{2/3}Ni_{1/3}Mn_{2/3}O_2$ 粉末的 SEM 图像；（c）～（f）在不同温度下进行后处理的粉末的 SEM 图像，分别为（c）700℃，（d）800℃，（e）900℃ 和（f）1000℃；（g）P2-$Na_{2/3}Ni_{1/3}Mn_{2/3}O_2$ 阴极材料的循环性能和（h）倍率性能（见文后彩插）

表面产生 Na_2CO_3 和 $Na_2CO_3 \cdot H_2O$。采用 Al_2O_3 涂层改性 $Na_{2/3}Fe_{1/2}Mn_{1/2}O_2$ 的表面，可以优化 $Na_{2/3}Fe_{1/2}Mn_{1/2}O_2$ 对空气的不稳定性，循环稳定性增强和残余钠离子浓度降低证实了 Al_2O_3 涂层具有保护作用，抑制 $Na_{2/3}Fe_{1/2}Mn_{1/2}O_2$ 与空气接触时的不良反应，这种方法同样适用于其他空气敏感材料。

Luo C 等人[81]合成了镍和/或铁掺杂的 $Na_{0.67}MnO_2$，以抑制颗粒粉碎和歧化反应，在 $Na_{0.67}MnO_2$ 中用镍取代 33% 的锰离子，可以有效地减少锰离子的粉碎和歧化反应，从而改善循环稳定性，但代价是容量降低。为了开发高容量、长循环寿命的正极材料，在 $Na_{0.67}Ni_{0.33}Mn_{0.67}O_2$ 中进一步用 Fe 部分取代 Ni，生成 $Na_{0.67}Fe_{0.20}Ni_{0.15}Mn_{0.65}O_2$，900 次循环后仍保持 70% 的初始容量，相当于每次循环的容量衰减率很低，为 0.033%。此外，为进一步降低锰离子的溶解及适应体积变化，在 $Na_{0.67}MnO_2$ 电极上以原子层沉积（ALD）沉积 5nm 的氧化铝薄层，进一步增强了 $Na_{0.67}MnO_2$ 电极的循环稳定性。

喷雾热解技术由于其突出的结构设计能力和出色的原材料适应性，成为制备具有规则形态和复杂成分的 Na 离子电池电极材料的一种有前途的合成技术（如表 6-3 所示）。尽管喷雾热解在锂离子电池领域已广泛应用，但在研发钠离子电池的先进电极材料方面，这一技术仍处于起步阶段。总之，对于新兴的储能设备，如钠离子电池、钾离子电池、锌离子电池、镁离子电池、铝离子电池等，喷雾热解技术的多功能性和潜力使其未来有着广阔的应用前景。

表 6-3　通过喷雾热解制备的纳米结构的正极材料及其在 SIB 中的性能

正极材料		合成条件	电化学性能				文献
体系	形貌	前驱体溶液组成	工艺参数	测试条件	循环次数	容量/(mAh/g)	
$NaNi_{0.5}Mn_{0.5}O_2$	实心多孔球	六水氯化镍（Ⅱ）+氯化锰（Ⅱ）+Na_2CO_3（质量分数 5%,过量）	900~1000℃,空气	0.2C	100	107.6	[82]
$Na_{0.67}Mn_{0.67}Cu_{0.33}O_2$	空心球	CH_3COONa+$Mn(CH_3COO)\cdot 4H_2O$+$Cu(NO_3)_2\cdot 3H_2O$	800℃,空气	0.1C	200	89.7	[83]
$Na_3V_2(PO_4)_3$-C	中空微米球	NH_4VO_3+$NH_4H_2PO_4$+Na_2CO_3+柠檬酸	600℃,Ar	20C	300	89	[84]
$Na_{0.44}MnO_2$	纳米棒	$NaNO_3$+$Mn(NO_3)_2$	575℃	0.33C	30	110	[85]
$Na_{2/3}Fe_{1/3}Mn_{2/3}O_2$	球	$NaNO_3$+$Fe(NO_3)_3$+$Mn(NO_3)_2$	600℃,空气	0.1C	20	135	[86]
氧化石墨烯/环戊二烯二钠盐	复合材料	石墨烯氧化物+环戊二烯二钠盐	200℃,N_2	20C	100	150	[87]

（2）钠离子电池的负极

喷雾热解工艺可以用来制备钠离子电池的负极材料，如 MoS_2 和石墨烯等层状材料，这些材料由于其优越的热、机械和电气性能，被认为是潜在的可充电电池的负极材料[88-90]。

有研究人员[91]报道过一种新型的三维 MoS_2-石墨烯纳米复合材料作为钠离子电池的负极材料，通过喷雾热解从含有氧化石墨烯（GO）和四硫代钼酸铵 $[(NH_4)_2MoS_4]$ 的前驱体溶液中合成包覆有 MoS_2 的三维石墨烯微球纳米结构 [图 6-7(a)]，这些复合材料具有均匀的球体形态，平均直径为

700nm，MoS_2 层包覆在石墨烯骨架上［图 6-7（b）］。石墨烯骨架和 MoS_2 涂层的厚度可以通过修改 GO 和四硫代钼酸铵的含量来进行灵活调控。当作为 SIB 的阳极材料应用时，这种三维 MoS_2-石墨烯纳米复合材料表现出优异的

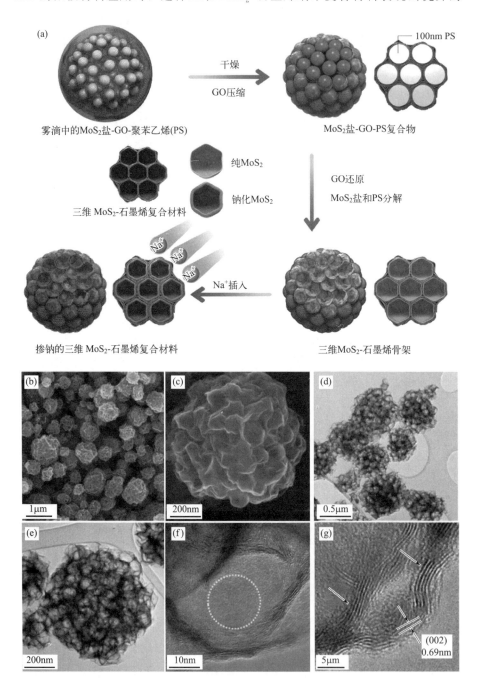

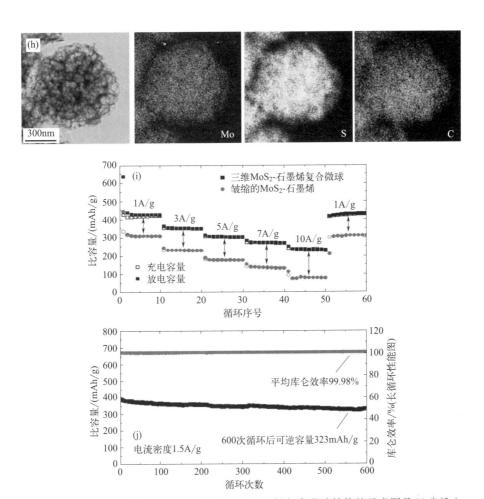

图 6-7　（a）一锅式喷雾热解制备三维 MoS₂-石墨烯复合微球结构的示意图及 Na⁺ 插入
过程描述；（b）～（h）三维 MoS₂-石墨烯复合微球的 SEM 和 TEM 图像，其中（b）（c）
三维 MoS₂-石墨烯复合微球的有限元扫描电镜图像，（d）～（g）透射电镜图像，（h）Mo、
S 及 C 组分元素映射图像；（i）（j）三维 MoS₂ 石墨烯复合材料和皱缩的 MoS₂-石墨烯
复合材料微球的电化学性能，其中（i）不同电流密度下的倍率性能，范围从 1～
10A/g，（j）三维 MoS₂-石墨烯复合材料微球在电流密度为 1.5A/g 时的
长期循环性能和库仑效率

电化学性能，在 10A/g 的高电流密度下，可逆容量为 234mAh/g［图 6-7
(i)］。在长循环性能方面，该复合电极在电流密度为 1.5A/g 的情况下，经
过 600 次循环后保持了 323mAh/g 的容量［图 6-7(j)］。这种 MoS₂-石墨烯
纳米复合材料优异的钠离子储存能力归功于其巧妙的结构，即减少 MoS₂ 涂

层的堆叠和三维的多孔石墨烯纳米球结构，减少的 MoS_2 堆叠降低了 Na^+ 插入的障碍，而多孔石墨烯的纳米球为电极的体积膨胀提供了巨大的缓冲空间。此外，大量开放的孔隙在反复循环过程中为 Na^+ 的转移提供了快速通道。

此外，过渡金属纳米氧化物基复合材料因其较高的理论容量而被用来作为钠离子电池的负极材料[92,93]。其中，Fe_2O_3 由于其丰富的资源、低成本和无毒的性质而被认为是最有前途的材料之一。Chen 等人[94] 通过一锅式喷雾热解技术合成了三维多孔 γ-Fe_2O_3@C 纳米复合材料，将 Fe_2O_3 纳米颗粒均匀地封装在多孔碳微球中。γ-Fe_2O_3 纳米颗粒的大小和碳基体的含量通过调整喷雾溶液中前驱体成分的浓度来控制。γ-Fe_2O_3@C(Fe_2O_3 纳米颗粒的平均尺寸为 5nm) 表现出很好的性能，在 8A/g 时提供了 317mAh/g 的高放电容量，并在 2A/g 的 1400 次循环后仍然保持 78% 的容量（358mAh/g）。这种复合材料具有优异的倍率性能和长期循环性能是因为：第一，被纳米化的 Fe_2O_3 纳米颗粒可以在很大程度上减轻重复循环过程中的绝对应力/应变；第二，灵活的碳基质可以有效地容纳纳米颗粒的体积变化；第三，三维交错的纳米通道可以促进电解液和电极之间的质量转移，从而提高倍率能力。在 100 次循环后该电极材料仍然保持了其均匀嵌入的球形形态。

Savaram K 等人[95] 采用气溶胶喷雾-热解-磷化法合成了均匀的 Sn_4P_3@C 球。通过调节电解质，在创纪录的高初始 CE（>90%）和高循环 CE（约 99.9%）下实现了约 800mAh/g 的可逆容量，每个循环的容量衰减率极低，达到 0.09%，稳定的醚基电解质中的 Sn_4P_3@C 在已知报道的钠离子电池负极中表现出最高的累计循环容量。具体如图 6-8(见文后彩插) 所示。

In Wook Nah 等人[96] 为了抑制纳米二氧化钛颗粒的聚集，提高纳米二氧化钛的电化学性能，设计了还原石墨烯氧化物负载的锐钛矿型二氧化钛纳米结构的材料用于钠离子电池负极，所制备的 TiO_2-RGO 纳米复合材料具有较高的表面积、较大的孔隙和良好的结构稳定性，在 168mA/g 的电流密度下，初始放电容量为 506mAh/g，充电容量为 225mAh/g；第 500 次循环时，复合材料的放电容量仍保持在 148mAh/g，库仑效率达到 98% 以上，证明 TiO_2-RGO 复合材料有望成为钠离子电池负极材料。

Yun Chan Kang 等人[97] 采用喷雾热解法制备了前驱体 C-MoO_x 复合微球，并通过碲化工艺将前驱体转化为 C-$MoTe_2$ 复合微球。研究主要合成了 $MoTe_2$ 纳米晶均匀分布的 C/$MoTe_2$ 复合微球和核壳结构 C@$MoTe_2$ 复合微球（如图 6-9 所示，见文后彩插）。在 600℃ 温度下，所有的 $MoTe_2$ 纳

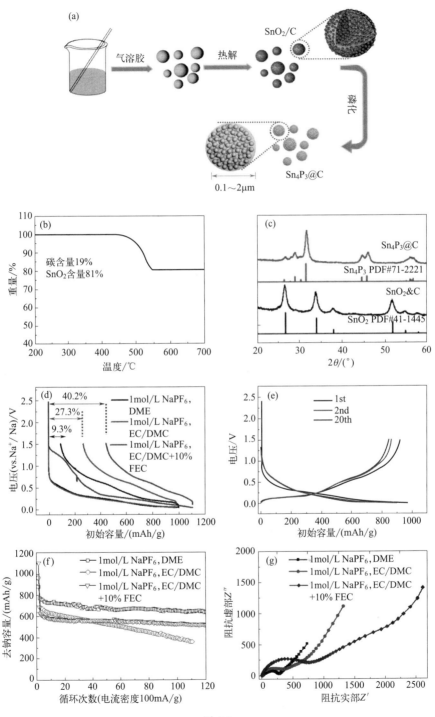

图 6-8

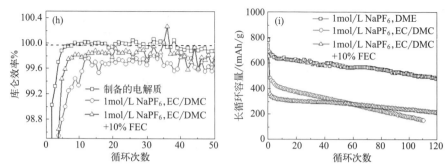

图 6-8 （a）Sn_4P_3@C 石榴的制备过程示意图；（b）通过气溶胶合成的 SnO_2/C 球体模板的 TGA 结果；（c）SnO_2@C 球体和 Sn_4P_3@C 石榴结构的 XRD 图谱；（d）使用三种不同的电解质，在电流密度为 50mA/g 时，复合材料的初始静电充电-放电电压曲线；（e）使用 1mol/L $NaPF_6$/DME 作为电解质，在 50mA/g 的电流密度下，石榴结构的 Sn_4P_3@C 复合材料的静电充电-放电电压曲线；（f）使用不同的电解质，石榴状结构的 Sn_4P_3@C 纳米球在 100mA/g 时的循环性能；（g）Sn_4P_3@C 复合材料在三种不同电解质中循环 10 次后的奈奎斯特图；（h）石榴状结构的 Sn_4P_3@C 复合材料在三种不同电解质中循环的库仑效率；（i）石榴状结构的 Sn_4P_3@C 复合材料在三种不同电解质中循环的长循环性能（考虑了库仑效率）

米晶体由于奥斯瓦尔德熟化过程而移动到微球表面，在 1.0A/g 的电流密度下，用于钠离子储存的 $C/MoTe_2$、$C@MoTe_2$ 和无包覆 $MoTe_2$（即不含碳质材料）粉末的初始放电容量分别为 328mAh/g、388mAh/g 和 341mAh/g。$C/MoTe_2$、$C@MoTe_2$ 和无包覆 $MoTe_2$ 粉末在第 200 个循环中的放电容量

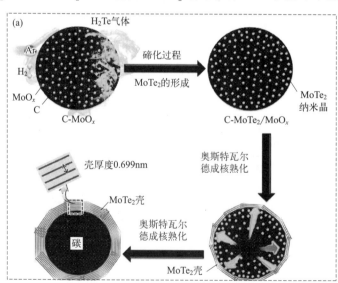

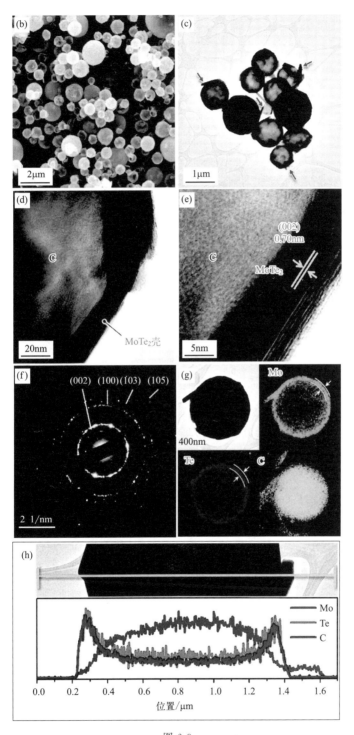

图 6-9

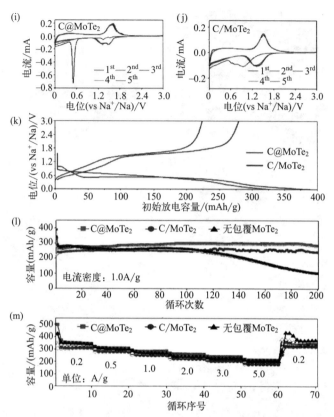

图 6-9　MoTe₂ 纳米晶体均匀分布的 C/MoTe₂ 复合微球和核壳结构 C@MoTe₂ 复合微球
（a）制备方案；（b）～（h）在 600℃下通过碲化反应制备的核壳结构 C@MoTe₂ 复合微
球的表征，其中（b）SEM 图像，（c）（d）TEM 图像，（e）HRTEM 图像，（f）SAED
图案，（g）元素映射图像，（h）线条剖面；（i）～（m）C@MoTe₂ 和 C/MoTe₂ 复合
微球的电化学性能，其中（i）（j）以 0.07mV/s 的速率扫描的 CV 曲线，（k）初始
放电容量曲线，（l）电流密度为 1.0A/g 时的循环性能，（m）倍率性能

分别为 241mAh/g、28mAh/g 和 104mAh/g，相应的容量保持率分别为
100％、99％和 37％，与 C/MoTe₂ 微球和无包覆 MoTe₂ 粉末相比，C@
MoTe₂ 微球的高结构稳定性和发育良好的二维 MoTe₂ 层提供了优越的钠离
子储存性能。

Jun Chen 等人[98] 报道了通过一步喷雾热解法合成的 MoS₂/C 微球在
作为钠离子电池负极时有着优异的电化学性能。他们采用无模板气溶胶喷雾
热解法制备了 MoS₂/C 微球，其中超薄 MoS₂ 纳米片（约 2nm）均匀包埋在
介孔碳微球中，中间层增大（约 0.64nm），合成的含碳量为 31％的介孔

MoS_2/C 微球作为钠离子电池的负极材料，具有长循环稳定性（1.0A/g 循环 2500 次后 390mAh/g）和高倍率能力（10.0A/g 时为 312mAh/g，20.0A/g 时为 244mAh/g）。其优异的电化学性能是由于超薄 MoS_2 纳米片在介孔碳框架中的均匀分布，这种结构不仅有效地改善了 MoS_2/C 微球的电子和离子输运性能，而且在反复加热和脱氧过程中可以减小 MoS_2 纳米片的粉化和聚集。表 6-4 总结了目前已经报道的一些通过喷雾热解制备的负极材料及其在钠离子电池中的性能对比。

6.1.3　锂-硫电池

为了满足更高的能量密度的要求，许多研究机构致力于开发新的化学成分，以替代锂离子插入/提取反应。因为具有高的理论容量（1675mAh/g），超高的能量密度（2600Wh/kg），以及原材料丰富、低成本和环境友好等优点，锂-硫电池成为最有潜力的电池之一[116,117]。但是，锂-硫电池也面临着循环寿命短的问题，主要由于硫的导电性差和多硫化锂的穿梭效应。碳基材料，如碳纳米管（CNT）[118]、石墨烯[119] 和无定形碳[120] 被认为是理想的硫宿主，它们不仅可以提高硫阴极的电子传导性，还可以吸收可溶性多硫化锂，从而延长电池的循环寿命（表 6-5 所示）。例如，将硫黄阴极封装在分层多孔碳（HPC）结构中已被证明是最有效的方法之一[121,122]。采用普通的湿化学方法很难大批量制备 HPC，但喷雾热解在这个问题上有显著优势。

Jung 等人[131] 通过一锅式喷雾热解从含有蔗糖和碳酸钠的前驱体水溶液中直接成功合成了梯度多孔碳微球，其中每个液滴通过热解炉的停留时间只有 5s。在这种独特的梯度多孔碳结构中，内部富含中孔和大孔，并被外部微孔所包围。由于尺寸效应，活性硫主要渗入到内部的中孔和大孔结构中，而外部的微孔仍然是空的［图 6-10(a)］。作为锂-硫电池的阴极材料时，含硫 46% 的梯度多孔碳-硫复合材料与没有包覆的硫负极相比表现出更高的初始放电容量［图 6-10(b)］和更高的容量保持率（100 次循环后为 90%）［图 6-10(c)］。在长期循环性能方面，梯度多孔碳-硫复合电极在 2.4C 时表现出 650mAh/g 的高可逆容量，相应的容量保持率在 500 次循环后为 77%［图 6-10(d)］。梯度多孔碳-硫的这种优异的电化学性能来源于其分层的多孔结构，均匀分布在外壳上的微孔可以抑制可溶性长链多硫化锂的穿梭效应，微孔的功能机制被总结为以下几点：①对多硫化锂有很强的吸附作用；②由于脱溶作用而形成无溶剂环境；③产生不溶性的细小硫黄异构体。

表6-4 通过喷雾热解制备的负极材料及其在钠离子电池中的性能

| 负极材料 | | 合成条件 | | 电化学性能 | | | 参考文献 |
体系	形貌	前驱体溶液组成	合成条件	电流密度/(mA/g)	循环次数	容量/(mAh/g)	
Sn_4P_3-C	微球	$SnSO_4$+硫脲+H_2SO_4+NaH_2PO_2	600℃·Ar	100	120	700	[99]
SnSe	纳米片	SnC_2O_4+H_2SeO_3	900℃·10%H_2/Ar	300	50	558	[100]
FeS-rGO	皱缩球	$Fe(NO_3)_3$+氧化石墨烯+硫脲	600℃·Ar	500	50	547	[101]
$FeTe_2$-rGO	微球	$Fe(NO_3)_3$+氧化石墨烯+H_2Te	600℃·Ar	200	80	493	[102]
$CoSe_2$	空心微球	$Co(NO_3)_2$+Se	400℃·10%H_2/Ar	500	40	467	[103]
FeS_2-C	多孔微球	$Fe(NO_3)_3$+蔗糖+硫	700℃·Ar	60	100	450	[104]
SnS-C	微球	SnC_2O_4+CH_4N_2S+PVP	900℃·10%H_2/Ar	500	50	433	[105]
$CoSe_x$-rGO	纳米颗粒	$Co(NO_3)_2$+H_2SeO_3+氧化石墨烯	800℃·H_2/Ar	300	50	420	[106]
Sn-C	微球	$SnCl_2$+邻苯二酚+甲醛+乙醇	800℃·Ar	1000	500	415	[107]
Co_4S_3-C	纳米颗粒	$Co(NO_3)_2$+硫脲+PVP	900℃·10%H_2/Ar	500	50	404	[108]
CuO/C	多孔球	$Cu(NO_3)_2$+邻苯二酚+甲醛	800℃·Ar	200	600	402	[109]
SnO_2/rGO/Se	石榴状球体	$SnCl_3$+氧化石墨烯+SeO_2	800℃·空气	30	100	506.7	[110]
Sb-C	纳米复合粉体	$SbCl_3$+邻苯二酚+甲醛+乙醇	800℃·Ar	100	500	385	[111]
Sb-C	微球	$SbCl_3$+蔗糖	700℃·N_2	300	100	372	[112]
OFC@CoS_2/CoO@rGO	微球	氯乙酸钠+硝酸钴+氧化石墨烯凝胶+硫黄+二硫化碳+PVP	500~900℃·Ar	50	200	460	[113]
聚多巴胺衍生的N掺杂C包覆$MoSe_2$	珊瑚状多孔微球	$(NH_4)_6Mo_7O_{24}$·$4H_2O$+PVP	700℃·N_2	25000	200	82	[114]
$MoSe_2$-CNTs	多孔球	$(NH_4)_2MoO_4$+CNTs+聚苯乙烯+H_2Se	700℃·Ar	1000	250	296	[115]

表 6-5 通过喷雾热解制备的纳米结构负极材料及其在锂-硫电池中的性能

材料		电化学性能				文献
体系	形貌	硫含量/%	测试条件	循环次数	容量/(mAh/g)	
碳-石墨-S	颗粒	62	0.1C	200	480	[123]
碳-碳纳米管-S	微球	55.4	1.0C	300	535	[124]
3D P-NiSe₂@NGC /rGO-CNT	多孔球	74	0.5C	500	1383	[125]
碳-聚丙烯腈-S	微球	72	0.5C	100	576	[126]
碳化硅衍生多级多孔碳	纳米颗粒	82.7	1.0C	400	1229	[127]
碳-S	多孔球	59	0.1C	50	823	[128]
碳-S	多孔球	63.9	1.0C	100	904	[129]
碳-氧化铌-S	多孔球	60	0.5C	200	913	[130]

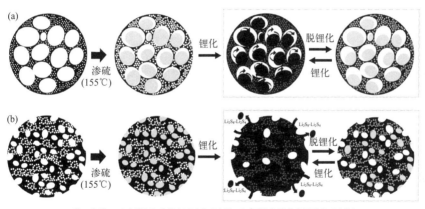

● S₈ ● S₂₋₄ ● 短链多硫化锂(Li₂S₄-Li₂S) ● 长链多硫化锂(Li₂S₈-Li₂S₄)

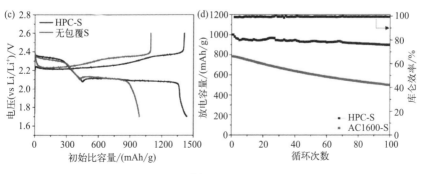

图 6-10

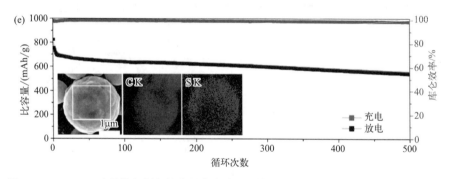

图 6-10 （a）（b）喷雾热解制备的分层多孔碳电极结构和电化学过程示意图，图（a）中，分层多孔碳颗粒具有外层微孔，包围着内部介孔和微孔，通过外层微孔作为屏障，抑制了可溶性长链多硫化锂在内部大孔和介孔中的溶解，图（b）中，传统活性炭（AC1600）以随机几何形状包含微孔和介孔，长链多硫化锂易在开放孔端溶解；（c）HPC-S 和没有包覆 S 电极在 0.06C 倍率下的首次放电/充电曲线；（d）HPC-S 和 AC1600-S 在 0.3C 倍率下的循环性能；（e）500 次循环后的 HPC-S 颗粒的 SEM 图像和相应的元素图谱（见文后彩插）

近年来，三维分层卵黄壳结构被认为是有前途的锂-硫电池电极材料结构，这不仅是由于它们有很大的表面积用于负载硫，而且还由于它们不同组成部分所具备的独特的物理化学特性[132,133]。异原子掺杂碳或金属纳米粒子可作为阻断多硫化锂穿梭过程并提高电池性能的理想宿主材料。Kang 等人[134] 利用喷雾热解制备了分层的卵黄壳复合微球，作为锂-硫电池的正极宿主材料。复合微球由一维（1D）竹节状的氮掺杂碳纳米管（CNT）和包裹的 Co 纳米颗粒（Co@BNCNT 卵黄壳微球）组成，通过两步法制备，包括通过喷雾热解生成 Co_3O_4@MgO 微球和 N 掺杂 CNT 的生长过程，形成 Co@BNCNT。当 Co@BNCNT 卵黄壳微球被用作锂-硫电池的正极材料时，Co@BNCNT 卵黄壳/S 的循环伏安曲线中的氧化峰有轻微的负移，这表明短链多硫化锂有向长链多硫化锂转化，由于长链多硫化锂可以提高电池的循环寿命和容量稳定性，表明硫的利用率得到了提高。在 2C 条件下，Co@BNCNT 卵黄壳/S 复合材料的放电容量为 752mAh/g。此外，在 1C 下 400 次循环后仍然具有 700mAh/g 的高可逆容量。Co@BNCNT 卵黄壳微球的系统化设计对锂-硫电池的应用有几个优点：首先，多孔的分层结构不仅为硫的装载提供了足够的空间，而且有利于电解液的渗透；其次，纳米级的金属 Co 和 N 掺杂的 CNT 对硫有很强的化学亲和力，有助于多硫化锂的捕获；

最后，导电的 CNT 网络提高了硫的利用率，促进了电子和离子的转移。

目前只有少数研究小组报道了喷雾热解在锂-硫电池电极材料制备中的应用。研究主要集中在利用喷雾热解的优势来制备多孔碳微球，并进一步制造具有高负载量硫的碳-硫复合材料作为锂-硫电池的阴极材料。

6.1.4 锌空气电池

锌空气电池是一种利用空气中的氧作为正极活性物质，以锌为负极，以碱性或中性溶液为电解质的原电池。

作为一种半蓄电池半燃料电池，具有以下优点：①电池能量密度高，每公斤发电量能够达到 0.3kWh，在电池重量相同的情况下，锌空气电池所提供的电量要比其他类型电池多得多；②环境友好，无污染，回收方便，再生成本较低：电池本身不含有害的反应剂，因此不会污染环境；③性能稳定。由于在电池外部直接与空气接触，所以锌空气电池的大电流放电和脉冲放电性能都相当好。

锌空气电池组具有良好的一致性，不存在充放电不均匀现象。该电池允许深度放电，工作电流范围很宽，且能在 $-20 \sim 80$℃ 的范围内正常工作。但也存在充放电效率低、寿命短、环境适应性差等缺点[135]。近年来，科学家们通过优化电极结构和催化剂组分，提高了锌空气电池的性能和稳定性。

Kuai 等人[136] 通过一种简单的气溶胶喷雾热解辅助方法合成了一种非贵金属的介孔 $LaMnO_{3+\delta}$ 过氧化物，具有显著的氧还原反应（ORR）活性。该介孔 $LaMnO_{3+\delta}$ 材料的活性（在 0.9V，vs RHE）比通过共沉淀法（LMO-CP）获得的 $LaMnO_3$ 高了 3.1 倍，表面丰富的 Mn^{4+} 的化学状态和高表面积是活性明显提高的来源。对锌空气电池装置的研究证实，在使用新型介孔 $LaMnO_{3+\delta}$ 催化剂的实际装置中，Pt/C 的性能相当，在 $200mA/cm^2$ 的功率密度仅比使用相同负载的 Pt/C 催化剂的电池低 2.1%。因此，Mn/La 的高质量活性和低成本可能使 $LaMnO_{3+\delta}$ 进一步接近电化学装置的应用。

6.2 燃料电池

燃料电池是解决当前环境和能源问题的最佳方案之一，它能够将燃料气体的化学能直接转化为电能，不需要进行燃烧反应，不产生碳排放[137]。燃料电池发电效率高，可达 $50\% \sim 60\%$，比传统的火力发电效率高；燃料电池对环境的污染程度更低；燃料电池因为内部构件少，在运行过程中不会产生较大的噪声，一般噪声为 $50 \sim 70\mathrm{dB}$[138]。在所有的燃料电池中，质子交换膜燃料电池（PEMFCs）是运输、便携式和固定式应用中最有前途的能源技术，这主要是因为它具有高功率密度、能源效率和合适的工作温度[139]。氧还原反应（ORR）是动力学上缓慢的阴极反应，与阳极氢氧化反应（HOR）相比，它是导致能源效率损失的主导因素[140]。因此，在开发高性能催化剂时，催化剂的合成策略起着重要作用，喷雾热解已被证明是一种有效且可行的技术。

Park 等人[141] 使用超声喷雾热解合成了皱缩的还原氧化石墨烯（rGO）负载的铂-铱催化剂，在管式炉中热处理 3h 皱缩的形态保持不变，Pt-Ir 合金纳米颗粒均匀地分布在整个 rGO 片上。对催化剂的 ORR 活性进行了电化学测量，结果表明，与商用 Pt/C 催化剂相比，Pt-Ir/rGO 复合催化剂具有更高的 ORR 质量活性和稳定性。这是因为皱缩的还原氧化石墨烯基体增强了复合材料的电子传导性，均匀的 rGO 载体提高了催化剂的耐久性，两者都有助于提高其电化学性能。

碳基支撑材料具有优良的化学稳定性、高电子传导性、高表面积和多孔性，并能有效地均匀分散贵金属催化剂纳米颗粒。在阴极，碳的氧化腐蚀会导致电池在长期运行中出现不可逆的性能下降。因此，在防止电催化剂的降解方面，金属氧化物作为支撑材料可能比碳材料更稳定。在以金属氧化物为支撑的贵金属电催化剂的合成中，喷雾热解也显示出许多优点。

Ota 等人[142] 合成了硫酸化氧化锆支持的铂（Pt/S-ZrO$_2$）复合材料作为 PEMFCs 的阴极电催化剂，铂纳米颗粒（5nm）高度分散在 S-ZrO$_2$ 表面。与 Pt/C 阴极相比，Pt/S-ZrO$_2$［Pt：53%（质量分数）］复合材料显示出足够的电子传导性，并表现出优异的电池性能。

固体氧化物燃料电池（SOFCs）是另一种燃料电池，由于其能量转换效率高、易于维护和运行成本低，已经逐渐成为能源供应不可或缺的一部分[143]。电极和电解质的制造已经证明喷雾热解工艺可以应用于燃料电池。这种新方法可以通过一个单一的沉积和热处理过程，有效地生产 SOFCs 的阴极和电解质薄膜，降低制造成本。

Lopez 等人[144] 通过简单而经济的喷雾热解技术制备了 La$_{0.6}$Sr$_{0.4}$Co$_{0.2}$Fe$_{0.8}$O$_{3-\delta}$-Ce$_{0.8}$Gd$_{0.2}$O$_{1.9}$（LSCF-CGO）复合阴极。CGO 涂层薄膜表现出良好

的稳定性和低阻抗性，无涂层阴极的电池在 650℃ 时产生的最大功率密度为 $0.56W/cm^2$。相比之下，在相同的操作条件下，CGO 涂层阴极的电池在 650℃ 时达到了更高的最大功率密度 $0.72W/cm^2$。这种燃料电池性能的提高可能归功于均匀的 CGO 涂层，它作为一个阻隔层，增强了阴极对来自接触材料中毒的抵抗力，并在使用碳氢化合物燃料时提高了阳极材料对碳沉积和硫中毒的抵抗性。

DomingoPérez-Coll 等人[145] 采用喷雾热解制备的 $SrFeO_{3-\delta}$ 和 $SrFe_{0.9}Mo_{0.1}O_{3-\delta}$ 电极材料在 700℃ 下的面积比电阻分别为 $0.2\Omega cm^2$ 和 $0.11\Omega cm^2$，并且具有较小的晶粒尺寸。喷雾热解电极（尤其是掺杂钼的相 $SrFe_{0.9}M_{0.1}O_{3-\delta}$）的响应更为稳定，在 700℃ 下 10 次加热/冷却循环和 100h 老化后，电极极化电阻稳定在 $0.1\Omega cm^2$ 以下。喷雾热解沉积的 $SrFe_{0.9}Mo_{0.1}O_{3-\delta}$ 由于其良好的结构稳定性和极具竞争力的电化学性能，被认为是一种有前途的 IT-SOFC 无钴阴极。

Rajendra Nath Basu 等人[146] 通过双流体喷雾热解合成了纳米晶单相 $La_{1-x}Sr_xCo_{1-y}Fe_yO_{3-\delta}$（$0 < x \leqslant 0.5$，$y = 0.2$，$0.8$）（LSCF）基阴极（晶粒尺寸 30~50nm），该阴极可用于固体氧化物燃料电池。研究发现，该阴极的颗粒尺寸在 100~200nm 范围之间，采用均分子催化剂对最高导电阴极（1500S/cm）的颗粒形貌进行了调整，在 500~800℃ 的氧还原反应中，喷雾热解合成的丝网印刷阴极的界面极化率较低（0.032~0.16Ωcm^2），交换电流密度最高（800℃ 为 $722mA/cm^2$）。采用优化的 LSCF 阴极，以氢气为燃料，空气为氧化剂，在 0.7V、800℃ 条件下，SOFC 纽扣电池获得了 $4.0A/cm^2$（0.7V，800℃）的增强电流密度。采用喷雾热解法合成的 LSCF 阴极具有相互连通的介孔结构，内部含有初级纳米颗粒，从而提升了电池性能。

dos Santos-Gómez L 等人[147] 使用喷雾热解沉积法一步制备了不同 CGO 含量的 $La_{0.6}Sr_{0.4}Co_{0.2}Fe_{0.8}O_{3-\delta}$-$Ce_{0.9}Gd_{0.1}O_{1.95}$（LSCF-CGO）纳米结构阴极。相比传统方法，该工艺简化了制备过程。CGO 的加入限制了 LSCF 的晶粒生长，在 800℃ 烧结后产生直径约为 30nm 的细小颗粒，即使在 1000℃ 下烧结，也能保持 50nm 的小颗粒尺寸。研究这些纳米复合电极在 NiO-CGO 阳极支撑电池中的性能发现，在 650℃ 时功率密度提高了 $0.9W/cm^2$，而传统的丝网印刷阴极的功率密度仅仅提高了 $0.56W/cm^2$。

Mukhopadhyay J 等人[148] 采用新型喷雾热解技术制备了锶镧锰氧化物（$La_{0.65}Sr_{0.3}MnO_3$）纳米晶，该纳米晶粒尺寸大小和形貌各异，可用于固体氧化物燃料电池阴极。制备过程中，从第一级 SP 炉中获得的预分解纳米粉末作为晶种加入随后的二级 SP 炉中，以便在反应器内原位生长（如图 6-11 所示）。通过探究纳米颗粒和微米颗粒（具有相互连通的空隙）作为阴极时与阴极功能层和电流收集层的适用性情况，利用交流阻抗谱对对称电池结构中的阴极极化行为和其相关速率的限制步骤进行了表征，发现阴极工艺条件的优化使界面极化电阻降低到约 $0.2\Omega cm^2$，从而使电池性能从 $2.0A/cm^2$ 提高到 $3.2A/cm^2$（0.7V，800℃）。

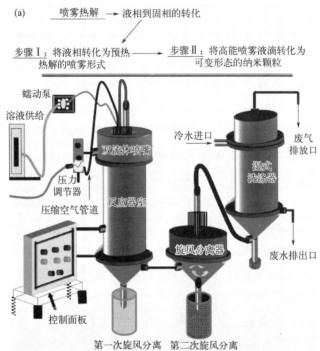

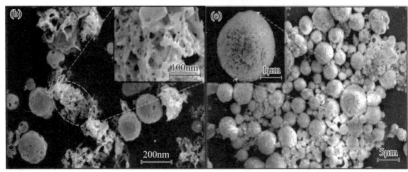

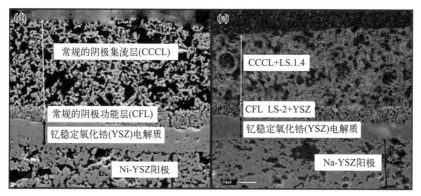

图 6-11　喷雾热解装置及典型的 FESEM 显微照片

(a) 喷雾热解装置示意图；(b) 用作阴极功能层（CFL）的 LS-2（通过 SP 合成 0.5mol/L
浓度的 LSM），插入图为用于 CFL 层的互连纳米颗粒；(c) 用作阴极集流层（CCCL）的
LS-1.4［通过种子剂播种产生的 LSM，1.0mol/L 浓度的 LSM 和 25% 的种子剂
（0.25mol/L 浓度）煅烧的颗粒］，插入图为热解过程中使用种子剂合成的微米级
多孔颗粒的放大图；单电池的横截面 SEM 显微照片：(d) 固体氧化物层 A 样品；
(e) 固体氧化物层 B 样品

　　还有一种新的电极制备方法是在多孔电解质支架上喷雾热解沉积金属硝
酸盐溶液[149]。负极材料采用 $La_{0.8}Sr_{0.2}MnO_{3-\delta}$ 和 $La_{0.6}Sr_{0.4}Co_{1-x}Fe_xO_{3-\delta}$
（$x=0$，0.2，0.8，1.0）等固体氧化物燃料电池常用材料，电极微观结构由
两层组成，内层是均匀涂覆负极纳米颗粒的多孔电解质支架，为氧还原提供
了更多的三相边界位点；而顶层则只有负极纳米颗粒，主要作为电流收集
器。在开路电压下，在 600℃ 和 450℃ 下分别实现了 $0.07\Omega\cdot cm^2$ 和 $1.0\Omega\cdot cm^2$
的低极化电阻值。与大部分传统的湿法制备电极的方法相比，该方法具有重
复性高、单一热沉积步骤时间短、易于工业化连续制备等优点。

　　Hsu 等人[150] 使用两种喷雾热解沉积方法，即静电喷雾沉积和气喷雾
沉积，分别合成了掺有钐的氧化铈（SDC）电解质和 NiO-SDC 阳极。通过
喷雾热解沉积的 SDC 电解质和 NiO-SDC 阳极表现出卓越的性能，在 550℃、
600℃ 和 650℃ 时，峰值功率密度值分别为 $0.23W/cm^2$、$0.39W/cm^2$ 和
$0.42W/cm^2$。

　　Hiroyuki Shimada 等人[151] 采用喷雾热解法合成了掺杂锶的 $LaMnO_3$
（LSM）和 Y_2O_3 稳定的 ZrO_2（YSZ）纳米复合粉末，LSM-YSZ 纳米复合
粒子由纳米尺寸的晶态和非晶态的 LSM 和 YSZ 颗粒组成，呈球形、粒径均
匀。利用这种纳米复合粒子作为阴极，通过控制微观结构，制备了高功率密

度的固体氧化物燃料电池（SOFC）。这种纳米复合粒子制备的阴极微观结构非常精细，所有 LSM 和 YSZ 晶粒（约 $100\sim200\text{nm}$）形成独立的网络结构并高度分散。该 LSM-YSZ 负极 SOFC 使用湿氢作为燃料，空气作为氧化剂，具有较高的功率密度。在 0.75V 电压下，功率密度为 1.29W/cm^2，在 800℃ 下达到 2.65W/cm^2 最大功率密度。同时，在高达 800℃ 的高温条件下，SOFC 能够稳定运行 250h，不发生降解。

Keerthi Senevirathne 等人[152] 利用超声喷雾热解法和微波辅助多元醇还原法分别制备了 Nb 掺杂 TiO_2/碳（$25\%Nb_{0.07}Ti_{0.93}O_2$/$75\%$碳）复合载体和 $Pt_{0.62}Pd_{0.38}$ 合金催化剂。为了考察氧化物/碳复合材料负载的 PtPd 合金催化剂在 PEM 燃料电池中的适用性，我们还对其氧还原活性进行了电化学测试。结果表明，这种催化剂的质量活性明显高于市售的 48%（质量分数）Pt/C 和自制的 20%（质量分数）$Pt_{62}Pd_{38}$/C 催化剂。

Ki-Tae Lee 等人[153] 采用超声喷雾热解技术在四温区炉中合成了具有 NiO 核和 $Ce_{0.9}Gd_{0.1}O_{1.95}$（GDC）壳的核壳结构 NiO@GDC 粉体。在高载气流量下，所合成的核壳结构 NiO@GDC 粉体呈葡萄干状，表面粗糙，这是由于气体快速耗尽和颗粒有序性不足造成的。与传统混合 Ni-GDC 阳极相比，核壳结构的 Ni@GDC 阳极的电化学性能具有显著提高。另外，超声喷雾热解合成的核壳结构 Ni@GDC 阳极，即使经过 500h 的运行，也没有表现出任何显著的性能下降，这是因为在核壳结构的 Ni@GDC 中，刚性的 GDC 陶瓷外壳可以抑制 Ni 的聚集。

Piotr Jasinski 等人[154] 研究了以喷雾热解法制备的钆掺杂二氧化铈（$Ce_{0.8}Gd_{0.2}O_{2-x}$，CGO）薄膜作为扩散阻挡层的固体氧化物燃料电池。CGO 薄膜在 $La_{0.6}Sr_{0.4}FeO_{3-\delta}$ 阴极和 YSZ 电解质之间沉积，可以减轻元素之间的有害互扩散。结果表明，800nm 厚的阻挡层可有效地阻止负面反应，400nm 厚的阻挡层就足以防止欧姆电阻的衰减。

S. Molin 等人[155] 对不同制备方法得到的 $Ce_{0.8}Gd_{0.2}O_{1.9}$（CGO）阻挡层进行了研究，其中采用低温喷雾热解工艺制备的 CGO 层薄而致密。CGO 阻挡层为 700nm 厚时可以得到其最佳性能，表现出低欧姆电阻和极化电阻。在电解模式下，约 700nm 厚阻挡层的电池表现出较高的电流密度；在 1.29V 的热中性电压下，在 750℃（$90\%H_2O+10\%H_2$），电流密度超过 1.7A/cm^2。因此喷雾热解制备的阻挡层是非常有前途的，获得的性能高于那些典型的粉末处理阻挡层。

David Marrero-Lopez 等人[156] 采用喷雾热解沉积制备了致密的 $Ce_{0.9}Gd_{0.1}O_{1.95}$（CGO）阻挡层和多孔 $La_{0.6}Sr_{0.4}Co_{0.2}Fe_{0.8}O_{3-\delta}$（LSCF）阴极，通过进一步降低制备温度，以及使电池组件之间的反应最小化，制备的样品比传统烧结法制备的样品具有更好的性能和耐久性。结果表明，采用低温制备和低于 650℃ 的工作温度可以避免 $Zr_{0.84}Y_{0.16}O_{1.92}$（YSZ）与 LSCF 之间的界面反应以及阴极表面 Sr 的富集。

6.3 太阳能电池

随着化石燃料的枯竭和日益严重的环境问题，当前人类社会迫切需要可再生能源[157]。在所有的可再生能源中，如风能、海浪能、生物能、地热能和核能，太阳能因其实际上取之不尽、用之不竭、安全性高、无污染而被认为是极其重要的能源[158,159]。

太阳能电池是一种将太阳能转化为电能的装置，也称为光伏电池。太阳能电池一般用于光伏电站、供电不方便的用电场所，例如：太阳能路灯、庭院照明、太阳能信号灯、室外气象监测、地质监测、水库水利监测、小型基站等[160]。它是一种半导体器件，通常由硅、锗和其他材料制成，其工作原理是通过光电效应将太阳能直接转换为电能。每个太阳能电池必须包含一个活性半导体层和几个缓冲层，以分离和选择性地转移电子-空穴对，所有的包装层都夹在两个电流收集器之间。当设备暴露在光线下时，活性层将吸收光子的能量并产生电子-空穴对，这些电子-空穴对被分离并从一个层迁移到另一个层，产生光伏电流。

根据不同的工作原理和材料，太阳能电池可以分为不同的种类，下文根据研究热点，重点介绍晶体硅太阳能电池、薄膜太阳能电池、染料敏化太阳能电池、过氧化物太阳能电池、有机太阳能电池等。

6.3.1 晶体硅太阳能电池

晶体硅太阳能电池是利用硅作为基体材料的一种太阳能电池，是一种将太阳能直接转换为电能的装置。晶体硅太阳能电池在制造过程中，通常会根据硅材料的晶体结构来分类，从而分为单晶硅太阳能电池和多晶硅太阳能电池。两种电池的结构如图 6-12 所示[161]。无论是单晶硅太阳能电池还是多晶硅太阳能电池，它们的工作原理都是基于硅材料的 pn 结结构和光伏效

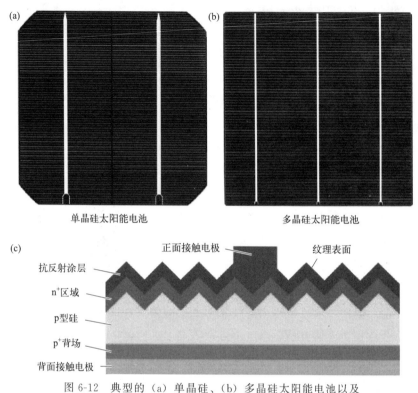

图 6-12　典型的（a）单晶硅、（b）多晶硅太阳能电池以及
（c）商用单晶硅太阳能电池的简化截面

应。通过光的吸收和电子空穴对的分离，在 pn 结中产生电势差，从而产生电流。硅太阳能电池主要由 p 型硅和 n 型硅构成。其中，p 型硅是在硅中掺杂一些三价元素（如铝或硼），使其形成带有空穴（缺少电子）的正电荷区域；n 型硅是在硅中掺杂一些五价元素（如磷或砷），使其形成带有额外电子的负电荷区域。这样在这些掺杂区域周围就形成了一个 pn 结。当太阳光照射到硅晶体太阳能电池上时，硅材料吸收光子，并将能量传递给材料中的电子。这些电子被激发到更高能级，并从 n 型区域向 p 型区域移动。但在pn结中，由于正负电荷分布的存在，在 pn 结周围形成电场，将会阻止电子继续向 p 型区域移动，因此，这些电子会被迫流回 n 型区域，并在回流过程中释放出能量。这个过程产生的能量被称为光生伏特电势差，可以驱动电子从电池的正极到负极流动，从而产生电流。硅晶体太阳能电池还包括正/背面接触电极、背面接触电极、纹理表面。正/背面接触电极通过接触电极将电流引入/引出。抗反射涂层则用于反射未被吸收的太阳光，使其回到硅晶

体太阳能电池中，从而提高电池效率。纹理表面是为了增加光的吸收，减少光的反射而在正面表面进行的纹理处理，处理形成微小的凹凸结构，以增加表面积，提高光吸收效率。

多晶硅太阳能电池的原理与单晶硅太阳能电池类似，只是在材料结构上有所不同。单晶硅太阳能电池的晶粒结构比较完整，能够提供较高的电子迁移率和较高的光电转换效率，其实验最高转换效率为 25%，实际使用转换效率约为 18%，使用寿命为 15～25 年，在大规模应用和工业生产中仍占据主导地位，但其成本较高。多晶硅电池是使用多晶硅材料制造的，多晶硅材料由许多晶粒组成，晶粒之间存在晶界，晶体结构相对比较杂乱。多晶硅电池的制造工艺相对简单。虽然多晶硅电池的电子迁移率和光电转换效率略低于单晶硅电池，但其性能仍然非常可靠和可接受，其实验最高转换效率为 20%，实际使用转换效率约为 15%。虽然使用寿命比单晶硅要低，但成本较低。因此，单晶硅电池通常适用于对效率要求较高的应用，如太阳能电站、大型光伏电站等；而多晶硅电池则适用于对成本敏感的应用，如家庭光伏发电系统、小型充电设备等。

晶体硅太阳能电池（CSSCs）是第一代太阳能电池，也是最常见的类型。由于晶体硅的吸收系数受到限制，这种电池采用相对较厚的硅薄膜（几百微米）制成。这些最初商业化的设备目前占太阳能电池市场的 90% 左右，并表现出最大功率高于 20% 的转换效率（PCE）[162]。

CSSCs 如此广泛地使用，一方面归功于硅制备技术的发展和大量自然丰富的原材料，另一方面还得益于其生态安全的特点。对于 CSSCs 而言，光伏研究的最重要问题是提高光电转换效率。然而，在 CSSCs 的封装玻璃表面，超过 10% 的光能会发生反射损失。为了改善这种情况，在玻璃表面制备一层抗反射涂层以提高穿透效果。氧化锌不仅在电磁波谱的可见光和近红外区域具有很高的光学透明度，而且还具有很高的光学折射率。因此，这些独特的性能使氧化锌薄膜成为用于抗反射涂层的重要半导体材料和太阳能电池的透明导电材料。

目前，人们已经做出了巨大努力，通过喷雾热解方法制备出高质量的氧化锌薄膜，以避免在 CSSCs 的封装玻璃表面损失大量的光能。

Kaur 等人[163] 通过超声喷雾热解技术在不同基底上［包括抛光的 Si（100）和无定形玻璃］沉积了氧化锌薄膜，并研究了其纳米结晶度和形态。与硅衬底上生长的薄膜相比，在玻璃上生长的氧化锌薄膜的晶粒尺寸较小，并且晶粒尺寸随着温度的升高而增加，在玻璃上沉积的氧化锌显示出六方柱状结构。通过喷雾热解制备的粉末具有优良的光学透射率，带隙（E_g）为 3.43eV。

一般来说，CSSCs 可以分为 p-n 结型单体 CSSCs 和异质结太阳能电池（HSCs）[164]。p-n 结型单体 CSSCs 已经取得了超过 20% 的高器件效率，但它们也具有制造工艺烦琐和制造成本高的缺点。由透明导电氧化物（TCO）层和单晶硅片组成的异质结太阳能电池（HSCs）具有几个潜在的优势，包括优异的蓝色响应、简单的制造步骤和适中的加工温度。

对于大规模生产，喷雾热解技术具有低成本、简单和低废物排放的优点，可以直接在硅基底上产生高质量的纯 TCO 层或掺杂 TCO 层。例如，Nakato 等人[165] 通过喷雾热解沉积技术制造了由氧化铟锡（ITO）/氧化硅组成的 HSCs，能量转换效率高达 15%。在沉积 ITO 层之前，他们首先在 450℃ 的氧气环境下氧化硅表面 5min，随后在 800℃ 的氮气环境下退火 5min，以获得超薄的氧化硅缓冲层。ITO 的沉积是通过喷雾热解的方法，在 450℃ 下使用含有氯化铟和氯化锡（重量比为 30:1）的溶液，并以 N_2 作为载气。所制备的 HSCs 展现出 540mV 的高开路光电压（V_{oc}）。这种异质结能够呈现出色的光电性能，主要归因于热离子辅助隧道电流的减少，而这又是由于氧化硅层中的阻隔高度增加所引起的。此外，界面状态的改变也有助于减轻重组电流密度，进而提高填充系数。

此外，晶体硅和透明导电氧化物（TCO）层之间的界面是异质结太阳能电池（HSCs）的一个关键部分。异质结太阳能电池（HSCs）可以通过多种不同技术制造，研究人员已经提出了各种模型来模拟界面的行为，并解释载流子在异质结上的传输特性。这些模型包括隧道电流[166]、热离子发射[167]、载流子注入[168] 和空间电荷重组[169] 等模型。

在制造出由铟掺杂氧化锡（ITO）/氧化硅组成的高效 HSCs 后，Nakato 小组[170] 进一步使用类似的喷雾热解方法制造了 ZnO/n-Si 结构 HSCs。通过优化沉积和后续热处理的参数，可以获得高短路光电流和光电压，从而获得了 8.5% 的高能量转换效率。此外，Barrado 等人[171] 通过 SPD 在 n 型和 p 型单晶硅表面上制备了 ZnO/n/p-Si 异质结，并对其的结构、组成和光电性能进行了系统的研究，发现 ZnO/Si 异质结抑制了高度势垒，这与 ZnO 和 Si 之间功函数的差异一致。

6.3.2 薄膜太阳能电池

自 20 世纪 80 年代被开发出来，第二代电池由于其成本效益而引起了广泛关注。薄膜太阳能电池由各种薄膜半导体材料制成，如非晶或多晶硅，以及多组分 A_3B_5（GaP、InP、GaAs）[172,173]、A_3B_6（CdTe）[174]、CIS（CuInS$_2$）[175]、CuSbS$_2$[176]、CIGS[Cu（In，Ga）（Se，S）$_2$][177]、CCTS（Cu$_2$CdSnS$_4$）[178] 和 CZTS[Cu$_2$ZnSn（S，Se）]$_4$）型半导体[179]。

薄膜太阳能电池（thin-film solar cells，TFSCs）是一种能够将太阳能转化为电能的光伏设备。与传统的硅基太阳能电池不同，TFSCs 采用了一种薄膜技术，将太阳能电池的厚度降低到了几微米至几十微米之间，这样可以降低生产成本并提高能量输出。TFSCs 通常使用的材料有硒化铜铟镓（CIGS）、硫化铜锌锡（CZTS）和有机太阳能电池材料。这些材料具有较高的吸收系数，可以在较薄的厚度下吸收大量的太阳能。与传统的硅基太阳能电池相比，TFSCs 具有以下优点：① 成本较低。由于采用薄膜技术，TFSCs 的材料使用量较少，生产成本较低。②生产过程简单。TFSCs 的制造过程比传统的硅基太阳能电池简单，可以采用印刷或喷涂等低成本制造工艺。③适用性广泛。TFSCs 可以在室温下制造，适用于多种表面和形状，可以应用于建筑、车辆和其他需要灵活解决方案的领域。④高效能。虽然TFSCs 的转换效率低于硅基太阳能电池，但是与其他许多可再生能源相比，其能量输出仍然非常高。然而，TFSCs 也存在一些缺点，例如稳定性较差、寿命较短等问题。但是，随着技术的进步和研究的不断深入，这些问题有望得到解决，这样 TFSCs 将成为太阳能发电领域的一种重要技术。总之，与传统硅基太阳能电池相比，TFSCs 的效率通常较低，但是由于其较低的成本和适应性更强的特点，已经成为太阳能电池技术中备受关注的一个重要分支。

最近，Sb$_2$Se$_3$ 光伏电池由于类似的关键特性有希望替代碲化镉成为无毒的候选材料。然而，Sb$_2$Se$_3$ 光伏电池仍然受到器件效率低、CdS 缓冲层的毒性和连续运行性能下降的影响，这些影响阻碍了它的潜在应用。图 6-13 所示为 Sb$_2$Se$_3$ 太阳能电池结构示意图和各功能能层的能级图。

Tang 等人在环境空气中用硝酸锌 [Zn（NO$_3$）$_2$] 水溶液制备了无毒、稳定的氧化锌薄膜作为 CdS 缓冲层的替代品[181]。首先通过喷雾热解沉积获得了厚度为 120nm、平均晶粒尺寸为 20nm 的无裂纹、无针孔的氧化锌薄

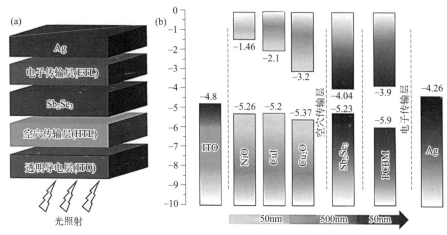

图 6-13　(a) Sb_2Se_3 太阳能电池结构示意图；(b) Sb_2Se_3

太阳能电池中各功能层的能级图[180]

膜，制备的薄膜具有平整的表面，表面粗糙度约为 4nm。在完成 ZnO 层后，通过快速热沉积方法制备顶部的 Sb_2Se_3 半导体层。在基底上生长的薄膜的取向在很大程度上由沉积温度决定，Sb_2Se_3 层在热沉积过程中与 ZnO 基底表现出强烈的相互作用特性，沉积的 ZnO 薄膜的取向可以诱导 Sb_2Se_3 以 [221] 的方向优先生长，证明 [221] Sb_2Se_3 层和 ZnO 薄膜基底之间有良好的黏附性。制得的 Sb_2Se_3 光伏电池表现出 5.93% 的器件效率。此外，这种未封装的太阳能电池即使在严格的热循环（40~85℃，60 个循环）、湿热（85℃，85% 湿度，1100h）、紫外线预处理（300~450nm 紫外线，62h）和光浸（50℃，1.3 个太阳，1100h）的测试后，也分别保持了 6.22%、5.74%、5.82% 和 5.79% 的高器件效率。优异的器件性能来源于良好的黏附性和 Sb_2Se_3 层与 ZnO 薄膜定向结合，这减少了界面缺陷，增强了光激发的稳定性。这种方法制备 Sb_2Se_3/ZnO 光伏电池的策略在转换效率高、稳定性强、成分丰富、制造成本低等方面有很多优势，突出了 Sb_2Se_3 作为碲化镉太阳能电池替代品的巨大潜力。

在所有商业化的光伏产品中，$Cu(In,Ga)(S,Se)_2$ 薄膜太阳能电池实现了超过 20% 的卓越的光电转换效率。目前光电转换效率最高的材料是在高真空条件下通过组元的共同蒸发制备的，其中喷雾热解沉积也被认为是可行的策略之一。

Wong 等人[182] 开发了一种直接喷雾热解沉积方法，用于空气环境中在钼（Mo）基片上制备 $CuIn(S,Se)_2$（CISSe）薄膜。前驱体 $CuInS_2$（CIS）薄膜最初是从含有 $CuCl_2$、$InCl_3$ 和 $SC(NH_2)_2$ 的水溶液中通过喷雾热解沉积制备的。在喷雾热解过程中逐渐加热，并在喷雾溶液中加入过量硫脲，可以有效避免氧化钼的产生（氧化钼通常难以获得均匀的吸收层，并会降低载流子传输效率）。CIS/Mo/玻璃的硒化在 $480\sim500℃$ 温度下充满硒蒸气的石英管中进行。用 CISSe 薄膜制成的光伏产品表现出 5.9％的器件效率。

A. V. Moholkar 等人[183] 通过喷雾热解沉积技术制备了 Cu_2CoSnS_4（CCTS）薄膜。得到的 CCTS 是具有锡石结构的多晶体，其中 Cu、Co、Sn 和 S 的价态为 Cu^+、Co^{2+}、Sn^{4+} 和 S^{2-}。随着基底温度的升高，薄膜的带隙值从 1.79eV 降至 1.42eV，薄膜与硫酸钠电解液的静态接触角测量结果显示薄膜具有亲水特性。以硫酸钠为电解质，铂为对电极，CCTS 薄膜作为工作电极，构建了光电化学太阳能电池。在 350℃ 的基底温度下沉积的 CCTS 薄膜的功率转换效率为 1.78％，开路电压为 350mV。图 6-14（a）为用于沉积 CCTS 薄膜的喷雾热解装置的示意图，前驱体溶液的雾化通过过滤的压缩空气实现。图 6-14（b）～（e）展示了在不同基底温度下沉积的 CCTS 薄膜的 FE-SEM 图像。在不同基底温度下沉积的 CCTS 薄膜形态随温度变化而不同。在 350℃ 沉积的薄膜反射最强烈，这归因于薄膜相对紧凑的形态。在不同的基底温度如 250℃、300℃、350℃ 和 400℃ 下沉积的 CCTS 薄膜的带隙值分别为 1.79eV、1.68eV、1.51eV 和 1.42eV［如图 6-14（f）所示］，颗粒大小和材料的带隙之间存在反比关系，因此材料的带隙随着颗粒大小的增加而减少。图 6-14（g）为基于 CCTS 的光电化学太阳能电池在光照下的电流密度-电压（J-V）特性。

Shigeru Ikeda 等人[184] 通过简单的喷雾热解方法制备了银（Ag）包覆的 Cu_2ZnSnS_4（CZTS）薄膜。不同数量的银以均匀的方式成功地加入 CZTS 晶格中，Ag/（Ag＋Cu）的比例约为 0.1，并且没有其他杂质化合物生成，加入 Ag 的薄膜比 CZTS 薄膜具有更大的晶粒。银含量相对较低的样品［Ag/（Ag＋Cu）约为 0.02］具有紧凑的形态，没有明显的空隙和针孔；然而 CZTS 薄膜中银含量的增加［Ag/（Ag＋Cu）约 0.10］导致了大量针孔的形成。与 CZTS 薄膜基体相比，基于 Ag/（Ag＋Cu）约 0.02 的薄膜太阳能电池获得了最好的光电转换效率。

Marius Franckevičius 等人[185] 报道了喷雾热解沉积工艺中，不同的 S/（S＋Se）比例对 CZTSSe 薄膜、太阳能电池器件结构和光伏特性的影响，发

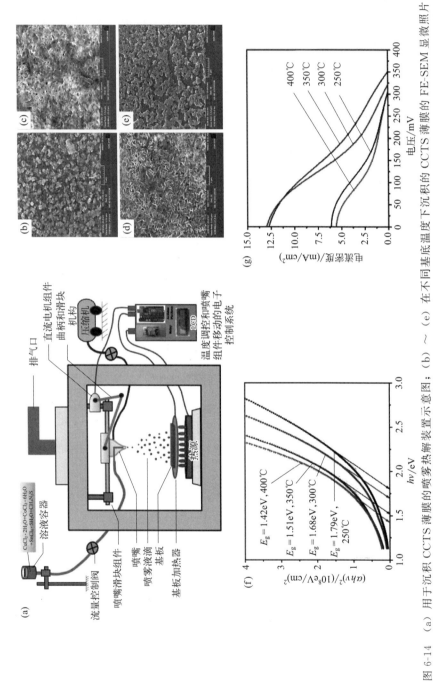

图 6-14 （a）用于沉积 CCTS 薄膜的喷雾热解装置示意图；（b）～（e）在不同基底温度下沉积的 CCTS 薄膜的 FE-SEM 显微照片，放大率为 25.0k，其中 （b）250℃、（c）300℃、（d）350℃、（e）400℃；（f）在不同基底温度下沉积的 CCTS 薄膜的 $(\alpha h \nu)^2$ 与 $h \nu$ 的关系图；（g）基于 CCTS 的光电化学太阳能电池的电流密度-电压（J-V）特性

现硫与硒的比例明显影响 CZTSSe 薄膜的结晶度和光电性能，Se 的量越高，器件性能越好，S/(S＋Se) 比约为 0.2 时超稳压太阳能电池器件实现了 3.1％的光电转换效率。

JunHo Kim 等人[186] 使用基于水的喷雾沉积工艺制造了 Cu(In,Ga)(S,Se)$_2$(CIGSSe) 太阳能电池。为了将喷涂的薄膜应用于太阳能电池的光吸收，进行了硫合金化，从 S/(S＋Se)＝0 (S-0.0) 到 S/(S/Se)＝0.4 (S-0.4) 制备了各种 S 合金化 CIGSSe 膜。当 S 合金化至 S-0.3 [S/(S/Se)＝0.3] 时，CIGSSe 太阳能电池的功率转换效率提高，而使用 S-0.3 CIGSSe 吸收剂时，太阳能电池的最佳效率为 10.89％，这是由于 S-合金引起的开路电压增加和填充因子提高造成的。

Lydia Helena Wong 等人[187] 通过化学喷雾热解和随后的硒化工艺制备了 Cu$_2$ZnSnS$_x$Se$_{4-x}$(CZTSSe) 薄膜太阳能电池。当将 Mn 以 20％的比例置换入 CZTSSe 钾铁矿石时，明显发生了由 CZTSSe 向 C(M,Z)T SSe 亚锡矿的相变。此外，当 Mn 的取代量达到 $x \geqslant 0.6$ 时，载流子密度显著增加，进而引入了更多的缺陷和非辐射载流子复合，因此，这些样品的器件性能降低。最高的功率转换效率在 $x \approx 0.05$ 时达到了 $\eta = 7.59％$，$V_{oc} = 0.43V$，$J_{sc} = 28.9mA/cm^2$，FF＝61.03％，开路电压 (V_{oc}) 和填充因子 (FF) 的改善归因于低缺陷密度 (尤其是在 CdS/CZTSSe 界面处) 而改善的分流电阻和载流子传输。

6.3.3　其他太阳能电池

本节主要介绍染料敏化太阳能电池、过氧化物太阳能电池、有机太阳能电池、热光伏太阳能电池、多接面太阳能电池、纳米线太阳能电池以及喷雾热解在这些电池中的相关应用。

染料敏化太阳能电池 (DSSCs) 是一种新型的太阳能电池技术，利用染料吸收太阳能并转化为电能 (如图 6-15 所示)[188,189]。其核心是染料敏化的纳米晶体二氧化钛 (TiO$_2$) 电极。太阳光照射时，染料分子吸收能量并产生电子，这些电子通过电路流回另一个电极产生电能。DSSCs 具有高效率、低成本、柔性、光谱响应广、环保等优点。但是由于其稳定性差、受环境变化影响大以及染料使用寿命短，目前仍需要进一步的技术突破和实验验证才能广泛应用于实际生产和使用中。

过氧化物太阳能电池 (PSCs) 由半导体电极、氧气电极和电解液组

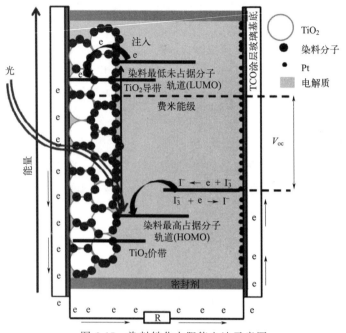

图 6-15　染料敏化太阳能电池示意图

成[190,191]。它的工作原理是通过光能激发进而引发过氧化物产生还原和氧化反应。当太阳光照射到半导体电极上时，会激发出电子和空穴，在电极表面产生电势差。在电解液中过氧化氢被还原为水，并释放出电子，这些电子被输送到半导体电极上，从而形成电流。与此同时，氧气在氧气电极上被还原为氢气，释放出电子，这些电子也被输送到半导体电极上形成另一个电流。过氧化物太阳能电池具有高效率、可扩展性、长寿命和环保等优点。然而，它也面临着制造成本高、电解液稳定性和性能易受到影响、制造和操作要求高等挑战。

有机太阳能电池（OSCs）由有机半导体材料和导电的金属材料构成[192,193]。当光线照射到有机半导体层时，光子被吸收并激发电子，这些电子被输送到导电金属层中，在电路中形成电流。与传统的晶体硅太阳能电池不同，有机太阳能电池具有柔性和薄型的特点，可以使用更便宜的材料制造，并且容易加工。然而，与晶体硅太阳能电池相比，有机太阳能电池目前的效率较低，寿命较短。图 6-16 显示了具有倒置结构的柔性/超薄有机太阳能电池的示意图和每层的典型厚度。

热光伏太阳能电池（TPV）是一种将太阳光和热能转化为电能的技术，

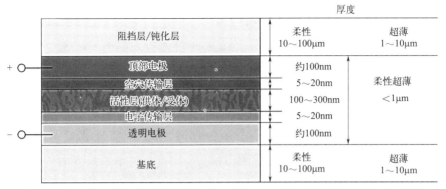

图 6-16 具有倒置结构的柔性/超薄有机太阳能电池的示意图以及每层的典型厚度

结合了光伏效应和热电效应[194,195]。它由光伏材料和热电材料组成，其中光伏材料通常是半导体材料，热电材料通常是具有高热电转换效率的材料。当太阳光照射到光伏材料上时，光子被吸收并激发出电子，这些电子传输到热电材料中产生热电效应，从而产生电流。热光伏太阳能电池具有高效率、适应高温环境和低光照条件的优点，但成本较高且效率仍不如传统晶体硅太阳能电池。

多接面太阳能电池是一种提高太阳能电池效率的技术，它通过增加金属电极的数量来增加电池表面[196]。与传统单接面太阳能电池不同，多接面太阳能电池具有多个接收太阳光的表面，增加了光吸收面积，提高了效率。多接面太阳能电池可分为双接面和三接面两种。双接面太阳能电池在正反两面添加金属电极，使太阳光可以从两个方向进入电池，增加了光吸收面积，其光电转换效率比传统单接面太阳能电池高出约 20％。三接面太阳能电池在电池中添加了一个中间层，该层吸收高能量光子并将其转化为低能量光子，然后传递给底部的电池层。其光电转换效率比双接面太阳能电池高出约 50％。多接面太阳能电池的优点在于能利用更多太阳光能量提高电池效率，并具有更好的散热性能和适应低光照和高温环境的能力。此外，多接面太阳能电池还可以减小电池的体积和重量。然而，多接面太阳能电池的成本较高，且目前效率还不及传统硅晶体太阳能电池。

纳米线太阳能电池利用纳米线作为光吸收材料进行工作[197]。与传统太阳能电池不同，它采用了新的结构设计，其中纳米线作为光吸收层，提高了光吸收效率。太阳光照射到纳米线表面时，纳米线吸收光子能量，产生电子和空穴，然后将它们分离到纳米线的两端，产生电势差并输出电流。纳米线太阳能电池具有高效率、灵活性、可扩展性和降低成本的优点。然而，制造过程可能更昂贵，纳米线的稳定性差和寿命短的问题需进一步研究解决。

1991 年，Gratzel 的研究小组报告了一种转换效率为 7.9% 的 DSSC，使用钌吡啶复合染料作为光敏剂，TiO_2 薄膜作为光阳极。高效率的原因被认为是介孔 TiO_2 薄膜具有较大的比表面积，可以吸附足够的染料来提高捕光效率，而单分子染料和半导体薄膜之间的紧密结合提高了电子注入的效率，最终提高了电池的 PCE。典型的 DSSC 通常是在透明的导电衬底上构建的。首先，密集的 TiO_2 层（空穴阻挡层）和介孔 TiO_2 层（电子传输层）被依次沉积在导电基底上，作为光阳极去吸附染料分子，随后用电解质填充该装置。最后，反电极贵金属被沉积在导电基底上。光阳极是染料敏化太阳能电池（DSSCs）和过氧化物太阳能电池（PSCs）的一个重要组成部分，光阳极提高电子传输层的电子传输效率，同时增强对空穴的阻挡作用，可以有效提高器件的能量转换效率。以往文献中经常使用的光阳极包括 TiO_2[198]、CeO_2[199]、ZnO[200]、NiO[201] 等。

喷雾热解在制造金属氧化物薄膜方面有很多优势。我们将介绍喷雾热解在制备染料敏化太阳能电池和包晶石太阳能电池的光阳极方面的应用研究进展。到目前为止，TiO_2 薄膜仍然被认为是一种最佳的光阳极材料，这是因为 TiO_2 薄膜具有优良的光学特性，并具有吸收紫外线的能力。因此，TiO_2 纳米材料在光催化剂和太阳能电池方面有广泛的应用[202]。

Huang 等人[203] 使用喷雾热解技术在 ITO 玻璃片表面制备 TiO_2 薄膜，作为 DSSCs 的阻挡层。TiO_2 由金红石和锐钛矿的混合相组成，其厚度可由沉积时间控制，TiO_2 修饰的 ITO 薄膜表现出明显的性能提高，光电流密度提高了约 4 倍（114.22mA/cm^2），DSSC 装置效率提高了 25%（4.63%）。

Dwivedi 等人[204] 首先通过喷雾热解从由 TTIP 作为前驱体成分和乙醇作为溶剂的喷雾溶液中制备了 TiO_2 空心球。空心球具有精细的结晶度、均匀的尺寸分布和完全的空心结构，其平均尺寸为 170～300nm，空心壳的厚度为 55～60nm。然后，将 TiO_2 空心球体丝印在 TiO_2 透明层的表面，作为散射层。光伏测量表明，改良后的 DSSC 具有 7.46% 的高器件效率。带有空心二氧化钛球散射层的 DSSC 具有更高的光转换效率，这可能是由于 TiO_2 空心球体层本身起到了光散射的作用，增强了光收集特性，导致了光伏性能的提高。

Peter 等人[205] 利用喷雾热解将 TiO_2 薄膜沉积在氟掺杂的氧化锡（FTO）玻璃上，厚度为 56～118nm，TiO_2 薄膜界面的表面状态分布类似于介孔纳米 TiO_2 层。通过衰减开路光电压研究了沉积的 TiO_2 层对电子向三碘化物离子传输的影响，结果证实，在短电路条件下，TiO_2 阻挡膜能够阻止电解液中三价碘离子和电子之间的反作用。在开路条件下，这种效果受到限制，取而代之的是电子在 TiO_2 阻挡层表面的积累。

除了 TiO_2，其他宽带隙金属氧化物半导体，如 NiO、WO_3、Co_3O_4、Fe_2O_3 和 ZnO，也可用作光阳极以提高太阳能电池的性能。Joseph 等人[206] 在 500℃下空气中，通过 SPD 硝酸镍和氯化锂溶液在玻璃基底上制备了具有定向（111）平面的透明导电锂掺杂 NiO 薄膜。沉积的 4% 锂掺杂薄膜中具有球形的纳米颗粒，这些颗粒具有较为集中的尺寸分布。

继 DSSCs 之后，有机-无机混合过氧化物太阳能电池（PSC）已成为另一种新兴的高效太阳能电池。在短短几年内，PSC 的 PCE 从 3.8% 急剧增加到 22% 以上，这种出色的光伏性能归功于材料的独特性能，如大吸收系数、小激子结合能、高电荷传输迁移率和相对较长的电荷载流子扩散距离。

PSC 是来源于全固态染料敏化电池的一种装备，具有类似的结构和工作原理。一个典型的 PSC 结构包括 FTO/TiO_2/过氧化物/HTL/金属电极，其中 HTL 是空穴传输层[207]。TiO_2 层作为过氧化物晶体生长的基底，同时负责电子的传输，HTL 空穴传输层负责空穴的传输。在照明条件下，在过氧化物晶体的生长过程中，电子传输层负责电子的传输，同时空穴传输层负责空穴的传输。在光照下，过氧化物产生光诱导的电子-空穴对，然后，电子和空穴分别被输送到电子传输层（TiO_2 薄膜）和空穴传输层 HTL。在制造 PSC 的典型过程中，可以通过喷雾热解沉积法将 TiO_2 电子导体层沉积在 FTO 基底上。随后通过旋涂法相继沉积过氧化物薄膜和空穴传输层。最后，通过使用喷雾热解沉积 TiO_2 薄膜作为金属对电极致密阻挡层，研究人员制造了先进的 PSC，其转换效率高达 12%[208]、14.6%[209] 和 19%[210]。此外，研究人员使用类似的喷雾热解沉积法制备了基于 NiO 的空穴选择提取层，得到了 13%[211] 和 16.2% 的高器件效率。

在过去的几十年里，太阳能电池的进展主要集中在如何提高太阳能电池的光电转换效率、解决成本问题、实现长寿命和强大的运行稳定性等。已经证明，对不同太阳能电池的组件（防反射涂层、吸收层、紧密层、反电极层和透明导电氧化层）在各种基材（玻璃、硅片和半导体薄膜）上的沉积，喷雾热解沉积技术是有效的（如表 6-6 所示）。与其他沉积方法相比，SPD 技术只需要一些简单的仪器，并且可以在环境气氛下制备，操作温度也比较适宜，因而可以大规模生产高质量薄膜。

表6-6 通过喷雾热解制备的纳米结构材料及其在太阳能电池中的应用

薄膜材料	基底	沉积温度/℃	合成条件 前驱体溶液配方	功能	应用	PCE/%	参考文献
TiO_2	FTO玻璃	450	双异丙醇钛	紧凑层	PSSCs	19	[209]
Ta掺杂TiO_2	FTO玻璃	450	二(乙酰丙酸)二异丙醇钛	紧凑层	PSSCs	20.45	[212]
In_2O_3	Si晶片	375	$InCl_3+SnCl_4$ $InCl_3+NH_4F$	In/F掺杂TCO层	CSSCs	18.9	[213]
TiO_2	Si晶片	450	$Ti[OCH(CH_3)_2]_4$+乙酰丙酮	抗反射涂层	CSSCs	17.51	[214]
TiO_2	FTO玻璃	450	双异丙醇钛	紧凑层	PSSCs	17.26	[215]
NiO	FTO玻璃	500	乙酰丙酮镍	紧凑层	PSSCs	16.2	[216]
ZnO	Si晶片	400	$Zn(CH_3COO)_2+Ga(C_3H_7O_2)_3$	Ga掺杂TCO层	CSSCs	15.7	[217]
Al_2O_3	Si晶片	450	$Al(C_5H_7O_2)_3$	抗反射涂层	CSSCs	15.5	[218]
TiO_2-ZnO	FTO玻璃	350	$Zn(OAc)_2+Ti(i\text{-}OPr)_2(acac)_2$	紧凑层	PSSCs	15.1	[219]
NiO	FTO玻璃	500	乙酰丙酮镍	紧凑层	PSSCs	13	[220]
ZnO	ITO玻璃	350	乙酸锌二水合物	紧凑层	PSSC	10.19	[220]
ZnO	玻璃	470	$Zn(CH_3COO)_2+AlCl_3$	Al掺杂TCO层	TFSCs	12.1	[221]
ZnO	多孔Si	500	$Zn(NO_3)_2$	抗反射涂层	CSSCs	12	[222]
CdS	N型InP	350	$CdCl_2+CH_4N_2S$	p型半导体	TFSCs	12	[223]
$Cu(In,Ga)(S,Se)_2$	Mo涂层玻璃	300~350	$CuCl_2+InCl_3+GaCl_3+SC(NH_2)_2$	吸光膜	TFSCs	10.5	[224]

续表

薄膜材料	基底	沉积温度/℃	合成条件 前驱体溶液配方	功能	应用	PCE/%	参考文献
TiO_2	FTO 玻璃	450	$Ti(i\text{-}OPr)_2(acac)_2$	紧凑层	PSSCs	10.26	[225]
$CuInS_2/In_2S_3$	ITO 玻璃	300	$CuCl_2+InCl_3+SC(NH_2)_2$	吸光层和缓冲层	TFSCs	9.5	[226]
TiO_2	FTO 玻璃	350	双异丙氧基钛	紧凑层	PSSCs	8.76	[227]
$Cu(In,Ga)(S,Se)_2$	Mo 涂层玻璃	330	$Cu(NO_3)_2+In(NO_3)_3+Ga(NO_3)_3+1\text{-}$薄荷脑硫脲	吸光膜	TFSCs	8.7	[228]
ZnO	玻璃	370	$Zn(CH_3COO)_2+In(CH_3COO)_3$	In 掺杂 TCO 层	CSSCs	8.4	[229]
FeS_2	FTO 玻璃	330	$FeCl_3+NH_2CSNH_2$	计数电极层	DSSCs	8	[230]
TiO_2	纳米通道	600	异丙醇钛	光电极	DSSCs	7.76	[231]
Cu_2ZnSnS_4	FTO 玻璃	350	$CuCl+ZnCl_2+SnCl_2+$硫脲	计数电极层	DSSCs	7.67	[232]
SnO_2	玻璃	500	二乙酸二丁基锡$+NH_4F$	F 掺杂 TCO 层	DSSCs	7.6	[233]
ZnO	FTO 玻璃	350	$Zn(CH_3COO)_2$	阻挡层	DSSCs	7.03	[234]
$Cu(In,Al)(S,Se)_2$	Mo 涂层玻璃	500	$CuCl_2+AlCl_3+InCl_3+SC(NH_2)_2$	吸光膜	TFSCs	5.3	[235]
Nb_2O_5	FTO 玻璃	400	$Nb(OEt)_5$	阻挡层	DSSCs	5.1	[236]
SnO_2	玻璃	500	$SnCl_4+NH_4F$	F 掺杂 TCO 层	DSSCs	3.06	[237]
Cu_2ZnSnS_4	Mo 涂层玻璃	160	$Cu(CH_3COO)_2+Zn(CH_3COO)_2+Sn$ 辛酸酯$+S$	吸光膜	TFSCs	0.94	[238]
In_2Se_3	FTO 玻璃	350	$InCl_3+H_2NC(Se)NH_2$	活性光电极	TFSCs	0.71	[239]

总而言之，喷雾热解在制备能源储存和转换用的各种纳米结构材料方面显示了其多功能性。这些性能在很大程度上取决于活性材料的固有特性，如它们的结晶度、形态、颗粒大小、孔隙率和比表面积。原则上，纳米结构材料可以改善质量、电荷传输和结构稳定性（特别是针对体积变化），但并非所有的概念都真正有利于材料的实际应用。例如，在电池中，颗粒尺寸小和孔隙度低可以改善动力学，但会牺牲库仑效率和能量密度。因此，在使用喷雾热解合成纳米材料时，研究人员应充分考虑特定的实际应用，然后设计和制造合适的纳米结构。

6.4 超级电容器

超级电容器是一种特殊的电容器，也是一种新兴的储能设备，它可以存储和释放大量的电能，比普通的电容器和电池都有优势，填补了传统电容器和电池之间的空白[240,241]。超级电容器的工作原理是利用电极和电解质之间形成的界面双层来储存能量。超级电容器有很多应用领域，例如汽车、太阳能、风力发电等。超级电容器具有传统电容器和电池的优点，如高功率密度（410kW/kg）、长循环寿命（4100000次）、方便维护、安全和无污染[242-244]。

超级电容器可以在很小的体积下达到法拉第级别的电容量，无须特别的充电电路和控制放电电路；和电池相比，过充、过放都不对其寿命构成负面影响，因此是一种绿色能源，不会造成环境污染。同时超级电容器可焊接，因而不存在电池接触不牢固等问题。但是由于超级电容器的工作电压较低，需要串联多个单体以提高输出电压，还有超级电容器的能量密度较低，不能作为长时间供能的主要能源，其较高的价格导致其目前还没有大规模商业化应用。

超级电容器通过在电极和电解质的界面上形成电双层来储存能量，或者通过可逆的法拉第式氧化还原反应在界面上进行电荷转移（图6-17所示）。根据储存能量的方式超级电容器可以分为三种类型：电子双层电容器（EDLC）型材料、赝电容器型材料和混合型材料[245,246]。因为EDLC材料的电荷储存和释放机制只与简单的物理电荷转移有关，因此EDLC的电极材料通常具有超长的循环寿命。相比之下，赝电容器型材料的电容主要归因于可逆的法拉第氧化还原反应[247]。因此，赝电容器通常具有更高的能量密度，但代价是倍率能力较低，循环寿命比 EDLCs 短。至于混合型材料，双电层和法拉第氧化还原反应的电荷储存机制同时发生，并表现出长循环寿命和高能量密度的优势。无论哪种电极材料，适当的孔径分布和大的表面积以及高的电导率是实现大电容的关键[248]。喷雾热解由于其在合成各种具有高孔径和大表面积的纳米结构材料方面的固有优势，被认为是解决能量密度低和电池成本高问题的有效技术。

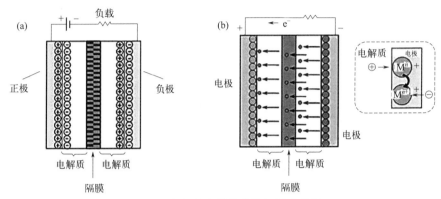

图 6-17　超级电容器的储能机制示意图

（a）EDLC 型；（b）赝电容器型

6.4.1　EDLC 型材料

作为最重要的 EDLC 电极材料，碳基材料具有许多优点，如良好的化学稳定性、巨大的机械强度和优异的电/热传导性[249]。纳米结构碳材料，如碳纳米球、碳纳米管和石墨烯的高表面积和可定制的孔隙率，对其电化学性能起着关键作用[250]。但不幸的是，由于在制备过程中出现不可逆的团聚和堆叠，大规模合成纳米结构碳材料仍然是困难和昂贵的。如果喷雾溶液中的前驱体（如石墨烯或碳纳米管）具有良好分散性，然后与溶剂蒸发快速过程相结合就可以很好地缓解这一矛盾。

Jang 的研究小组[251] 通过喷雾热解从二维的氧化石墨烯（GO）纳米片组成的前驱体溶液中制造出了三维（3D）石墨烯结构，当氧化石墨烯的浓度（质量分数）为 0.01% 时，获得了 $222m^2/g$ 的最大比表面积。作为 EDLCs 的电极材料，三维皱褶石墨烯微球在以 KOH 溶液（5mol/L）为电解质时，电流密度为 0.1A/g，最大电容为 156F/g。

在 EDLC 的应用中，用传统的湿化学方法制备碳纳米管电极时，由于

CNTs 在制备过程中的严重团聚和纠缠，阻碍了离子和电子向单根 CNT 的转移，限制了其固有的优势，如大比表面积、快速的离子和电子传输。CNTs 的均匀分布或其有序排列可以有效地提高 CNTs 的利用率，以及它们在 EDLCs 中的性能。喷雾热解沉积技术已经被证明可以生产各种一维材料，如金属氧化物纳米结构的纳米线和纳米棒，以及碳纳米管。

Unalan 等人[252] 巧妙地在铝箔上制造了垂直排列的碳纳米管（VACNT）作为 EDLCs 的柔性电极。CNTs 在铝箔上的定向生长有效地降低了 EDLCs 的内阻，并进一步降低了电极和电解质之间的电荷传输电阻。在 $800\,mV/s$ 的扫描速率下，所制备的柔性 VACNT 电极表现出 $2.61\,mF/cm^2$ 的优异比电容，在柔性基底上直接生长排列 CNT 的策略方便且具有成本效益，可以适用于大规模的生产。

层状多孔碳（HPC）材料具有可调整的孔结构，包括微孔、中孔和大孔，由于其大的表面积、丰富的活性位点和快速的离子传输速率，因此电容和高能量密度相对较高，被认为是 EDLCs 的潜在电极材料[253-255]。喷雾热解在制备上述多孔材料方面具有固有的优势，但如何实现孔结构的精确调制仍然是一个挑战，模板或金属盐的引入已被证明是调节电极孔隙结构的有效策略。

Liu 等人[256] 从壳聚糖作为碳源和 SiO_2 纳米颗粒作为硬模板的前驱体溶液中制备了多孔碳微球。这些多孔碳微球显示出 $1011\,m^2/g$ 的高比表面积和具有宏观/中观/微观大小孔隙的分层多孔结构。由多孔碳微球组装的 EDLCs 在电流密度为 $0.5\,A/g$ 时表现出高达 $250\,F/g$ 的比电容。值得注意的是，这种方法仍然涉及模板的使用，模板的制备和移除增加了生产成本，并可能对材料的性能产生负面影响。

Wang 等人[257] 报告了一种基于喷雾热解技术的简单得多的策略，从由蔗糖和 $Zn(NO_3)_2$ 组成的前驱体溶液中制备多孔空心碳微球。通过控制 $Zn(NO_3)_2$ 和蔗糖的比例，得到了固体、多孔或空心形态的碳微球。此外采用不同的退火过程来控制孔隙结构，空心碳微球的最大比表面积为 $1106\,m^2/g$，并表现出良好的电化学可逆性（$10\,A/g$ 时为 $89\,F/g$），可以用于 EDLCs。

原则上，所有可溶性有机物都可以作为碳源，与其他有机碳源相比，煤是最便宜和最丰富的材料。Guo 等人[258] 介绍了一种以煤为原料通过喷雾热解制备多孔碳微球作为电极材料，特别是制备分层多孔碳微球的新策略。首先，用高浓度的硝酸和硫酸混合物解离笨重的煤，引入大量的官能团，如—OH、—C＝O、—NH₂、—SO₃H 和—NO₂。随后，所制备的氧化煤可以很容易地溶解在碱性水中，得到透明的前驱体溶液。热解温度对合成碳微球的孔隙结构和表面积有很大影响。在 1000℃下制备的碳微球拥有的比表面积最高（949m²/g），平均孔径为 2.18nm。优化后制备的样品在 6mol/L KOH 为电解质的三电极电化学测试系统中，当电流密度为 1.0A/g 时表现出 227F/g 的高电容。

6.4.2　法拉第赝电容型材料

法拉第赝电容型材料[259]，是一种利用表面或近表面的氧化还原反应来储存能量的材料。拉第赝电容反应有三种类型：欠电位沉积、表面氧化还原反应和快速的离子嵌入或插入。法拉第赝电容型材料包括导电聚合物、金属氧化物、金属硫化物、金属氮化物和金属碳化物等[260]，这些材料的电化学性能主要由它们的固有特性决定，如颗粒大小、多孔性、结晶度和表面积。在这些活性物种中，金属氧化物因其高能量密度和较好的电化学稳定性，成为有前途的电极材料之一。

Kundu 等人[261] 通过喷雾热解从 Ni(NO₃)₂ 和 Co(NO₃)₂ 组成的溶液中直接合成了空心 NiCo₂O₄ 微球（300～500nm）。在所有的电流密度下观察到的非线性性质的曲线都表明，空心 NiCo₂O₄ 电极具有赝电容行为。空心 NiCo₂O₄ 纳米球电极材料在 40A/g 的电流密度下提供了 793F/g 的高可逆比电容，这种良好的电化学性能主要来自中空的内部结构和多孔的外壳，它允许离子的快速传输和充分的电解质接触。

喷雾热解除了可以制备各种过渡金属氧化物粉末，用作超级电容器的电极材料外，该工艺制备的金属氧化物薄膜也表现出高电容。SPD 技术良好的适应性和低成本使其有前途成为一种可以大规模生产的制造方法，这可能促进超级电容器的商业化。SPD 制备过程可以在环境气氛下使用手持式喷雾器简单地进行[262]，通过调整溶液成分和工艺参数，精确控制目标材料的特性。

Yadav 等人[263] 用 0.5mol/L 的 SnCl₄ 前驱体溶液制造了氧化锡（SnO₂）薄膜。SnO₂ 薄膜的表面粗糙度由金属盐浓度直接决定，多孔结构起源于三维晶体的生长，它与衬底的工作温度有关。氧化物薄膜中的孔隙对提高电容是非常有利的。当用作赝电容器的电极时，SnO₂ 薄膜电极在 1mol/L KOH 电解质溶液中扫描速率为 5mV/s 时，表现出 150F/g 的最大比电容。

6.4.3 混合型材料

由碳基材料和金属氧化物组成的混合型材料应用于超级电容器中时，它们可以同时具有 EDLC 型材料和赝电容器型材料的优点，如长循环寿命和高能量密度。石墨烯、碳纳米管、碳纤维和无定形碳由于其优异的导电性和化学稳定性，被认为是理想的赝电容型材料的基体[264,265]，特别是嵌入纳米金属氧化物的空心多孔碳微球复合材料，具有许多独特的结构特征，在混合超级电容器中具有潜在的应用。喷雾热解是一种简单且无模板的方法，通过喷雾热解制备了各种空心多孔碳微球和纳米复合材料，并在制备混合型电极材料方面表现出多样性。

Kim 等人[266] 报告了在空心多孔碳微球中均匀嵌入氧化镍纳米颗粒（<10nm）合成了高性能的 SC 电极材料。其中三聚氰胺甲醛（MF）树脂作为碳源和造孔剂。在喷雾热解过程中，镍盐和有机添加剂经历了干燥和热解，并被转化为多孔空心 NiO@C@MF 树脂复合前驱体。随后，采用后处理工艺生产了一系列具有不同纳米结构的复合微球。MF 树脂对壳内孔隙的形成起着关键作用，而壳的厚度可以通过控制镍盐的量来调整。在 873K 下制备并在 773K 下热处理的样品表现出 $249m^2/g$ 的高比表面积，在全不对称电容器中显示出 157F/g 的最大电容，出色的电化学性能可能归因于它的高表面积和先进的多孔中空结构。特别是高的表面积增加了 EDLC 电容的活性位点密度，而多孔和中空结构增强了赝电容表面的法拉第氧化还原反应。此外，在中空多孔的样品中，活性 NiO 纳米颗粒可以被氧化还原离子从外表面和内表面带入，而普通的密集多孔结构由于其封闭的孔隙结构只在外表面提供位点，这项工作可以被认为是凸显喷雾热解多种优势的典型案例之一。碳纳米管和石墨烯分别具有典型的一维和二维结构，被认为是有前途的超级电容器的 EDLC 材料。然而，它们在制备过程中不可避免地结块和纠缠，导致电容性能不佳。高成本和烦琐的制备过程也阻碍了它们的实际应用。有意思的是，混合型材料，主要由金属氧化物和低比例的碳纳米管或石墨烯组成，它们提供了一个高能量密度和长循环寿命的组合。

Zhang 等人[267] 研究了由石墨烯-氧化锌复合薄膜组装的超级电容器，该薄膜由超声喷雾热解制备。由于该复合材料不仅为总电容贡献了赝电容，而且石墨烯基体中还提供了双层电容，因此与无修饰的石墨烯和氧化锌电极相比，它表现出更强的电容行为、更好的结构稳定性和更高的比电容。

Gueon 等人[268] 介绍了由 MnO_2 纳米片外壳包裹的球形 CNTs 颗粒的制备。首先使用喷雾热解从含有分散 CNTs 的前驱体溶液中合成球形 CNTs 颗粒，然后通过化学沉淀法将 MnO_2 纳米片沉积到球形 CNTs 颗粒的表面。显微组织结构表征发现，核心粒子完全被二氧化锰纳米片所覆盖，被二氧化锰纳米片外壳包裹的球形 CNTs 颗粒表现出卓越的电化学性能，在电流密度为 0.5A/g 时，其比电容为 370F/g，直至 4000 次循环后依然保持近 100％的电容保持率。这种出色的性能归功于高导电性的 CNTs 颗粒和高赝电容的紧凑包裹的二氧化锰纳米片。

现有报道已经证明喷雾热解是一种合成超级电容器电极材料的强大的方法，可以为超级电容器定制各种纳米结构的电极材料，但关于喷雾热解在超细电容器中的领域仍有很大的探索空间。

6.5　高活性催化剂

异质催化是能源转换领域的一个重要研究方向，在过去的几十年时间里，异质催化在环境和能源领域取得了巨大的进步。催化剂的固有特性，如孔隙结构、表面积、颗粒大小和几何形状，在很大程度上影响了其催化性能[269,270]。各种纳米结构的催化材料的设计和制造是实现优良催化效率的关键。

喷雾热解技术目前已被用于各种催化剂的合成，如单/多金属氧化物半导体、掺杂金属氧化物、碳材料或金属氧化物支撑的金属/合金催化剂。气溶胶-热解的技术特点使它们在制备异质催化剂方面具有非常广泛的用途，因为通过修改前驱体溶液的组成和工艺参数（包括 SP、SPD 和 FSP 的热解条件、沉积条件或燃烧条件）很容易调控目标材料的特性（如化学计量比、相组成、颗粒大小、比表面积和结晶度）。此外，与传统制造方法相比，喷雾热解在合成催化剂方面拥有众多独特优势，包括合成过程简单而稳定，产品组成均一且可以灵活调整目标产品尺寸分布和粉体形貌等。通过喷雾热解制备的催化材料已经吸引了越来越多的关注，促进了该工艺在催化剂设计中的快速发展[271]。

在能源转换领域的所有应用中，异质催化有一些非常有价值但具有挑战性的方向：二氧化碳加氢制燃料、水催化分解释放氧和氢，以及高性能燃料电池。在表 6-7 中，总结了通过喷雾热解技术制备的一些典型催化剂在催化领域中的探索和研究成果，其中喷雾热解技术包括喷雾热解（spray pyrolysis，SP）、喷雾热解沉积（spray pyrolysis deposition，SPD）和火焰喷雾热解（flame spray pyrolysis，FSP）。

表 6-7　通过喷雾热解制备的纳米结构催化剂及其在催化领域中的应用

催化剂		制备方法	结构特征	应用	参考文献
体系	形貌				
Ag/C	颗粒	SP	炭黑载体具有分级多孔结构,负载的纳米银活性位点多	CO_2 还原	[272]
TiO_2-rGO	颗粒	SP	核壳结构纳米材料,高比表面积,高 CO_2 吸附	CO_2 还原	[273]
Cu/Ag	颗粒	UPS	组元均匀的两个或多个反应位点协同作用的双金属催化剂	CO_2 还原	[274]
Ru/CeO_2	颗粒	FSP	均匀组成,高热稳定性,高 CH_4 选择性	CO_2 还原	[275]
Pt-Co/Al_2O_3	颗粒	FSP	低铂含量(0.03%～0.43%,质量分数),紧密的化学接触	CO_2 还原	[276]
Au/TiO_2	颗粒	FSP	Au 纳米颗粒(3～5nm)均匀分散在 TiO_2 基底上	CO_2 还原	[277]
Pd-Cu-Zn/MCM-41	纳米球	FSP	多组分复合材料,协同促进还原速率	CO_2 还原	[278]
CuO	颗粒	FSP	有利于调控氧空位缺陷	NO_x 还原	[279]
Fe/Al_2O_3	颗粒	FSP	掺杂 Ce,促进活性,长链烃选择性	CO_2 还原	[280]
CuO-ZrO_2	颗粒	FSP	高比表面积,小粒径(<10nm)	CO_2 还原	[281]
$Pt/In_2S_3/Cu_3BiS_3$	薄膜	SPD	获得的 Cu_3BiS_3 结构均匀一致,其组成元素廉价、无毒且地球储量丰富,水还原产氢潜力大	产氢	[282]
Cu_2ZnSnS_4	薄膜	SPD	生长良好的晶粒,光吸收率高和良好的稳定性	产氢	[283]
$ZnIn_2S_4$	薄膜	SPD	致密均匀、良好的可见光吸收和良好的稳定性	产氢	[284]
$Pt/TiO_{2-x}F_x$	颗粒	FSP	F 掺杂,良好的结晶度,高比表面积,高光吸收率	产氢	[285]
WSe_2-rGO	颗粒	SP	高比表面积和结构稳定性,较小的晶粒尺寸	产氢	[286]
$NaTaO_3$-C	微球	SP	高有效表面积,增强光催化活性	产氢	[287]
MoS_x-CNTs	纳米球	SP	促进电荷转移,增强活性位点稳定性	产氢	[288]

续表

催化剂		制备 方法	结构特征	应用	参考 文献
体系	形貌				
$Fe/Si_x Al_{1-x} O_y$	颗粒	SP	元素分散均匀,高比表面积和结构稳定性	产氢	[289]
Ru 掺杂 MoO_2	粉末	USP	Ru 在 MoO_2 基底中良好的分散性和高负载量	产氢	[290]
$SrTiO_3:Cr/Ta$	粉末	SP	多组分共掺杂,褶皱和皱纹表面	产氢	[291]
CuO	纳米颗粒	FSP	球形纳米颗粒(15nm),提高光电流密度	产氢	[292]
Pt/C	多孔 纳米球	SP	三维多孔结构,高 Pt 负载量,大活性表面积	PEM 燃料电池	[293]
PtRu/C	微球	SP	多孔碳微球载体,有效的质量传输	PEM 燃料电池	[294]
FeTMPP/C	微球	SP	高比表面积和热稳定性,优异的氧还原反应活性	PEM 燃料电池	[295]
CoTMPP/C	微球	SP	蜂窝状微球,均匀的纳米孔径	PEM 燃料电池	[296]
Pt-Fe/CNTs	复合材料	SP	Pt-Fe 合金团簇均匀分散在三维 CNT 网络上	PEM 燃料电池	[297]
Pt-Ni/CNTs	复合材料	SPD	Pt-Ni 合金团簇均匀分散在三维 CNT 网络上	PEM 燃料电池	[298]
Pt/BCNRs	薄膜	SPD	掺硼的碳纳米棒生长在碳纤维纸上作为载体	PEM 燃料电池	[299]
Pt/石墨烯	纳米片	SP	几层石墨层的薄片结构(1.4nm)作为载体	PEM 燃料电池	[300]
Ru-Ni	纳米颗粒	SPD	核(Ru)-壳(Ni)结构,高催化活性和稳定性	PEM 燃料电池	[301]
Fe/PPy	多孔球	SP	Fe/聚吡咯介孔球,高体积比表面积	PEM 燃料电池	[302]
FeNiCoCu	粉末	UPS	球形和均匀的粒度分布,可有效取代 Pt 催化剂	PEM 燃料电池	[303]
$Ni/Al_2 O_3$	微球	SP	多层卵黄壳结构,优异的热稳定性	MC 燃料电池	[304]
$Sr_{0.98} Fe_{1-x} Ti_x O_{3-\delta}$	薄膜	SPD	高离子导电性,扩展氧化还原反应活性位点	SO 燃料电池	[305]
$La_{1.8} Al_{0.2} O_3$	薄膜	SPD	块状结构,良好的黏附性能,适中的粒径	SO 燃料电池	[306]
$La_{0.8} Sr_{0.2} CrO_{3-\delta}$	粉末	SP	相纯度高,中空球形结构,均匀组成	SO 燃料电池	[307]

6.5.1 催化产氢

氢气作为可再生的清洁燃料之一，具有高能量密度和环境友好性，有望在未来的能源领域发挥关键作用[308]。目前，氢气仍主要由天然气、石油和煤炭等化石燃料产生，碳排放和能源消耗都很大。催化产氢是一种利用催化剂来促进水分解为氢气和氧气的过程。催化产氢有多种方法，例如电催化、光催化、生物催化等。在这些不同的方法中，光催化和电催化水分解被认为是生产氢气和减少碳排放的两个最有希望的解决方案。

光催化产氢是利用光敏材料（如二氧化钛）吸收太阳能，在紫外线（UV）照射下激发出电子-空穴对，使水在光敏材料表面发生还原-氧化反应，生成氢气和氧气[309]。

二氧化钛光催化剂在光电化学催化领域具有重要应用，如废水处理、空气净化、抗菌自清洁、光诱导超亲水性等。但它的主要缺点是光生电子-空穴对的快速复合，有意思的是这种快速复合效应可以通过用贵金属纳米粒子（如 Pt、Au、Ru、Ag 和 Pd）修饰 TiO_2 而得到有效抑制，从而促进电子-空穴对的分离，提高光电转换效率。喷雾热解技术能够高效、连续地合成具有均匀成分和高表面积的 TiO_2 支撑的贵金属催化剂，并且复合催化剂的比表面积、结晶度、锐钛矿含量和金属分散度都可以通过适当改变喷雾热解工艺的操作参数进行调整。通过喷雾热解制备的金修饰的二氧化钛（Au/TiO_2）复合光催化剂，与商业化金/二氧化钛复合催化剂相比，对水分解的催化性能更优，样品的最大表面积可以达到 $106m^2/g$。

尖晶石锌铁矿（$ZnFe_2O_4$）[310] 被认为是一种潜在的太阳能分解水的光阳极材料。然而，它也存在着电荷载体传输不畅的问题。为了获得更好的 $ZnFe_2O_4$ 光阳极，调控带隙和设计纳米结构是可行的策略，可以实现宽光谱响应和高光收集效率。此外，引入杂原子是增加电荷载流子浓度和促进电荷载流子传输的一种常见和富有成效的策略。喷雾热解可快速、连续地合成均匀的多组分纳米结构材料。Li 等人[311] 通过喷雾热解掺入 Ti^{4+} 以促进 $ZnFe_2O_4$ 光阳极的电荷载流子传输。掺入 Ti 的 $ZnFe_2O_4$ 薄膜的厚度约为 300nm，而 6% Ti 掺杂的 $ZnFe_2O_4$ 光阳极表现出的太阳能分解水光电流最高，在 1.23V 时与可逆氢电极（RHE）相比，为 $0.35mA/cm^2$，这归因于 Ti^{4+} 进入 Fe^{3+} 位点所引起的电荷载体浓度和电子传输效率的提高。

Kim 等人[312] 通过喷雾热解方法制备了 $CaCu_xTi_{1-x}O_3$（$0 < x < 0.02$），

其中 $CaCu_{0.01}Ti_{0.99}O_3$（$x=0.01$）光催化剂在可见光照射下（$\lambda>415nm$）的析氢速率最高，为 $295\mu mol/(g \cdot h)$，而未掺杂材料并没有显示出产氢效果。这种可见光下的光催化活性可能源于 Cu^{2+} 掺杂导致 $CaTiO_3$ 电子结构中形成了新的施主能级。同时，聚合物添加剂（$C_6H_8O_7$ 和 $C_2H_6O_2$）导致了较大表面积的纳米板的形成，从而增加了活性中心的数量以及光催化剂与甲醇溶液之间的接触面积。

电催化水分解制氢是另一种可扩展和高效生产氢气的策略，其中 HER 过程中电催化剂是不可或缺的，可以减少能量壁垒，提高整体的能量转换效率[313,314]。一般来说，高性能的 HER 电催化剂应该提供丰富的活性位点，实现有效的电子转移，并拥有适当的吉布斯自由能来吸附氢气。

贵金属催化剂仍然是电催化析氢反应最活跃的材料，因为它们具有低过电位和高反应速率。然而，贵金属成本高、数量少。通过喷雾热解技术制备的非贵金属催化剂已被应用于电解水中。例如，MoS_2 基材料由于其丰富的活性位点和层状结构中的缺陷，已经表现出作为 HER 催化剂的潜力[315]。当对 MoS_2/CNTs 复合电极施加负电位时，在活性位点上，电子从电极转移到 CNTs 并随后转移到 MoS_2 的过程可以被内部电场所促进，迅速积累多余的负电荷密度。因此，极化的电子可以在相应的电化学过程中促进 HER 性能。在相同的电流密度下，与固体 MoS_2 纳米球和 CNT 相比，MoS_2/CNTs 复合催化剂的过电位最低；电化学阻抗光谱测试表明，当非晶态 MoS_2 与 CNTs 结合时，EIS 光谱中的半圆半径急剧减小，在 HER 过程中表现出更好的长期电化学稳定性。

6.5.2　氧还原反应

氧还原反应（oxygen reduction reaction，ORR）是许多电化学过程中的关键步骤，其应用包括燃料电池和金属-空气电池等。在这些设备中，氧气是主要的电子接受者，通过氧还原反应，氧气被还原成水或氢氧化物。

在燃料电池中，氧还原反应通常在电池的阴极（负电极）进行，氧气（O_2）接收四个氢离子（H^+）和四个电子（e^-），生成两个水分子（H_2O），反应释放的电子提供了燃料电池的电流。然而，氧还原反应的动力学过程比较慢，因此需要使用催化剂来加速反应。目前，最常用的催化剂是铂或铂合金，但由于铂和其合金的昂贵、稀有，科学家们正在研究其他更廉价、更丰富的催化剂，如碳基催化剂、金属-氮化物等。

Im K 等人[316] 通过喷雾热解合成了 Co 掺杂的 ZnO 空心颗粒，然后在室温下通过与有机配体反应将其转化为 Co 掺杂的 ZnO@ZIF-8 空心球颗粒。其中有机配位体是沸石咪唑酸盐框架（ZIF），ZIF 是金属-氮-碳（M-NC）催化剂前驱体。首先将氯化钴（Ⅱ）和硝酸锌（Ⅱ）六水合物在 MeOH 和去离子水的混合物中搅拌 30min，然后，使用 1.7MHz 雾化器进行喷雾，并通过通入氮气载气的方式将产生的液滴转移到炉中。在固定炉膛温度 500℃、载气流速为 6.6L/min 的条件下，喷雾热解法更容易制备出金属有机框架（MOF）复合颗粒，使得控制 MOF 颗粒的形态成为可能。研究发现，ZIFs 热处理制备的 Co-NC 空心球在碱性介质的氧还原反应中表现出了 0.904V 的高半波电位。因此，这些颗粒非常适合于多样化的电化学应用（如图 6-18 所示，见文后彩插）。其中图（a）为 Co-NC 空心球的制备过程示意图，图（b）～（e）为合成的具有多晶表面的 Co-ZnO@ZIF-8 空心球的 SEM 图像。从图（f）中可以确认，合成的颗粒是 Co-ZIF-8，根据主峰的轻微移动可以推断 Co 存在于金属结点中。图（g）中的吸附-解吸等温线图也证明了 Co-ZnO@ZIF-8 空心球的成功合成。BET 比表面积从 24.4m^2/g 急剧增加到 880m^2/g，微孔大量增加。图（h）显示了 Co-NC 空心球在氩气条件下以 50mV/s 的扫描速率测量电化学比表面积时，不同数量的 Co 的 CV 曲线，所有的 Co-NC 空心球在测量的电位范围内没有显示氧化还原峰，而在减少 Co 物种数量时电化学域略有增加，这是因为聚集金属 Co 阻挡了热解过程中 Co-ZnO@ZIF-8 空心球中碳的孔隙被氮掺杂。

关于 ORR 活性，在 O$_2$ 饱和条件下，在 0.1mol/L KOH 电解液中测量了 Co-NC 空心球样品的线性扫频伏安法（LSV）曲线［图 6-18(j)］。5%（原子分数）的 Co-NC 空心球表现出最高的半波电位为 0.904V，2.5%（原子分数）的 Co-NC 和 5%（原子分数）的 Co-NC 表现出的半波电位分别为 0.864V 和 0.864V。因此，5% 的 Co 掺杂率是获得 Co-NC 空心球结构的最佳选择，无需使用浸出过程。为了测量 Co-NC 空心球样品的电化学双层电容，进行了估计电化学活性表面积（ECSA）的测量，结果如图 6-18(i) 所示。与 2.5% 的 Co-NC 和 10%（原子分数）的 Co-NC 样品相比，5% 的 Co-NC 空心球表现出最大的 EDLC，为 153.9mF/cm^2，其 EDLC 分别为 82.9mF/cm^2 和 50.5mF/cm^2，这些电容结果与 ORR 性能相符合，它们表明 5% Co 掺杂空心球具有最多的活性位点；从图 6-18(k) 中，具有空心球结构的 Co-NC 表现出明显高于 Co-NC 纳米晶体的半波电位；图 6-18(l) 中可以看出，增加催化剂的负载量会导致功率和电流密度的增加。对于 4mg/cm^2 的负载，在 0.6V 时，

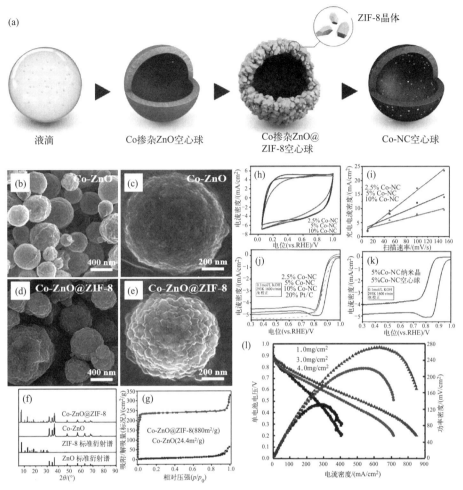

图 6-18 （a）Co-NC 空心球的制备过程示意图；（b）（c）Co-ZnO-500 和
（d）（e）Co-ZnO@ZIF-8 的 HR FE-SEM 图像；（f）Co-ZnO-500 和 Co-ZnO@ZIF-8
的 XRD 图和（g）吸附-解吸等温线图；（h）不同 Co/Zn 比例的 Co-NC 空心球和商业
Pt/C 的 CV 曲线；（i）双层电容和（j）红外补偿 LSV 曲线；（k）Co-NC 空心球和
Co-NC 纳米晶的红外补偿 LSV 曲线；（l）电极上 5% Co-NC 的 AEMFC 单电池性能，
催化剂装载量为 1～4mg/cm^2

电流密度为 $359mA/cm^2$，而功率密度为 $271mW/cm^2$。与其他传统催化剂
的单电池结果相比，该样品由于其中空结构而显示出优异的性能。此外，在
没有使用聚苯乙烯或二氧化硅等模板的情况下，通过喷雾热解仍然可以获得
中空结构的前驱体，然后即便增加高纯度催化剂的负载量，Co-NC 的性能
也不会出现衰减的情况。

6.5.3 二氧化碳还原（CRR）

全球气候变化是当前世界面临的重大挑战，主要由人类活动产生的温室气体排放导致。这些气体的积累在大气中形成"温室效应"，导致全球气温上升，进而引发各种严重的环境和社会问题，如极端天气事件、海平面上升、农业生产困难等。其中二氧化碳是主要的温室气体，因此全球各国都承诺采取行动限制温室气体排放，以减缓气候变化的速度。2020 年 9 月 22日，我国在第 75 届联合国大会一般性辩论上郑重宣布，中国将提高国家自主贡献力度，采取更加有力的政策和措施，二氧化碳排放力争 2030 年前达到峰值，努力争取 2060 年前实现碳中和[317,318]。可见大气中二氧化碳的利用具有重大的现实意义。

通过二氧化碳还原将多余的二氧化碳催化转化为甲烷、甲醇和一氧化碳等燃料是减少碳排放，实现碳循环的重要途径。然而，由于二氧化碳的高热力学稳定性和形成多电子过程的动力学限制（例如，形成甲醇的 6 电子过程和形成甲烷的 8 电子过程），使得二氧化碳还原比水的分解困难得多，设计和制备高效催化剂对于这种转化过程显得十分必要。到目前为止，大多数科学研究都集中在贵金属催化剂上的二氧化碳加氢的工艺路线上，尽管贵金属催化剂具有出色的氢化性能，但由于其成本较高，在大规模应用方面仍然面临挑战。若要使催化剂在工业上得到普遍应用，应该具有高选择性、高活性、高稳定性和低成本等特点，所以开发低成本的贵金属复合材料、贱金属催化剂和金属氧化物（半导体）催化剂来替代单一贵金属催化剂是最为行之有效的方法。

Li 等人[319] 制备了一种介孔 Ag/TiO_2 复合催化剂，使用 TiO_2 和 $AgNO_3$ 作为前驱体，用于光催化还原二氧化碳并产生氢气。与湿法浸渍法（WI）制备的 Ag/TiO_2 复合材料相比，喷雾热解法制备的样品在 TiO_2 基体上具有良好的 Ag 纳米颗粒分散性，比表面积大，粒度分布均匀，平均粒径为 0.9mm。与 2% 的 Ag/TiO_2-WI 样品相比，喷雾热解 2% 的最佳样品表现出更高的催化效率，这归因于它对 Ag 纳米颗粒更好的分散性和更大的比表面积。可见使用喷雾热解制备 Ag/TiO_2 复合催化剂使二氧化碳和水生产合成气（一氧化碳和氢的混合物）是完全可行的。

火焰喷雾热解技术也是一种制备高效催化剂的方法[320]。在火焰喷雾热解过程中，前驱体（可以是溶液、乳剂、溶胶和胶体分散体）首先被雾化器（气动雾化器或压力雾化器）雾化成气溶胶流，然后通过一个超高温

（>2000K）的以甲烷或氢气为燃料的火焰，经过加速燃烧和热分解反应后，形成各种纳米结构[321]。想要获得一定特性（例如成分、比表面积和结晶度等）的催化剂，可以通过调整燃烧条件和前驱体溶液组成来控制。

例如，Büchel 等人[322] 采用火焰喷雾热解优先使 1.0%（质量分数）的 Rh 沉积在氧化铝载体上，制备出了 Rh/Al_2O_3 催化剂，然后探索了其他成分（K 和 Ba）的加入对 CO_2 加氢行为的影响。结果发现，掺入 Ba 的催化剂表现出对 CH_4 高度选择性，从 CO_2 到 CH_4，最大产量在 400℃ 左右，此时 CO 和 H_2O 的逆水气变换反应开始占主导地位；而 K 掺杂的催化剂不产生 CH_4，所有的 CO_2 在 300～800℃ 温度范围内直接转化为 CO。

贱金属催化剂，如 Ni、Co、Cu、Zn 和 Fe，在某些情况下为二氧化碳还原提供了经济上可行的解决方案。例如：Scott 等人[323] 制备了 $Ni-SiO_2$ 纳米复合材料，作为二氧化碳加氢生产甲烷的催化剂，首先用火焰喷雾热解制备了二氧化硅颗粒作为镍催化剂的介孔载体，其中前驱体进料速度会显著影响从二氧化碳生产甲烷的催化效率。

火焰喷雾热解作为一种简单、高效和连续的方法，可以方便地控制粉体的结构和混合金属氧化物的化学计量比例。例如：Zhao 等人[324] 采用一步火焰喷雾热解法制备了不同 Zn/CeO_2 摩尔比的 ZnO/CeO_2 纳米催化剂，并研究了它们对 CO_2 还原的光催化活性。氧化锌的加入增强了纳米催化剂和二氧化碳之间的相互作用，这可能是因为大量 ZnO/CeO_2 异质结均匀地分散在复合催化剂中，促进了光诱导电子空穴对的分离。由于其新颖的组成和纳米结构，ZnO/CeO_2 复合纳米催化剂在紫外线-可见光（UV-Vis）照射下对二氧化碳的还原表现出良好的光催化活性。

Atkinson 等人[325] 采用一步超声喷雾热解连续制备了浸渍有铁基纳米颗粒的多孔碳微球。图 6-19 分别为不同温度下制备的 Fe-C 的 TEM 图像。含有碳源、无机盐和铁盐的前驱体溶液被超声雾化后进行热解，在热解过程中蔗糖脱水碳化，金属盐析出结晶后发生热分解。粉末中产生大量孔隙的主要原因是：①原位模板周围碳的芳香化作用；②分离碳的原位气化；③碳前驱体的原位化学活化。制备的多孔碳球（直径 $0.5～3.0\mu m$），包含了分散良好的氧化铁纳米颗粒（直径 4～90nm），实现了 1.0%～35.0%（质量分数）的铁负载，同时 Fe 纳米颗粒保持了良好的分散，热解后进行热处理和氢还原处理可以增加复合粉体的表面积，同时减少铁的氧化物。该 Fe-C 复合粉体具有非常优异的催化性能和应用前景。

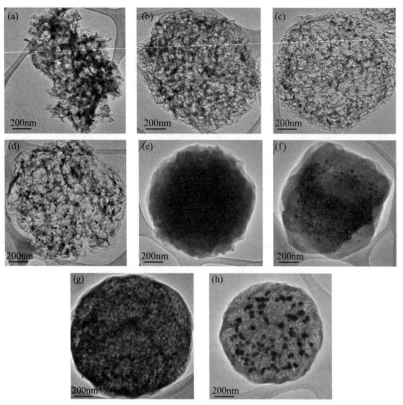

图 6-19　500℃、600℃、700℃和800℃（从左至右）下超声喷雾热解制备的 Fe-C 的 TEM 图像，其中（a）～（d）使用氯化物前驱体，（e）～（h）使用硝酸盐前驱体

6.6　其他

采用家用加湿器作为高频超声波发生器，为超声波喷雾热解创造了雾化条件，并制备出了亚微米级的多孔掺钴纳米二氧化硅颗粒。该热解过程发生在两个加热区，首先在第一个加热区中，由于二氧化硅胶体的存在，引发有机单体聚合，原位形成二氧化硅与有机聚合物的复合物，然后在第二个加热区热解去除聚合物。该工艺可以通过改变二氧化硅与有机单体的比例来控制最终多孔二氧化硅的形态和表面积。磁性纳米颗粒可以很容易地包封在多孔二氧化硅中，所形成的纳米球具有良好的耐氧化特性，使用稳定性高。

图 6-20(a) 描述了一种用于制备纳米和微米级超细粉体的超声喷雾热解装置[326]，这个装置可以将前驱体溶液均匀雾化成微米级液滴，并在 300～500℃ 的高温下沉积到基材上。图 6-20(b)(c) 是通过高速相机拍摄的以水为溶

剂的雾化照片，估计快速移动的较大液滴的速度约为 5m/s。图 6-20(d)～(g) 是对单体：二氧化硅 3∶1(质量比) 的溶液超声喷雾热解产生的纳米球的 SEM 图像，存在 1.2% 的 $Co_2(CO)_8$，白炭黑胶体的颗粒大小为 12nm。图 6-20(h) 给出了复合粉体生成过程的示意图，便于理解和解释超声喷雾热解的详细过程。

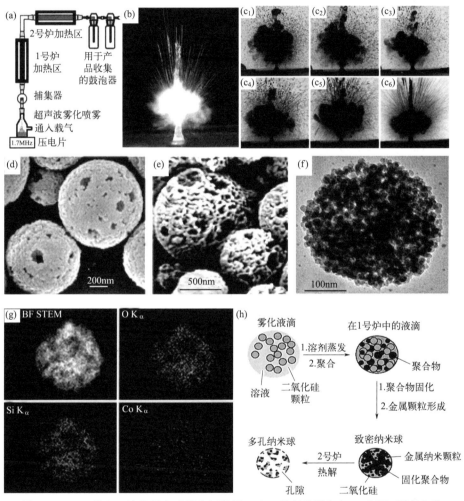

图 6-20　(a) 带有双炉的超声喷雾热解装置；(b) 超声喷雾和在 1.7MHz 下产生的雾气的宏观照片；(c) 超声喷雾的照片，其中数码相机快门时间 (c_1) 0.5ms，(c_2) 1ms，(c_3) 2ms，(c_4) 4ms，(c_5) 8ms，(c_6) 16ms；(d) 对单体：二氧化硅 3∶1(质量比) 的溶液超声喷雾热解产生的纳米球的 SEM；(e) 颗粒内部结构在溅射后显示了蠕虫状的微观结构；(f) 掺钴多孔二氧化硅纳米球的 TEM 图像；(g) 由 10∶1 的有机单体：二氧化硅制备的掺钴多孔二氧化硅的 STEM 图像；(h) 多孔二氧化硅纳米球形成的多阶段过程的示意图

参考文献

[1] https：//zhuanlan. zhihu. com/p/496541381.

[2] Etacheri V，Marom R，Elazari R，et al. Challenges in the development of advanced Li-ion batteries：a review [J]. Energy & Environmental Science，2011，4(9)：3243-3262.

[3] https：//www. lidianshijie. com/news/15/8/38228. html.

[4] Yang H，Wu H H，Ge M，et al. Simultaneously dual modification of Ni-rich layered oxide cathode for high-energy lithium-ion batteries [J]. Advanced Functional Materials，2019，29(13)：1808825.

[5] Obrovac M N，Chevrier V L. Alloy negative electrodes for Li-ion batteries [J]. Chemical Reviews，2014，114(23)：11444-11502.

[6] Reed J，Ceder G. Role of electronic structure in the susceptibility of metastable transition-metal oxide structures to transformation [J]. Chemical Reviews，2004，104(10)：4513-4534.

[7] An W，Gao B，Mei S，et al. Scalable synthesis of ant-nest-like bulk porous silicon for high-performance lithium-ion battery anodes [J]. Nature Communications，2019，10(1)：1447.

[8] Zhang Q，Chen H，Luo L，et al. Harnessing the concurrent reaction dynamics in active Si and Ge to achieve high performance lithium-ion batteries [J]. Energy & Environmental Science，2018，11(3)：669-681.

[9] Whittingham M S. Ultimate limits to intercalation reactions for lithium batteries [J]. Chemical Reviews，2014，114(23)：11414-11443.

[10] Park S H，Sun Y K. Synthesis and electrochemical properties of 5V spinel $LiNi_{0.5}Mn_{1.5}O_4$ cathode materials prepared by ultrasonic spray pyrolysis method [J]. Electrochimica Acta，2004，50(2-3)：434-439.

[11] Choi S H，Hong Y J，Kang Y C. Yolk-shelled cathode materials with extremely high electrochemical performances prepared by spray pyrolysis [J]. Nanoscale，2013，5(17)：7867-7871.

[12] Park S H，Yoon C S，Kang S G，et al. Synthesis and structural characterization of layered $Li[Ni_{1/3}Co_{1/3}Mn_{1/3}]O_2$ cathode materials by ultrasonic spray pyrolysis method [J]. Electrochimica Acta，2004，49(4)：557-563.

[13] Li T，Li X，Wang Z，et al. A short process for the efficient utilization of transi-

tion-metal chlorides in lithium-ion batteries: a case of $Ni_{0.8}Co_{0.1}Mn_{0.1}O_{1.1}$ and $LiNi_{0.8}Co_{0.1}Mn_{0.1}O_2$ [J]. Journal of Power Sources，2017，342：495-503.

[14] Ju S H，Kang Y C. Fine-sized $LiNi_{0.8}Co_{0.15}Mn_{0.05}O_2$ cathode powders prepared by combined process of gas-phase reaction and solid-state reaction methods [J]. Journal of Power Sources，2008，178(1)：387-392.

[15] Ju S H，Jang H C，Kang Y C. Al-doped Ni-rich cathode powders prepared from the precursor powders with fine size and spherical shape [J]. Electrochimica Acta，2007，52(25)：7286-7292.

[16] Liu J，Conry T E，Song X，et al. Nanoporous spherical $LiFePO_4$ for high performance cathodes [J]. Energy & Environmental Science，2011，4(3)：885-888.

[17] Oh S M，Oh S W，Yoon C S，et al. High-performance carbon-$LiMnPO_4$ nanocomposite cathode for lithium batteries [J]. Advanced Functional Materials，2010，20(19)：3260-3265.

[18] Konarova M，Taniguchi I. Synthesis of carbon-coated $LiFePO_4$ nanoparticles with high rate performance in lithium secondary batteries [J]. Journal of Power Sources，2010，195(11)：3661-3667.

[19] Hong Y J，Son M Y，Lee J K，et al. Characteristics of stabilized spinel cathode powders obtained by in-situ coating method [J]. Journal of Power Sources，2013，244：625-630.

[20] Kim D Y，Ju S H，Kang Y C. Fine-sized $LiCoO_2$ particles prepared by spray pyrolysis from polymeric precursor solution [J]. Materials Research Bulletin，2007，42(2)：362-370.

[21] Taniguchi I，Fukuda N，Konarova M. Synthesis of spherical $LiMn_2O_4$ microparticles by a combination of spray pyrolysis and drying method [J]. Powder Technology，2008，181(3)：228-236.

[22] Doan T N L，Taniguchi I. Preparation of $LiCoPO_4$/C nanocomposite cathode of lithium batteries with high rate performance [J]. Journal of Power Sources，2011，196(13)：5679-5684.

[23] Taniguchi I，Doan T N L，Shao B. Synthesis and electrochemical characterization of $LiCo_xMn_{1-x}PO_4$/C nanocomposites [J]. Electrochimica Acta，2011，56(22)：7680-7685.

[24] Akimoto S，Taniguchi I. Synthesis and characterization of $LiCo_{1/3}Mn_{1/3}Fe_{1/3}PO_4$/C nanocomposite cathode of lithium batteries with high rate performance [J]. Journal of Power Sources，2013，242：627-630.

[25] Choi S H，Kang Y C. Excellent electrochemical properties of yolk-shell LiV_3O_8 powder

and its potential as cathodic material for lithium-ion batteries [J]. Chemistry —A European Journal，2013，19(51)：17305-17309.

[26] Ko Y N，Kim J H，Choi S H，et al. Electrochemical properties of spherically shaped dense V_2O_5 cathode powders prepared directly by spray pyrolysis [J]. Journal of Power Sources，2012，211：84-91.

[27] Ko Y N，Kang Y C，Park S B. A new strategy for synthesizing yolk-shell V_2O_5 powders with low melting temperature for high performance Li-ion batteries [J]. Nanoscale，2013，5(19)：8899-8903.

[28] Choi S H，Kim J H，Ko Y N，et al. Preparation and electrochemical properties of glass-modified $LiCoO_2$ cathode powders [J]. Journal of Power Sources，2013，244：129-135.

[29] Kim S H，Kim C S. Improving the rate performance of $LiCoO_2$ by Zr doping [J]. Journal of Electroceramics，2009，23：254-257.

[30] Lengyel M，Zhang X，Atlas G，et al. Composition optimization of layered lithium nickel manganese cobalt oxide materials synthesized via ultrasonic spray pyrolysis [J]. Journal of The Electrochemical Society，2014，161(9)：A1338.

[31] Lim S N，Ahn W，Yeon S H，et al. Preparation of a reduced graphene oxide wrapped lithium-rich cathode material by self-assembly [J]. Chemistry—An Asian Journal，2014，9(10)：2946-2952.

[32] Taniguchi I，Song D，Wakihara M. Electrochemical properties of $LiM_{1/6}Mn_{11/6}O_4$ (M= Mn，Co，Al and Ni) as cathode materials for Li-ion batteries prepared by ultrasonic spray pyrolysis method [J]. Journal of Power Sources，2002，109(2)：333-339.

[33] Taniguchi I. Powder properties of partially substituted $LiM_xMn_{2-x}O_4$ (M= Al，Cr，Fe and Co) synthesized by ultrasonic spray pyrolysis [J]. Materials Chemistry and Physics，2005，92(1)：172-179.

[34] Taniguchi I，Bakenov Z. Spray pyrolysis synthesis of nanostructured $LiFe_xMn_{2-x}O_4$ cathode materials for lithium-ion batteries [J]. Powder Technology，2005，159(2)：55-62.

[35] Bakenov Z，Taniguchi I. Electrochemical performance of nanostructured $LiM_xMn_{2-x}O_4$ (M= Co and Al) powders at high charge-discharge operations [J]. Solid State Ionics，2005，176(11-12)：1027-1034.

[36] Zhang L，Yabu T，Taniguchi I. Synthesis of spherical nanostructured $LiM_xMn_{2-x}O_4$ (M= Ni^{2+}，Co^{3+}，and Ti^{4+}；$0 \leqslant x \leqslant 0.2$) via a single-step ultrasonic spray pyrolysis method and their high rate charge-discharge performances [J]. Materials

Research Bulletin，2009，44(3)：707-713.

[37] Ju S H，Kang Y C. Fine-sized $LiNi_{0.8}Co_{0.15}Mn_{0.05}O_2$ cathode particles prepared by spray pyrolysis from the polymeric precursor solutions [J]. Ceramics International，2009，35(4)：1633-1639.

[38] Zang G，Zhang J，Xu S，et al. Techno-economic analysis of cathode material production using flame-assisted spray pyrolysis [J]. Energy，2021，218：119504.

[39] Li Y，Li X，Wang Z，et al. A novel layered Ni-rich cathode hierarchical architecture of densely integrating hydroxide nanoflakes onto oxide microspheres with superior lithium storage property [J]. Mater Chem Front，2018，2：1822-1828.

[40] Son M Y，Hong Y J，Lee J K，et al. One-pot synthesis of Fe_2O_3 yolk-shell particles with two，three，and four shells for application as an anode material in lithium-ion batteries [J]. Nanoscale，2013，5(23)：11592-11597.

[41] Song T B，Huang Z H，Niu X Q，et al. Applications of carbon dots in next-generation lithium-ion batteries [J]. ChemNanoMat，2020，6(10)：1421-1436.

[42] Guo R，Li L，Wang B，et al. Functionalized carbon dots for advanced batteries [J]. Energy Storage Materials，2021，37：8-39.

[43] Chou S L，Wang J Z，Chen Z X，et al. Hollow hematite nanosphere/carbon nanotube composite：mass production and its high-rate lithium storage properties [J]. Nanotechnology，2011，22(26)：265401.

[44] Lee S J，Kim H J，Hwang T H，et al. Delicate structural control of $Si-SiO_x-C$ composite via high-speed spray pyrolysis for Li-ion battery anodes [J]. Nano Letters，2017，17 (3)：1870-1876.

[45] Park G D，Cho J S，Kang Y C. Novel cobalt oxide-nanobubble-decorated reduced graphene oxide sphere with superior electrochemical properties prepared by nanoscale Kirkendall diffusion process [J]. Nano Energy，2015，17：17-26.

[46] Choi S H，Lee J H，Kang Y C. Perforated metal oxide-carbon nanotube composite microspheres with enhanced lithium-ion storage properties [J]. ACS nano，2015，9(10)：10173-10185.

[47] Leng J，Wang Z，Wang J，et al. Advances in nanostructures fabricated via spray pyrolysis and their applications in energy storage and conversion [J]. Chemical Society Reviews，2019，48(11)：3015-3072.

[48] Park G D，Lee J K，Kang Y C. Synthesis of uniquely structured SnO_2 hollow nanoplates and their electrochemical properties for Li-ion storage [J]. Advanced Functional Materials，2017，27(4)：1603399.

[49] Ju H S，Cho J S，Kim J H，et al. Synthesis of hollow cobalt oxide nanopowders

by a salt-assisted spray pyrolysis process applying nanoscale Kirkendall diffusion and their electrochemical properties [J]. Physical Chemistry Chemical Physics，2015，17(47)：31988-31994.

[50] Li T，Li X，Wang Z，et al. A novel $NiCo_2O_4$ anode morphology for lithium-ion batteries [J]. Journal of Materials Chemistry A，2015，3(22)：11970-11975.

[51] Choi S H，Kang Y C. Ultrafast synthesis of yolk-shell and cubic NiO nanopowders and application in lithium ion batteries [J]. ACS Applied Materials & Interfaces，2014，6(4)：2312-2316.

[52] Son M Y，Hong Y J，Kang Y C. Superior electrochemical properties of Co_3O_4 yolk-shell powders with a filled core and multishells prepared by a one-pot spray pyrolysis [J]. Chemical Communications，2013，49(50)：5678-5680.

[53] Hong Y J，Son M Y，Kang Y C. One-pot facile synthesis of double-shelled SnO_2 yolk-shell-structured powders by continuous process as anode materials for Li-ion batteries [J]. Advanced Materials，2013，25(16)：2279-2283.

[54] Adi A，Taniguchi I. Synthesis and characterization of porous-crystalline C/Fe_3O_4 microspheres by spray pyrolysis with steam oxidation as anode materials for Li-ion batteries [J]. Advanced Powder Technology，2022，33(6)：103606.

[55] Leng J，Wang Z，Li X，et al. Accurate construction of a hierarchical nickel-cobalt oxide multishell yolk-shell structure with large and ultrafast lithium storage capability [J]. Journal of Materials Chemistry A，2017，5(29)：14996-15001.

[56] Choi S H，Kang Y C. Using simple spray pyrolysis to prepare yolk-shell-structured $ZnO-Mn_3O_4$ systems with the optimum composition for superior electrochemical properties [J]. Chemistry—A European Journal，2014，20(11)：3014-3018.

[57] Hong Y J，Kang Y C. General formation of tin nanoparticles encapsulated in hollow carbon spheres for enhanced lithium storage capability [J]. Small，2015，11(18)：2157-2163.

[58] Ju H S，Hong Y J，Cho J S，et al. Strategy for yolk-shell structured metal oxide-carbon composite powders and their electrochemical properties for lithium-ion batteries [J]. Carbon，2016，100：137-144.

[59] Hong Y J，Kang Y C. One-pot synthesis of core-shell-structured tin oxide-carbon composite powders by spray pyrolysis for use as anode materials in Li-ion batteries [J]. Carbon，2015，88：262-269.

[60] Choi S H，Lee J H，Kang Y C. One-pot rapid synthesis of core-shell structured $NiO@TiO_2$ nanopowders and their excellent electrochemical properties as anode materials for lithium ion batteries [J]. Nanoscale，2013，5(24)：12645-12650.

［61］ Hong Y J, Kang Y C. Formation of core-shell-structured Zn_2SnO_4-carbon microspheres with superior electrochemical properties by one-pot spray pyrolysis ［J］. Nanoscale, 2015, 7(2): 701-707.

［62］ Li T, Li X, Wang Z, et al. Synthesis of nanoparticles-assembled Co_3O_4 microspheres as anodes for Li-ion batteries by spray pyrolysis of $CoCl_2$ solution ［J］. Electrochimica Acta, 2016, 209: 456-463.

［63］ Cho J S, Won J M, Lee J K, et al. Design and synthesis of multiroom-structured metal compounds-carbon hybrid microspheres as anode materials for rechargeable batteries ［J］. Nano Energy, 2016, 26: 466-478.

［64］ Lee S J, Kim H J, Hwang T H, et al. Delicate structural control of $Si-SiO_x-C$ composite via high-speed spray pyrolysis for Li-ion battery anodes ［J］. Nano Letters, 2017, 17(3): 1870-1876.

［65］ Son M Y, Choi J H, Kang Y C. Electrochemical properties of bare nickel sulfide and nickel sulfide-carbon composites prepared by one-pot spray pyrolysis as anode materials for lithium secondary batteries ［J］. Journal of Power Sources, 2014, 251: 480-487.

［66］ Kim I G, Ghani F, Lee K Y, et al. Electrochemical performance of Mn_3O_4 nanorods by N-doped reduced graphene oxide using ultrasonic spray pyrolysis for lithium storage ［J］. International Journal of Energy Research, 2020, 44 (14): 11171-11184.

［67］ Choi S H, Kang Y C. Fe_3O_4-decorated hollow graphene balls prepared by spray pyrolysis process for ultrafast and long cycle-life lithium ion batteries ［J］. Carbon, 2014, 79: 58-66.

［68］ Wang S E, Park J S, Kim M J, et al. One-pot spray pyrolysis for core-shell structured Sn@ SiOC anode nanocomposites that yield stable cycling in lithium-ion batteries ［J］. Applied Surface Science, 2022, 589: 152952.

［69］ Lee S M, Choi S H, Kang Y C. Electrochemical properties of tin oxide flake/reduced graphene oxide/carbon composite powders as anode materials for lithium-ion batteries ［J］. Chemistry—A European Journal, 2014, 20(46): 15203-15207.

［70］ Park G D, Choi S H, Lee J K, et al. One-pot method for synthesizing spherical-like metal sulfide-reduced graphene oxide composite powders with superior electrochemical properties for lithium-ion batteries ［J］. Chemistry—A European Journal, 2014, 20(38): 12183-12189.

［71］ Park G D, Lee J H, Kang Y C. Superior electrochemical properties of spherical-like $Co_2(OH)_3Cl$-reduced graphene oxide composite powders with ultrafine nanocrystals [J]. Carbon, 2015, 84: 14-23.

[72] Li T, Li X, Wang Z, et al. Robust synthesis of hierarchical mesoporous hybrid $NiO-MnCo_2O_4$ microspheres and their application in Lithium-ion batteries [J]. Electrochimica Acta, 2016, 191: 392-400.

[73] Ju S H, Kang Y C. Effects of drying control chemical additive on properties of $Li_4Ti_5O_{12}$ negative powders prepared by spray pyrolysis [J]. Journal of Power Sources, 2010, 195(13): 4327-4331.

[74] Ko Y N, Choi S H, Kang Y C, et al. Characteristics of $Li_2TiO_3-LiCrO_2$ composite cathode powders prepared by ultrasonic spray pyrolysis [J]. Journal of Power Sources, 2013, 244: 336-343.

[75] Park G D, Ko Y N, Kang Y C. Electrochemical properties of cobalt hydroxychloride microspheres as a new anode material for Li-ion batteries [J]. Scientific Reports, 2014, 4(1): 5785.

[76] Choi S H, Kang Y C. One-pot facile synthesis of Janus-structured SnO_2-CuO composite nanorods and their application as anode materials in Li-ion batteries [J]. Nanoscale, 2013, 5(11): 4662-4668.

[77] Langrock A, Xu Y, Liu Y, et al. Carbon coated hollow Na_2FePO_4F spheres for Na-ion battery cathodes [J]. Journal of Power Sources, 2013, 223: 62-67.

[78] Mao J, Luo C, Gao T, et al. Scalable synthesis of $Na_3V_2(PO_4)_3/C$ porous hollow spheres as a cathode for Na-ion batteries [J]. Journal of Materials Chemistry A, 2015, 3(19): 10378-10385.

[79] Lee S Y, Kim J H, Kang Y C. Electrochemical properties of P2-type $Na_{2/3}Ni_{1/3}Mn_{2/3}O_2$ plates synthesized by spray pyrolysis process for sodium-ion batteries [J]. Electrochimica Acta, 2017, 225: 86-92.

[80] Chang Y, Xie G, Zhou Y, et al. Enhancing storage performance of P2-type $Na_{2/3}Fe_{1/2}Mn_{1/2}O_2$ cathode materials by Al_2O_3 coating [J]. Transactions of Nonferrous Metals Society of China, 2022, 32(1): 262-272.

[81] Luo C, Langrock A, Fan X, et al. P2-type transition metal oxides for high performance Na-ion battery cathodes [J]. Journal of Materials Chemistry A, 2017, 5 (34): 18214-18220.

[82] Chang Y, Zhou Y, Wang Z, et al. Synthesis of $NaNi_{0.5}Mn_{0.5}O_2$ cathode materials for sodium-ion batteries via spray pyrolysis method [J]. Journal of Alloys and Compounds, 2022, 922: 166283.

[83] Kim S J, Hong J H, Kang Y C. Spray-assisted synthesis of layered P2-type $Na_{0.67}Mn_{0.67}Cu_{0.33}O_2$ powders and their superior electrochemical properties for

Na-ion battery cathode [J]. Applied Surface Science，2023，611：155673.

[84] Mao J，Luo C，Gao T，et al. Scalable synthesis of $Na_3V_2(PO_4)_3$/C porous hollow spheres as a cathode for Na-ion batteries [J]. Journal of Materials Chemistry A，2015，3(19)：10378-10385.

[85] Shen K Y，Lengyel M，Wang L，et al. Spray pyrolysis and electrochemical performance of $Na_{0.44}MnO_2$ for sodium-ion battery cathodes [J]. MRS Communications，2017，7(1)：74-77.

[86] Kodera T，Ogihara T. Synthesis and electrochemical properties of $Na_{2/3}Fe_{1/3}Mn_{2/3}O_2$ cathode materials for sodium ion battery by spray pyrolysis [J]. Journal of the Ceramic Society of Japan，2014，122(1426)：483-487.

[87] Luo C，Zhu Y，Xu Y，et al. Graphene oxide wrapped croconic acid disodium salt for sodium ion battery electrodes [J]. Journal of Power Sources，2014，250：372-378.

[88] David L，Bhandavat R，Singh G. MoS_2/graphene composite paper for sodium-ion battery electrodes [J]. ACS Nano，2014，8(2)：1759-1770.

[89] Xie X，Ao Z，Su D，et al. MoS_2/graphene composite anodes with enhanced performance for sodium-ion batteries：the role of the two-dimensional heterointerface [J]. Advanced Functional Materials，2015，25(9)：1393-1403.

[90] Wang J，Luo C，Gao T，et al. Sodium-ion batteries：an advanced MoS_2/Carbon anode for high-performance sodium-ion batteries [J]. Small，2015，11(4)：472.

[91] Choi S H，Ko Y N，Lee J K，et al. 3D MoS_2-graphene microspheres consisting of multiple nanospheres with superior sodium ion storage properties [J]. Advanced Functional Materials，2015，25(12)：1780-1788.

[92] Tepavcevic S，Xiong H，Stamenkovic V R，et al. Nanostructured bilayered vanadium oxide electrodes for rechargeable sodium-ion batteries [J]. ACS Nano，2012，6(1)：530-538.

[93] Wang Y X，Lim Y G，Park M S，et al. Ultrafine SnO_2 nanoparticle loading onto reduced graphene oxide as anodes for sodium-ion batteries with superior rate and cycling performances [J]. Journal of Materials Chemistry A，2014，2(2)：529-534.

[94] Zhang N，Han X，Liu Y，et al. 3D porous $\gamma\text{-}Fe_2O_3$@ C nanocomposite as high-performance anode material of Na-ion batteries [J]. Advanced energy materials，2015，5(5)：1401123.

[95] Savaram K，Fan X，Yang H，et al. Novel one step microwave assisted fabrication of Sn_4P_3@ phosphorous doped carbon as a superior anode material for sodium ion

batteries［C］//Abstracts of Papers of the American Chemical Society. 1155
16TH ST，NW，WASHINGTON，DC 20036 USA：AMER CHEMICAL SOC，
2018，256.

［96］ Kim J H，Choi W，Jung H G，et al. Anatase TiO_2-reduced graphene oxide nano-
structures with high-rate sodium storage performance［J］. Journal of Alloys and
Compounds，2017，690：390-396.

［97］ Cho J S，Ju H S，Lee J K，et al. Carbon/two-dimensional $MoTe_2$ core/shell-
structured microspheres as an anode material for Na-ion batteries［J］. Nanoscale，
2017，9(5)：1942-1950.

［98］ Lu Y，Zhao Q，Zhang N，et al. Facile spraying synthesis and high-performance
sodium storage of mesoporous MoS_2/C microspheres［J］. Advanced Functional
Materials，2016，26(6)：911-918.

［99］ Fan X，Gao T，Luo C，et al. Superior reversible tin phosphide-carbon spheres for
sodium ion battery anode［J］. Nano Energy，2017，38：350-357.

［100］ Park G D，Lee J H，Kang Y C. Superior Na-ion storage properties of high aspect
ratio SnSe nanoplates prepared by a spray pyrolysis process［J］. Nanoscale，
2016，8(23)：11889-11896.

［101］ Lee S Y，Kang Y C. Sodium-ion storage properties of FeS-reduced graphene
oxide composite powder with a crumpled structure［J］. Chemistry—A European
Journal，2016，22(8)：2769-2774.

［102］ Cho J S，Lee S Y，Lee J K，et al. Iron telluride-decorated reduced graphene
oxide hybrid microspheres as anode materials with improved Na-ion storage prop-
erties［J］. ACS Applied Materials & Interfaces，2016，8(33)：21343-21349.

［103］ Ko Y N，Choi S H，Kang Y C. Hollow cobalt selenide microspheres：synthesis
and application as anode materials for Na-ion batteries［J］. ACS applied Materials &
Interfaces，2016，8(10)：6449-6456.

［104］ Zhu Y，Suo L，Gao T，et al. Ether-based electrolyte enabled Na/FeS_2 recharge-
able batteries［J］. Electrochemistry Communications，2015，54：18-22.

［105］ Choi S H，Kang Y C. Aerosol-assisted rapid synthesis of SnS-C composite micro-
spheres asanode material for Na-ion batteries［J］. Nano Research，2015，8：
1595-1603.

［106］ Park G D，Kang Y C. One-pot synthesis of $CoSe_x$-rGO composite powders by
spray pyrolysis and their application as anode material for sodium-ion batteries
［J］. Chemistry—A European Journal，2016，22(12)：4140-4146.

［107］ Liu Y，Zhang N，Jiao L，et al. Ultrasmall Sn nanoparticles embedded in carbon as high-performance anode for sodium-ion batteries [J]. Advanced Functional Materials, 2015, 25(2): 214-220.

[108] Ko Y N, Kang Y C. Co_9S_8-carbon composite as anode materials with improved Na-storage performance [J]. Carbon, 2015, 94: 85-90.

[109] Lu Y, Zhang N, Zhao Q, et al. Micro-nanostructured CuO/C spheres as high-performance anode materials for Na-ion batteries [J]. Nanoscale, 2015, 7(6): 2770-2776.

[110] Zhang P, Cao B, Soomro R A, et al. Se-decorated SnO_2/rGO composite spheres and their sodium storage performances [J]. Chinese Chemical Letters, 2021, 32(1): 282-285.

[111] Zhang N, Liu Y, Lu Y, et al. Spherical nano-Sb@ C composite as a high-rate and ultra-stable anode material for sodium-ion batteries [J]. Nano Research, 2015, 8: 3384-3393.

[112] Ko Y N, Kang Y C. Electrochemical properties of ultrafine Sb nanocrystals embedded in carbon microspheres for use as Na-ion battery anode materials [J]. Chemical Communications, 2014, 50(82): 12322-12324.

[113] Sui R, Zan G, Wen M, et al. Dual carbon design strategy for anodes of sodium-ion battery: mesoporous CoS_2/CoO on open framework carbon-spheres with rGO encapsulating [J]. ACS Applied Materials & Interfaces, 2022, 14 (24): 28004-28013.

[114] Lee J S, Park J S, Baek K W, et al. Coral-like porous microspheres comprising polydopamine-derived N-doped C-coated $MoSe_2$ nanosheets composited with graphitic carbon as anodes for high-rate sodium-and potassium-ion batteries [J]. Chemical Engineering Journal, 2023, 456: 141118.

[115] Choi S H, Kang Y C. Fullerene-like $MoSe_2$ nanoparticles-embedded CNT balls with excellent structural stability for highly reversible sodium-ion storage [J]. Nanoscale, 2016, 8(7): 4209-4216.

[116] Ji X, Lee K T, Nazar L F. A highly ordered nanostructured carbon-sulphur cathode for lithium-sulphur batteries [J]. Nature Materials, 2009, 8(6): 500-506.

[117] Yin Y X, Xin S, Guo Y G, et al. Lithium-sulfur batteries: electrochemistry, materials, and prospects [J]. Angewandte Chemie International Edition, 2013, 52(50): 13186-13200.

[118] Zhu L, Zhu W, Cheng X B, et al. Cathode materials based on carbon nanotubes for high-energy-density lithium-sulfur batteries [J]. Carbon, 2014, 75: 161-168.

[119] Zu C，Manthiram A. Hydroxylated graphene-sulfur nanocomposites for high-rate lithium-sulfur batteries [J]. Advanced Energy Materials，2013，3（8）：1008-1012.

[120] Schuster J，He G，Mandlmeier B，et al. Spherical ordered mesoporous carbon nanoparticles with high porosity for lithium-sulfur batteries [J]. Angewandte Chemie International Edition，2012，51(15)：3591-3595.

[121] Zhu Y，Xu G，Zhang X，et al. Hierarchical porous carbon derived from soybean hulls as a cathode matrix for lithium-sulfur batteries [J]. Journal of Alloys and Compounds，2017，695：2246-2252.

[122] Lin L，Pei F，Peng J，et al. Fiber network composed of interconnected yolk-shell carbon nanospheres for high-performance lithium-sulfur batteries [J]. Nano Energy，2018，54：50-58.

[123] Liang X，Kaiser M R，Konstantinov K，et al. Ternary porous sulfur/dual-carbon architectures for lithium/sulfur batteries obtained continuously and on a large scale via an industry-oriented spray-pyrolysis/sublimation method [J]. ACS Applied Materials & Interfaces，2016，8(38)：25251-25260.

[124] Liu X，Huang W，Wang D，et al. A nitrogen-doped 3D hierarchical carbon/sulfur composite for advanced lithium sulfur batteries [J]. Journal of Power Sources，2017，355：211-218.

[125] Saroha R，Choi H H，Cho J S. Boosting redox kinetics using rationally engineered cathodic interlayers comprising porous rGO-CNT framework microspheres with $NiSe_2$-core@ N-doped graphitic carbon shell nanocrystals for stable Li-S batteries [J]. Chemical Engineering Journal，2023，473：145391.

[126] Sohn H，Gordin M L，Regula M，et al. Porous spherical polyacrylonitrile-carbon nanocomposite with high loading of sulfur for lithium-sulfur batteries [J]. Journal of Power Sources，2016，302：70-78.

[127] Wang S E，Kim M J，Park J S，et al. Silicon oxycarbide-derived hierarchical porous carbon nanoparticles with tunable pore structure for lithium-sulfur batteries [J]. Chemical Engineering Journal，2023，465：143035.

[128] Sohn H，Gordin M L，Xu T，et al. Porous spherical carbon/sulfur nanocomposites by aerosol-assisted synthesis：the effect of pore structure and morphology on their electrochemical performance as lithium/sulfur battery cathodes [J]. ACS Applied Materials & Interfaces，2014，6(10)：7596-7606.

[129] C. Zhao，L. Liu，H. Zhao，A. Krall，Z. Wen，J. Chen，P. Hurley，J. Jiang and Y. Li，Nanoscale，2014，6，882-888.

[130] Tao Y，Wei Y，Liu Y，et al. Kinetically-enhanced polysulfide redox reactions by Nb_2O_5 nanocrystals for high-rate lithium-sulfur battery [J]. Energy & Environmental Science，2016，9(10)：3230-3239.

[131] Jung D S，Hwang T H，Lee J H，et al. Hierarchical porous carbon by ultrasonic spray pyrolysis yields stable cycling in lithium-sulfur battery [J]. Nano Letters，2014，14(8)：4418-4425.

[132] Li Z，Wu H B，Lou X W D. Rational designs and engineering of hollow micro-/nanostructures as sulfur hosts for advanced lithium-sulfur batteries [J]. Energy & Environmental Science，2016，9(10)：3061-3070.

[133] Chen X，Xiao Z，Ning X，et al. Sulfur-impregnated，sandwich-type，hybrid carbon nanosheets with hierarchical porous structure for high-performance lithium-sulfur batteries [J]. Advanced Energy Materials，2014，4(13)：1301988.

[134] Park S K，Lee J K，Kang Y C. Yolk-shell structured assembly of bamboo-like nitrogen-doped carbon nanotubes embedded with Co nanocrystals and their application as cathode material for Li-S batteries [J]. Advanced Functional Materials，2018，28(18)：1705264.

[135] 许可，王保国. 锌-空气电池空气电极研究进展 [J]. 储能科学与技术，2017，6(05)：924-940.

[136] Kuai L，Kan E，Cao W，et al. Mesoporous $LaMnO_{3+\delta}$ perovskite from spray-pyrolysis with superior performance for oxygen reduction reaction and Zn-air battery [J]. Nano Energy，2018，43：81-90.

[137] Logan B E，Hamelers B，Rozendal R，et al. Microbial fuel cells：methodology and technology [J]. Environmental science & Technology，2006，40 (17)：5181-5192.

[138] 苗珍珍，史莹飞，秦晓平. 燃料电池 Pt 基催化剂制备方法综述 [J]. 电池，2021，51(06)：634-638. DOI：10.19535/j.1001-1579.2021.06.021.

[139] Rowe A，Li X. Mathematical modeling of proton exchange membrane fuel cells [J]. Journal of Power Sources，2001，102(1-2)：82-96.

[140] Liang Y，Li Y. H，Wang，J. Zhou，J. Wang，T. Regier，H. Dai [J]. Nat Mater，2011，10：780.

[141] Kim I G，Nah I W，Oh I H，et al. Crumpled rGO-supported Pt-Ir bifunctional catalyst prepared by spray pyrolysis for unitized regenerative fuel cells [J]. Journal of Power Sources，2017，364：215-225.

[142] Suzuki Y，Ishihara A，Mitsushima S，et al. Sulfated-zirconia as a support of Pt catalyst for polymer electrolyte fuel cells [J]. Electrochemical and Solid-State

Letters，2007，10(7)：B105.

[143] Ormerod R M. Solid oxide fuel cells [J]. Chemical Society Reviews，2003，32 (1)：17-28.

[144] dos Santos-Gómez L，Porras-Vázquez J M，Losilla E R，et al. Stability and performance of $La_{0.6}Sr_{0.4}Co_{0.2}Fe_{0.8}O_{3-\delta}$ nanostructured cathodes with $Ce_{0.8}Gd_{0.2}O_{1.9}$ surface coating [J]. Journal of Power Sources，2017，347：178-185.

[145] Zapata-Ramírez V，Rosendo-Santos P，Amador U，et al. Optimisation of high-performance，cobalt-free $SrFe_{1-x}Mo_xO_{3-\delta}$ cathodes for solid oxide fuel cells prepared by spray pyrolysis [J]. Renewable Energy，2022，185：1167-1176.

[146] Mukhopadhyay J，Basu R N. Morphologically architectured spray pyrolyzed lanthanum ferrite-based cathodes-A phenomenal enhancement in solid oxide fuel cell performance [J]. Journal of Power Sources，2014，252：252-263.

[147] dos Santos-Gómez L，Porras-Vázquez J M，Losilla E R，et al. LSCF-CGO nanocomposite cathodes deposited in a single step by spray-pyrolysis [J]. Journal of the European Ceramic Society，2018，38(4)：1647-1653.

[148] Mukhopadhyay J，Maiti H S，Basu R N. Synthesis of nanocrystalline lanthanum manganite with tailored particulate size and morphology using a novel spray pyrolysis technique for application as the functional solid oxide fuel cell cathode [J]. Journal of Power Sources，2013，232：55-65.

[149] dos Santos-Gómez L，Porras-Vázquez J M，Martin F，et al. An easy and innovative method based on spray-pyrolysis deposition to obtain high efficiency cathodes for Solid Oxide Fuel Cells [J]. Journal of Power Sources，2016，319：48-55.

[150] Xie Y，Neagu R，Hsu C S，et al. Spray pyrolysis deposition of electrolyte and anode for metal-supported solid oxide fuel cell [J]. Journal of the Electrochemical Society，2008，155(4)：B407.

[151] Shimada H，Yamaguchi T，Sumi H，et al. Extremely fine structured cathode for solid oxide fuel cells using Sr-doped $LaMnO_3$ and Y_2O_3-stabilized ZrO_2 nanocomposite powder synthesized by spray pyrolysis [J]. Journal of Power Sources，2017，341：280-284.

[152] Senevirathne K，Neburchilov V，Alzate V，et al. Nb-doped TiO_2/carbon composite supports synthesized by ultrasonic spray pyrolysis for proton exchange membrane (PEM) fuel cell catalysts [J]. Journal of Power Sources，2012，220：1-9.

[153] Lim C H，Lee K T. Characterization of core-shell structured Ni@ GDC anode materials synthesized by ultrasonic spray pyrolysis for solid oxide fuel cells [J].

Ceramics International，2016，42(12)：13715-13722.

[154] Szymczewska D，Chrzan A，Karczewski J，et al. Spray pyrolysis of doped-ceria barrier layers for solid oxide fuel cells [J]. Surface and Coatings Technology，2017，313：168-176.

[155] Molin S，Karczewski J，Kamecki B，et al. Processing of $Ce_{0.8}Gd_{0.2}O_{2-\delta}$ barrier layers for solid oxide cells：The effect of preparation method and thickness on the interdiffusion and electrochemical performance [J]. Journal of the European Ceramic Society，2020，40(15)：5626-5633.

[156] dos Santos-Gómez L，Hurtado J，Porras-Vázquez J M，et al. Durability and performance of CGO barriers and LSCF cathode deposited by spray-pyrolysis [J]. Journal of the European Ceramic Society，2018，38(10)：3518-3526.

[157] Gong J，Liang J，Sumathy K. Review on dye-sensitized solar cells (DSSCs)：Fundamental concepts and novel materials [J]. Renewable and Sustainable Energy Reviews，2012，16(8)：5848-5860.

[158] Khan A，Mondal M，Mukherjee C，et al. A review report on solar cell：past scenario，recent quantum dot solar cell and future trends [C] //Advances in Optical Science and Engineering：Proceedings of the First International Conference，IEM OPTRONIX 2014. Springer India，2015：135-140.

[159] D. S. Ginley，D. Cahen and M. Society，Fundamentals of materials for energy and environmental sustainability [M]. Cambridge University Press，2012.

[160] 曹邵文，周国庆，蔡琦琳等. 太阳能电池综述：材料、政策驱动机制及应用前景 [J]. 复合材料学报，2022，39（05）：1847-1858. DOI：10.13801/j.cnki.fhclxb.20220302.001.

[161] Saga T. Advances in crystalline silicon solar cell technology for industrial mass production [J]. NPG Asia Materials，2010，2(3)：96-102. https://doi.org/10.1038/asiamat.2010.82.

[162] Ibrahim A A，Ashour A. ZnO/Si solar cell fabricated by spray pyrolysis technique [J]. Journal of Materials Science：Materials in Electronics，2006，17：835-839.

[163] Singh P，Kumar A，Kaur D. Growth and characterization of ZnO nanocrystalline thin films and nanopowder via low-cost ultrasonic spray pyrolysis [J]. Journal of Crystal Growth，2007，306(2)：303-310.

[164] Kobayashi H，Ishida T，Nakato Y，et al. Mechanism of carrier transport in highly efficient solar cells having indium tin oxide/Si junctions [J]. Journal of Applied Physics，1991，69(3)：1736-1743.

［165］ Kobayashi H，Kogetsu Y，Ishida T，et al. Increases in photovoltage of "indium tin oxide/silicon oxide/mat-textured n-silicon" junction solar cells by silicon preoxidation and annealing processes ［J］. Journal of Applied Physics，1993，74(7)：4756-4761.

［166］ Saim H B，Campbell D S. Properties of indium-tin-oxide (ITO) /silicon heterojunction solar cells by thick-film techniques ［J］. Solar Energy Materials，1987，15(4)：249-260.

［167］ Kato H，Fujimoto J，Kanda T，et al. SnO$_2$ Si photosensitive diodes ［J］. Physica Status Solidi (a)，1975，32(1)：255-261.

［168］ Chaudhuri U R，Ramkumar K，Satyam M. Electrical conduction in a tin-oxide-silicon interface prepared by spray pyrolysis ［J］. Journal of Applied Physics，1989，66(4)：1748-1752.

［169］ Varma S，Rao K V，Kar S. Electrical characteristics of silicon-tin oxide heterojunctions prepared by chemical vapor deposition ［J］. Journal of Applied Physics，1984，56(10)：2812-2822.

［170］ Kobayashi H，Mori H，Ishida T，et al. Zinc oxide/n-Si junction solar cells produced by spray-pyrolysis method ［J］. Journal of Applied Physics，1995，77(3)：1301-1307.

［171］ Bachmann K J，Buehler E，Shay J L，et al. Polycrystalline thin-film InP/CdS solar cell ［J］. Applied Physics Letters，1976，29(2)：121-123.

［172］ Suchikova Y，Lazarenko A，Kovachov S，et al. Formation of porous Ga$_2$O$_3$/GaAs layers for electronic devices ［C］//2022 IEEE 16th International Conference on Advanced Trends in Radioelectronics，Telecommunications and Computer Engineering (TCSET). IEEE，2022：01-04.

［173］ Kikkawa J M，Awschalom D D. Resonant spin amplification in n-type GaAs ［J］. Physical Review Letters，1998，80(19)：4313.

［174］ Britt J. C. Ferekides. Thin-film CdS/CdTe solar cell with 15，8% efficiency. ［J］. Applied Physics Letters，1993，62，2851-2852.

［175］ Scheer R，Walter T，Schock H W，et al. and H. J. Lewerenz ［J］. Appl Phys Lett，1993，63：3294.

［176］ Fu L，Yu J，Wang J，et al. Thin film solar cells based on Ag-substituted CuSbS$_2$ absorber ［J］. Chemical Engineering Journal，2020，400：125906.

［177］ Islam M M，Ishizuka S. a Yamada，K. Sakurai，S. Niki，T. Sakurai，K. Akimoto ［J］. Sol Energy Mater Sol Cells，2009，93(6-7)：970-972.

［178］ Tombak A，Kilicoglu T，Ocak Y S. Solar cells fabricated by spray pyrolysis deposited Cu_2CdSnS_4 thin films [J]. Renewable Energy, 2020, 146: 1465-1470.

[179] Pawar S M, Pawar B S, Moholkar A V, et al. Single step electrosynthesis of Cu_2ZnSnS_4 (CZTS) thin films for solar cell application [J]. Electrochimica Acta, 2010, 55(12): 4057-4061.

[180] Cao Y, Zhu X, Chen H, et al. Towards high efficiency inverted Sb_2Se_3 thin film solar cells [J]. Solar Energy Materials and Solar Cells, 2019, 200: 109945.

[181] Wang L, Li D B, Li K, et al. Stable 6%-efficient Sb_2Se_3 solar cells with a ZnO buffer layer [J]. Nature Energy, 2017, 2(4): 1-9.

[182] Ho J C W, Zhang T, Lee K K, et al. Spray pyrolysis of CuIn (S, Se)$_2$ solar cells with 5.9% efficiency: a method to prevent Mo oxidation in ambient atmosphere [J]. ACS Applied Materials & Interfaces, 2014, 6(9): 6638-6643.

[183] Maldar P S, Gaikwad M A, Mane A A, et al. Fabrication of Cu_2CoSnS_4 thin films by a facile spray pyrolysis for photovoltaic application [J]. Solar Energy, 2017, 158: 89-99.

[184] Nguyen T H, Kawaguchi T, Chantana J, et al. Structural and solar cell properties of a Ag-containing Cu_2ZnSnS_4 thin film derived from spray pyrolysis [J]. ACS Applied Materials & Interfaces, 2018, 10(6): 5455.

[185] Franckevičius M, Pakštas V, Grinciené G, et al. Efficiency improvement of superstrate CZTSSe solar cells processed by spray pyrolysis approach [J]. Solar Energy, 2019, 185: 283-289.

[186] Kim S Y, Mina M S, Lee J, et al. Sulfur-alloying effects on Cu (In, Ga) (S, Se)$_2$ solar cell fabricated using aqueous spray pyrolysis [J]. ACS Applied Materials & Interfaces, 2019, 11(49): 45702-45708.

[187] Lie S, Tan J M R, Li W, et al. Reducing the interfacial defect density of CZTSSe solar cells by Mn substitution [J]. Journal of Materials Chemistry A, 2018, 6(4): 1540-1550.

[188] Peng Z, Liu Y, Shu W, et al. Efficiency enhancement of $CuInS_2$ quantum dot sensitized TiO_2 photo-anodes for solar cell applications [J]. Chemical Physics Letters, 2013, 586: 85-90.

[189] Jena A, Mohanty S P, Kumar P, et al. Dye sensitized solar cells: a review [J]. Transactions of the Indian Ceramic Society, 2012, 71(1): 1-16.

[190] 树华. 层状结构氧化物太阳能电池 [J]. 物理, 2014, 43(01): 68.

[191] 余四龙. 太阳能电池封装用 EVA 胶膜交联动力学及封装性能研究 [D]. 华东理工大学, 2014.

[192] Fukuda K, Yu K, Someya T. The future of flexible organic solar cells [J].

Advanced Energy Materials，2020，10(25)：2000765.

［193］ 袁峰，周丹，谌烈等. 有机太阳能电池空穴传输材料的研究进展［J］. 功能高分子学报，2018，31(06)：530-539. DOI：10.14133/j.cnki.1008-9357.20180531.

［194］ 成志秀，王晓丽. 太阳能光伏电池综述［J］. 信息记录材料，2007(02)：41-47. DOI：10.16009/j.cnki.cn13-1295/tq.2007.02.009.

［195］ 蔡威，吴海燕，谢吴成. 光伏太阳能电池进展［J］. 广东化工，2019，46(01)：84-85.

［196］ 黄红梁. 薄膜太阳能电池研究［J］. 计算机光盘软件与应用，2012(14)：50-52.

［197］ 胡德巍，唐安江，唐石云等. 硅纳米线的制备及应用研究进展［J］. 人工晶体学报，2020，49（09）：1743-1751. DOI：10.16553/j.cnki.issn1000-985x.2020.09.026.

［198］ Usha K，Mondal B，Sengupta D，et al. Photo-conversion efficiency measurement of dye-sensitized solar cell using nanocrystalline TiO_2 thin film as photoanodes［J］. Measurement，2015，61：21-26.

［199］ Turković A，Orel Z C. Dye-sensitized solar cell with CeO_2 and mixed CeO_2 SnO_2 photoanodes［J］. Solar Energy Materials and Solar Cells，1997，45（3）：275-281.

［200］ Lee T H，Sue H J，Cheng X. Solid-state dye-sensitized solar cells based on ZnO nanoparticle and nanorod array hybrid photoanodes［J］. Nanoscale Research Letters，2011，6(1)：517.

［201］ Irwin M D，Buchholz D B，Hains A W，et al. p-Type semiconducting nickel oxide as an efficiency-enhancing anode interfacial layer in polymer bulk-heterojunction solar cells［J］. Proceedings of the National Academy of Sciences，2008，105（8）：2783-2787.

［202］ Aboulouard A，Gultekin B，Can M，et al. Dye sensitized solar cells based on titanium dioxide nanoparticles synthesized by flame spray pyrolysis and hydrothermal sol-gel methods：a comparative study on photovoltaic performances［J］. Journal of Materials Research and Technology，2020，9(2)：1569-1577.

［203］ A S P L，A N M H，C H N L B，et al. Aerosol assisted chemical vapour deposited（AACVD）of TiO_2 thin film as compact layer for dye-sensitised solar cell-ScienceDirect［J］. Ceramics International，2014，40(6)：8045-8052.

［204］ Dwivedi C，Dutta V，Chandiran A K，et al. Anatase TiO_2 Hollow Microspheres Fabricated by Continuous Spray Pyrolysis as a Scattering Layer in Dye-Sensitised Solar Cells［J］. Energy Procedia，2013，33(1)：223-227.

［205］ Cameron P J，Peter L M. Characterization of titanium dioxide blocking layers in dye-sensitized nanocrystalline solar cells [J]. The Journal of Physical Chemistry B, 2003, 107(51): 14394-14400.

[206] Joseph D P, Saravanan M, Muthuraaman B, et al. Spray deposition and characterization of nanostructured Li doped NiO thin films for application in dye-sensitized solar cells [J]. Nanotechnology, 2008, 19(48): 485707.

[207] Kim, Yeon S, Wolf, et al. Planar $CH_3NH_3PbI_3$ Perovskite Solar Cells with Constant 17.2% Average Power Conversion Efficiency Irrespective of the Scan Rate [J]. Advanced Materials, 2015.

[208] Heo J H, Im S H, Noh J H, et al. Efficient inorganic-organic hybrid heterojunction solar cells containing perovskite compound and polymeric hole conductors [J]. Nature Photonics, 2013, 7(6): 486-491.

[209] Grancini G, C Roldán-Carmona, Zimmermann I, et al. One-year stable perovskite solar cells by 2D/3D interface engineering [J]. Nature Communications, 2017, 8: 15684.

[210] Giordano F, Abate A, Baena J, et al. Enhanced electronic properties in mesoporous TiO_2 via lithium doping for high-efficiency perovskite solar cells [J]. Nature Communications, 2016, 7: 10379.

[211] Chen W, Wu Y, Liu J, et al. Hybrid interfacial layer leads to solid performance improvement of inverted perovskite solar cells [J]. Energy & Environmental Science, 2015, 8(2): 629-640.

[212] Culu A, Kaya I C, Sonmezoglu S. Spray-pyrolyzed tantalium-doped TiO_2 compact electron transport layer for UV-photostable planar perovskite solar cells exceeding 20% efficiency [J]. ACS Applied Energy Materials, 2022, 5(3): 3454-3462.

[213] Chebotareva A B, Untila G G, Kost T N, et al. Transparent conductive polymers for laminated multi-wire metallization of bifacial concentrator crystalline silicon solar cells with TCO layers [J]. Solar Energy Materials and Solar Cells, 2017, 165: 1-8.

[214] Uzum A, Kanda H, Fukui H, et al. Totally vacuum-free processed crystalline silicon solar cells over 17.5% conversion efficiency [C] //Photonics. MDPI, 2017, 4(3): 42.

[215] Heo J H, You M S, Chang M H, et al. Hysteresis-less mesoscopic $CH_3NH_3PbI_3$ perovskite hybrid solar cells by introduction of Li-treated TiO_2 electrode [J]. Nano Energy, 2015, 15: 530-539.

[216] Chen W, Wu Y, Yue Y, et al. Efficient and stable large-area perovskite solar

cells with inorganic charge extraction layers [J]. Science, 2015, 350 (6263): 944-948.

[217] Untila G G, Kost T N, Chebotareva A B, et al. An approach for determining chemical composition of zinc oxide films with carbon-containing contamination at the surface [J]. Journal of Materials Science, 2015, 50: 8038-8045.

[218] Kanda H, Uzum A, Harano N, et al. Al_2O_3/TiO_2 double layer anti-reflection coating film for crystalline silicon solar cells formed by spray pyrolysis [J]. Energy Science & Engineering, 2016, 4(4): 269-276.

[219] Yin X, Xu Z, Guo Y, et al. Ternary oxides in the TiO_2-ZnO system as efficient electron-transport layers for perovskite solar cells with efficiency over 15% [J]. ACS Applied Materials & Interfaces, 2016, 8(43): 29580-29587.

[220] Moustafa E, Sanchez J G, Marsal L F, et al. Stability enhancement of high-performance inverted polymer solar cells using ZnO electron interfacial layer deposited by intermittent spray pyrolysis approach [J]. ACS Applied Energy Materials, 2021, 4(4): 4099-4111.

[221] Crossay A, Buecheler S, Kranz L, et al. Spray-deposited Al-doped ZnO transparent contacts for CdTe solar cells [J]. Solar Energy Materials and Solar Cells, 2012, 101: 283-288.

[222] Salem M, Alami Z Y, Bessais B, et al. Structural and optical properties of ZnO nanoparticles deposited on porous silicon for mc-Si passivation [J]. Journal of Nanoparticle Research, 2015, 17: 1-9.

[223] Riad A S, Darwish S, Afify H H. Transport mechanisms and photovoltaic characterizations of spray-deposited of CdS on InP in heterojunction devices [J]. Thin Solid Films, 2001, 391(1): 109-116.

[224] Hossain M A, Tianliang Z, Keat L K, et al. Synthesis of Cu (In, Ga) (S, Se)$_2$ thin films using an aqueous spray-pyrolysis approach, and their solar cell efficiency of 10.5% [J]. Journal of Materials Chemistry A, 2015, 3 (8): 4147-4154.

[225] Yin X, Guo Y, Xue Z, et al. Enhance the performance of perovskite-sensitized mesoscopic solar cells by employing Nb-doped TiO_2 compact layer [J]. Nano Research, 2015, 8(6): 1997-2003.

[226] John T T, Mathew M, Kartha C S, et al. $CuInS_2/In_2S_3$ thin film solar cell using spray pyrolysis technique having 9.5% efficiency [J]. Solar Energy Materials and Solar Cells, 2005, 89(1): 27-36.

[227] Wu Y, Yang X, Chen H, et al. Highly compact TiO_2 layer for efficient hole-

blocking in perovskite solar cells [J]. Applied Physics Express, 2014, 7 (5): 052301.

[228] Kurihara M, Septina W, Hirano T, et al. Fabrication of Cu(In,Ga)(S,Se)$_2$ thin film solar cells via spray pyrolysis of thiourea and 1-methylthiourea-based aqueous precursor solution [J]. Japanese Journal of Applied Physics, 2015, 54 (9): 091203.

[229] Qin H, Jia J, Lin L, et al. Pyrite FeS$_2$ nanostructures: Synthesis, properties and applications [J]. Materials Science and Engineering: B, 2018, 236: 104-124.

[230] Shukla S, Loc N H, Boix P P, et al. Iron pyrite thin film counter electrodes for dye-sensitized solar cells: high efficiency for iodine and cobalt redox electrolyte cells [J]. ACS Nano, 2014, 8(10): 10597-10605.

[231] Oh J Y, Song S A, Jung K Y, et al. Enhancing the light conversion efficiency of dye-sensitized solar cells using nanochannel TiO$_2$ prepared by spray pyrolysis [J]. Electrochimica Acta, 2017, 253: 390-395.

[232] Swami S K, Chaturvedi N, Kumar A, et al. Dye sensitized solar cells using the electric field assisted spray deposited kesterite (Cu$_2$ZnSnS$_4$) films as the counter electrodes for improved performance [J]. Electrochimica Acta, 2018, 263: 26-33.

[233] Okuya M, Ohashi K, Yamamoto T, et al. Preparation of SnO$_2$ transparent conducting films for dye-sensitized solar cells by SPD technique [J]. Electrochemistry, 2008, 76(2): 132-135.

[234] Shaban Z, Ara M H M, Falahatdoost S, et al. Optimization of ZnO thin film through spray pyrolysis technique and its application as a blocking layer to improving dye sensitized solar cell efficiency [J]. Current Applied Physics, 2016, 16 (2): 131-134.

[235] Hassan M A, Mujahid M, Woei L S, et al. Spray pyrolysis synthesized Cu(In, Al)(S,Se)$_2$ thin films solar cells [J]. Materials Research Express, 2018, 5 (3): 035506.

[236] Xia J, Masaki N, Jiang K, et al. Fabrication and characterization of thin Nb$_2$O$_5$ blocking layers for ionic liquid-based dye-sensitized solar cells [J]. Journal of Photochemistry and Photobiology A: Chemistry, 2007, 188(1): 120-127.

[237] Icli K C, Kocaoglu B C, Ozenbas M. Comparative study on deposition of fluorine-doped tin dioxide thin films by conventional and ultrasonic spray pyrolysis methods for dye-sensitized solar modules [J]. Journal of Photonics for Energy,

2018，8(1)：015501.

[238] Tanaka K，Kato M，Uchiki H. Effects of chlorine and carbon on Cu_2ZnSnS_4 thin film solar cells prepared by spray pyrolysis deposition [J]. Journal of Alloys and Compounds，2014，616：492-497.

[239] Yadav A A，Salunke S D. Photoelectrochemical properties of In_2Se_3 thin films：Effect of substrate temperature [J]. Journal of Alloys and Compounds，2015，640：534-539.

[240] Zhu Y，Murali S，Stoller M D，et al. Carbon-based supercapacitors produced by activation of graphene [J]. science，2011，332(6037)：1537-1541.

[241] Winter M，Brodd R J. What are batteries，fuel cells，and supercapacitors [J]. Chemical Reviews，2004，104(10)：4245-4270.

[242] Wang G，Zhang L，Zhang J. A review of electrode materials for electrochemical supercapacitors [J]. Chemical Society Reviews，2012，41(2)：797-828.

[243] Pandolfo A G，Hollenkamp A F. Carbon property and their role in supercapacitors [J]. Journal of Power Sources，2006，157(1)：11-27.

[244] Qu D. Studies of the activated carbons used in double-layer supercapacitors [J]. Journal of Power Sources，2002，109(2)：403-411.

[245] Huang S，Zhu X，Sarkar S，et al. Challenges and opportunities for supercapacitors [J]. APL Materials，2019，7(10)：100901.

[246] Lin Z，Goikolea E，Balducci A，et al. Materials for supercapacitors：When Li-ion battery power is not enough [J]. Materials Today，2018，21(4)：419-436.

[247] Qi Lu，Jingguang G. Chen，John Q Xiao. ChemInform abstract：nanostructured electrodes for high-performance pseudocapacitors [J]. Cheminform，2013，44(18)：no-no. https：//doi. org/10. 1002/chin. 201318202.

[248] Zhi M，Xiang C，Li J，et al. Nanostructured carbon-metal oxide composite electrodes for supercapacitors：a review [J]. Nanoscale，2013，5(1)：72-88.

[249] Sengupta S，Kundu M. Recent Advances of Sustainable Electrode Materials for Supercapacitor Devices [J]. Sustainable Energy Storage in the Scope of Circular Economy：Advanced Materials and Device Design，2023：145-158.

[250] Peigney A，Laurent C，Flahaut E，et al. Specific surface area of carbon nanotubes and bundles of carbon nanotubes [J]. Carbon，2001，39：507-514.

[251] Park S H，Seo W，Eun H S，et al. Protective effects of ginsenoside F_2 on 12-O-tetradecanoylphorbol-13-acetate-induced skin inflammation in mice [J]. Biochemical and Biophysical Research Communications，2016.

[252] Dogru I B，Durukan M B，Turel O，et al. Flexible supercapacitor electrodes

with vertically aligned carbon nanotubes grown on aluminum foils [J]. Progress in Natural Science: Materials International, 2016, 26(3): 232-236.

[253] Qie L, Chen W, Xu H, et al. Synthesis of functionalized 3D hierarchical porous carbon for high-performance supercapacitors [J]. Energy & Environmental Science, 2013, 6(8): 2497-2504.

[254] Xu F, Cai R, Zeng Q, et al. Fast ion transport and high capacitance of polystyrene-based hierarchical porous carbon electrode material for supercapacitors [J]. Journal of Materials Chemistry, 2011, 21(6): 1970-1976.

[255] Yun Y S, Im C, Park H H, et al. Hierarchically porous carbon nanofibers containing numerous heteroatoms for supercapacitors [J]. Journal of Power Sources, 2013, 234: 285-291.

[256] Liu X, Liu X, Sun B, et al. Carbon materials with hierarchical porosity: effect of template removal strategy and study on their electrochemical properties [J]. Carbon, 2018, 130: 680-691.

[257] Wang C, Wang Y, Graser J, et al. Solution-based carbohydrate synthesis of individual solid, hollow, and porous carbon nanospheres using spray pyrolysis [J]. ACS Nano, 2013, 7(12): 11156-11165.

[258] Guo M, Guo J, Tong F, et al. Hierarchical porous carbon spheres constructed from coal as electrode materials for high performance supercapacitors [J]. RSC Advances, 2017, 7(72): 45363-45368.

[259] Vangari M, Pryor T, Jiang L. Supercapacitors: review of materials and fabrication methods [J]. Journal of Energy Engineering, 2013, 139(2): 72-79.

[260] Hu C C, Wang C C, Chang K H. A comparison study of the capacitive behavior for sol-gel-derived and co-annealed ruthenium-tin oxide composites [J]. Electrochimica Acta, 2007, 52(7): 2691-2700.

[261] Kundu M, Karunakaran G, Kolesnikov E, et al. Hollow $NiCo_2O_4$ nano-spheres obtained by ultrasonic spray pyrolysis method with superior electrochemical performance for lithium-ion batteries and supercapacitors [J]. Journal of Industrial and Engineering Chemistry, 2018, 59: 90-98.

[262] Chavan R, Preitner N, Okabe T, et al. REV-ERBα regulates Fgf21 expression in the liver via hepatic nuclear factor 6 [J]. Biology Open, 2017, 6(1): 1-7.

[263] Yadav A A. Spray deposition of tin oxide thin films for supercapacitor applications: effect of solution molarity [J]. Journal of Materials Science: Materials in Electronics, 2016, 27: 6985-6991.

[264] Wu Q, Xu Y, Yao Z, et al. Supercapacitors based on flexible graphene/polyaniline

nanofiber composite films [J]. ACS Nano, 2010, 4(4): 1963-1970.

[265] Frackowiak E, Khomenko V, Jurewicz K, et al. Supercapacitors based on conducting polymers/nanotubes composites [J]. Journal of Power Sources, 2006, 153(2): 413-418.

[266] Kim S Y, Jeong H M, Kwon J H, et al. Nickel oxide encapsulated nitrogen-rich carbon hollow spheres with multi-porosity for high-performance pseudo-capacitors having extremely robust cycle life [J]. Energy & Environmental Science, 2015, 8(1): 188-194.

[267] Zhang Y, Li H, Pan L, et al. Capacitive behavior of graphene-ZnO composite film for supercapacitors [J]. Journal of Electroanalytical Chemistry: 2009(1): 634: 68-71.

[268] Gueon D, Moon J H. ACS Sustainable Chem [J]. Eng, 2017, 5(3): 2445.

[269] Rodriguez-Reinoso F. The role of carbon materials in heterogeneous catalysis [J]. Carbon, 1998, 36(3): 159-175.

[270] Nørskov J K, Bligaard T, Logadottir A, et al. Universality in heterogeneous catalysis [J]. Journal of Catalysis, 2002, 209(2): 275-278.

[271] Debecker D P, Le Bras S, Boissière C, et al. Aerosol processing: a wind of innovation in the field of advanced heterogeneous catalysts [J]. Chemical Society Reviews, 2018, 47(11): 4112-4155.

[272] Hong J, Park K T, Kim Y E, et al. Ag/C composite catalysts derived from spray pyrolysis for efficient electrochemical CO_2 reduction [J]. Chemical Engineering Journal, 2022, 431: 133384.

[273] Nie Y, Wang W N, Jiang Y, et al. Crumpled reduced graphene oxide-amine-titanium dioxide nanocomposites for simultaneous carbon dioxide adsorption and photoreduction [J]. Catalysis Science & Technology, 2016, 6(16): 6187-6196.

[274] Büchel R, Baiker A, Pratsinis S E. Effect of Ba and K addition and controlled spatial deposition of Rh in Rh/Al_2O_3 catalysts for CO_2 hydrogenation [J]. Applied Catalysis A: General, 2014, 477: 93-101.

[275] Dreyer J A H, Li P, Zhang L, et al. Influence of the oxide support reducibility on the CO_2 methanation over Ru-based catalysts [J]. Applied Catalysis B: Environmental, 2017, 219: 715-726.

[276] Schubert M, Pokhrel S, Thomé A, et al. Highly active $Co-Al_2O_3$-based catalysts for CO_2 methanation with very low platinum promotion prepared by double flame spray pyrolysis [J]. Catalysis Science & Technology, 2016, 6(20): 7449-7460.

[277] Bahadori E，Tripodi A，Villa A，et al. High pressure photoreduction of CO_2： Effect of catalyst formulation，hole scavenger addition and operating conditions [J]. Catalysts，2018，8(10)：430.

[278] Siriworarat K，Deerattrakul V，Dittanet P，et al. Production of methanol from carbon dioxide using palladium-copper-zinc loaded on MCM-41：comparison of catalysts synthesized from flame spray pyrolysis and sol-gel method using silica source from rice husk ash [J]. Journal of Cleaner Production，2017，142：1234-1243.

[279] Daiyan R，Tran-Phu T，Kumar P，et al. Nitrate reduction to ammonium：from CuO defect engineering to waste NO_x-to-NH_3 economic feasibility [J]. Energy & Environmental Science，2021，14(6)：3588-3598.

[280] Piriyasurawong K，Piticharoenphun S，Mekasuwandumrong O. One-Step FSP Synthesis of Nanocrystalline Fe/Al_2O_3 and $Fe-Ce/Al_2O_3$ Catalyst for CO_2 Hydrogenation Reaction [C] //Materials Science Forum. Trans Tech Publications Ltd，2018，916：134-138.

[281] Tada S，Larmier K，Büchel R，et al. Methanol synthesis via CO_2 hydrogenation over $CuO-ZrO_2$ prepared by two-nozzle flame spray pyrolysis [J]. Catalysis Science & Technology，2018，8(8)：2056-2060.

[282] Chen C，Teng Z，Yasugi M，et al. A homogeneous copper bismuth sulfide photocathode prepared by spray pyrolysis deposition for efficient photoelectrochemical hydrogen generation [J]. Materials Letters，2022，325：132801.

[283] Wang K，Huang D，Yu L，et al. Environmentally friendly Cu_2ZnSnS_4-based photocathode modified with a ZnS protection layer for efficient solar water splitting [J]. Journal of Colloid and Interface Science，2019，536：9-16.

[284] Li M，Su J，Guo L. Preparation and characterization of $ZnIn_2S_4$ thin films deposited by spray pyrolysis for hydrogen production [J]. International Journal of Hydrogen Energy，2008，33(12)：2891-2896.

[285] Chiarello G L，Dozzi M V，Scavini M，et al. One step flame-made fluorinated Pt/TiO_2 photocatalysts for hydrogen production [J]. Applied Catalysis B：Environmental，2014，160：144-151.

[286] Toe C Y，Tsounis C，Zhang J，et al. Advancing photoreforming of organics： Highlights on photocatalyst and system designs for selective oxidation reactions [J]. Energy & Environmental Science，2021，14(3)：1140-1175.

[287] Kang H W，Park S B. Water photolysis by $NaTaO_3$-C composite prepared by spray pyrolysis [J]. Advanced Powder Technology，2010，21(2)：106-110.

[288] Ye Z，Yang J，Li B，et al. Amorphous molybdenum sulfide/carbon nanotubes

hybrid nanospheres prepared by ultrasonic spray pyrolysis for electrocatalytic hydrogen evolution [J]. Small, 2017, 13(21): 1700111.

[289] Song L, Kang H W, Park S B. Thermally stable iron based redox catalysts for the thermo-chemical hydrogen generation from water [J]. Energy, 2012, 42 (1): 313-320.

[290] Koo Y, Oh S, Im K, et al. Ultrasonic spray pyrolysis synthesis of nano-cluster ruthenium on molybdenum dioxide for hydrogen evolution reaction [J]. Applied Surface Science, 2023, 611: 155774.

[291] Kang H W, Park S B. H_2 evolution under visible light irradiation from aqueous methanol solution on $SrTiO_3$: Cr/Ta prepared by spray pyrolysis from polymeric precursor [J]. International journal of Hydrogen Energy, 2011, 36 (16): 9496-9504.

[292] Chiang C Y, Aroh K, Franson N, et al. Copper oxide nanoparticle made by flame spray pyrolysis for photoelectrochemical water splitting-Part Ⅱ. Photoelectrochemical study [J]. International Journal of Hydrogen Energy, 2011, 36 (24): 15519-15526.

[293] Balgis R, Widiyastuti W, Ogi T, et al. Enhanced electrocatalytic activity of Pt/ 3D hierarchical bimodal macroporous carbon nanospheres [J]. ACS Applied Materials & Interfaces, 2017, 9(28): 23792-23799.

[294] Bang J H, Han K, Skrabalak S E, et al. Porous carbon supports prepared by ultrasonic spray pyrolysis for direct methanol fuel cell electrodes [J]. The Journal of Physical Chemistry C, 2007, 111(29): 10959-10964.

[295] Zhang L, Kim J, Dy E, et al. Synthesis of novel mesoporous carbon spheres and their supported Fe-based electrocatalysts for PEM fuel cell oxygen reduction reaction [J]. Electrochimica Acta, 2013, 108: 480-485.

[296] Liu H, Song C, Tang Y, et al. High-surface-area CoTMPP/C synthesized by ultrasonic spray pyrolysis for PEM fuel cell electrocatalysts [J]. Electrochimica Acta, 2007, 52(13): 4532-4538.

[297] Baglio V, Di Blasi A, D'Urso C, et al. Development of Pt and Pt-Fe catalysts supported on multiwalled carbon nanotubes for oxygen reduction in direct methanol fuel cells [J]. Journal of the Electrochemical Society, 2008, 155(8): B829.

[298] Valenzuela-Muñiz A M, Alonso-Nuñez G, Miki-Yoshida M, et al. High electroactivity performance in Pt/MWCNT and PtNi/MWCNT electrocatalysts [J]. International Journal of Hydrogen Energy, 2013, 38(28): 12640-12647.

[299] Wang J, Chen Y, Zhang Y, et al. 3D boron doped carbon nanorods/carbon-

microfiber hybrid composites: synthesis and applications in a highly stable proton exchange membrane fuel cell [J]. Journal of Materials Chemistry, 2011, 21 (45): 18195-18198.

[300] Zou B, Wang X X, Huang X X, et al. Continuous synthesis of graphene sheets by spray pyrolysis and their use as catalysts for fuel cells [J]. Chemical Communications, 2015, 51(4): 741-744.

[301] K. C. Pingali, S. Deng and D. A. Rockstraw, Chem. Eng. Commun., 2007, 194, 780-786.

[302] Liu H, Shi Z, Zhang J, et al. Ultrasonic spray pyrolyzed iron-polypyrrole mesoporous spheres for fuel celloxygen reduction electrocatalysts [J]. Journal of Materials Chemistry, 2009, 19(4): 468-470.

[303] Ates S, Tari D, Safaltın Ş, et al. Performance comparison of FeNiCo, FeNiCu and FeNiCoCu alloy particles as catalyst material for polymer electrolyte membrane fuel cells [J]. Reaction Kinetics, Mechanisms and Catalysis, 2021, 134(2): 811-822.

[304] Jang W J, Hong Y J, Kim H M, et al. Alkali resistant Ni-loaded yolk-shell catalysts for direct internal reforming in molten carbonate fuel cells [J]. Journal of Power Sources, 2017, 352: 1-8.

[305] dos Santos-Gómez L, Porras-Vázquez J M, Losilla E R, et al. Ti-doped $SrFeO_3$ nanostructured electrodes for symmetric solid oxide fuel cells [J]. RSC Advances, 2015, 5(130): 107889-107895.

[306] Moe K K, TAGAWA T, GOTO S. Preparation of electrode catalyst for SOFC reactor by ultrasonic mist pyrolysis of aqueous solution [J]. Journal of the Ceramic Society of Japan, 1998, 106(1231): 242-247.

[307] Vernoux P, Djurado E, Guillodo M. Catalytic and electrochemical properties of doped lanthanum chromites as new anode materials for solid oxide fuel cells [J]. Journal of the American Ceramic Society, 2001, 84(10): 2289-2295.

[308] Chen X, Shen S, Guo L, et al. Semiconductor-based photocatalytic hydrogen generation [J]. Chemical Reviews, 2010, 110(11): 6503-6570.

[309] Fujishima A, Honda K. Electrochemical photolysis of water at a semiconductor electrode [J]. Nature, 1972, 238(5358): 37-38.

[310] Zhang K, Shi X J, Kim J K, et al. Photoelectrochemical cells with tungsten trioxide/Mo-doped $BiVO_4$ bilayers [J]. Physical Chemistry Chemical Physics, 2012, 14(31): 11119-11124.

[311] Guo Y, Zhang N, Wang X, et al. A facile spray pyrolysis method to prepare

Ti-doped $ZnFe_2O_4$ for boosting photoelectrochemical water splitting [J]. Journal of Materials Chemistry A，2017，5(16)：7571-7577.

[312]　Lim S N，Song S A，Jeong Y C，et al. H_2 production under visible light irradiation from aqueous methanol solution on $CaTiO_3$：Cu prepared by spray pyrolysis [J]. Journal of Electronic Materials，2017，46：6096-6103.

[313]　Gong Q，Wang Y，Hu Q，et al. Ultrasmall and phase-pure W2C nanoparticles for efficient electrocatalytic and photoelectrochemical hydrogen evolution [J]. Nature communications，2016，7(1)：13216.

[314]　Greeley J，Jaramillo T F，Bonde J，et al. Computational high-throughput screening of electrocatalytic materials for hydrogen evolution [J]. Nature materials，2006，5 (11)：909-913.

[315]　Morales-Guio C G，Stern L A，Hu X. Nanostructured hydrotreating catalysts for electrochemical hydrogen evolution [J]. Chemical Society Reviews，2014，43 (18)：6555-6569.

[316]　Im K，Kim D，Jang J H，et al. Hollow-sphere Co-NC synthesis by incorporation of ultrasonic spray pyrolysis and pseudomorphic replication and its enhanced activity toward oxygen reduction reaction [J]. Applied Catalysis B：Environmental，2020，260：118192.

[317]　Yu J，Low J，Xiao W，et al. Enhanced photocatalytic CO_2-reduction activity of anatase TiO_2 by coexposed {001} and {101} facets [J]. Journal of the American Chemical Society，2014，136(25)：8839-8842.

[318]　Leung D Y C，Caramanna G，Maroto-Valer M M. An overview of current status of carbon dioxide capture and storage technologies [J]. Renewable and Sustainable Energy Reviews，2014，39：426-443.

[319]　Zhao C，Krall A，Zhao H，et al. Ultrasonic spray pyrolysis synthesis of Ag/ TiO_2 nanocomposite photocatalysts for simultaneous H_2 production and CO_2 reduction [J]. International Journal of Hydrogen Energy，2012，37 (13)：9967-9976.

[320]　Teoh W Y，Amal R，Mädler L. Flame spray pyrolysis：An enabling technology for nanoparticles design and fabrication [J]. Nanoscale，2010，2 (8)：1324-1347.

[321]　Wang W N，Purwanto A，Okuyama K. Low-pressure spray pyrolysis [J]. Handbook of Atomization and Sprays：Theory and Applications，2011：861-868.

[322]　Büchel R，Baiker A，Pratsinis S E. Effect of Ba and K addition and controlled spatial deposition of Rh in Rh/Al_2O_3 catalysts for CO_2 hydrogenation [J].

Applied Catalysis A: General, 2014, 477: 93-101.

[323] Lovell E C, Scott J, Amal R. Ni-SiO$_2$ catalysts for the carbon dioxide reforming of methane: varying support properties by flame spray pyrolysis [J]. Molecules, 2015, 20(3): 4594-4609.

[324] Xiong Z, Lei Z, Xu Z, et al. Flame spray pyrolysis synthesized ZnO/CeO$_2$ nanocomposites for enhanced CO$_2$ photocatalytic reduction under UV-Vis light irradiation [J]. Journal of CO$_2$ Utilization, 2017, 18: 53-61.

[325] Atkinson J D, Fortunato M E, Dastgheib S A, et al. Synthesis and characterization of iron-impregnated porous carbon spheres prepared by ultrasonic spray pyrolysis [J]. Carbon, 2011, 49(2): 587-598.

[326] Suh W H, Suslick K S. Magnetic and porous nanospheres from ultrasonic spray pyrolysis [J]. Journal of the American Chemical Society, 2005, 127(34): 12007-12010.

第7章
工程化应用及案例

　　喷雾热解技术涉及多个学科，主要包括材料科学、化学化工、物理化学、机械工程、电子工程、粉末冶金等。在喷雾热解材料制备方面，需要掌握材料科学和化学知识，包括材料的组成、结构、性质、化学反应，以及材料的合成、制备和表征等方面的技术；在喷雾热解加热方面，需要掌握物理学和机械工程学的知识，包括热传导、热辐射、流体力学等方面的知识，以及加热设备的设计和制造等方面的技术；在喷雾热解产品应用方面，需要掌握更加广阔的知识，包括新能源器件、传感器、薄膜材料、催化剂设计等方面的技术，以便将喷雾热解技术应用于更多生产领域。因此，喷雾热解技术是多个学科的交叉，需要具备多学科的知识和技能，这样才能更好地掌握和应用这项技术。

7.1 工程化应用

　　正如本书所阐述过的，喷雾热解制粉技术有以下优点：工艺过程简单、快速、易控制；无须后续处理，节省时间和成本；产物粒径和形貌可控，成分均匀，纯度高；避免了杂质和晶体结构损伤的问题。但是，喷雾热解制粉也有一些缺点：前驱体溶液的稳定性和均匀性对产物质量影响较大；需要高温炉和特殊的雾化设备；产物可能存在残留盐类或碳酸盐等杂质液滴在反应炉中的停留时间难以控制，影响反应的完全性和粉体的形貌。

　　因此，将喷雾热解技术进行工程化应用，其具有以下优势和劣势：

（1）优势

　　① 粒子尺寸均匀。通过控制溶液的组成、喷雾参数等条件，可以得到粒径均匀、分布窄的纳米粒子。

②　多元化材料制备。喷雾热解技术可用于制备多种不同材料，包括金属氧化物、半导体材料、复合材料等，适用于各种不同领域，应用范围广。

③　可批量生产。喷雾热解技术的生产过程是连续的、自动化的，可以方便地进行大规模生产，具有很好的可扩展性。

④　节省原材料。喷雾热解技术使用的溶液量较少，且在反应过程中发生的化学反应通常会消耗掉多余的原材料，从而提高了原材料的利用率。

⑤　生产成本低。相对于其他纳米材料制备技术，如化学气相沉积、溶胶-凝胶法等，喷雾热解技术的设备和生产成本较低，喷雾热解的原料可以是湿法冶金的中间产品、副产品和盐类产品，较好地衔接了冶金和材料领域，极大地节约了成本。

（2）劣势

①　对反应条件的要求高。喷雾热解技术对反应温度、反应气氛、喷雾参数等条件的要求较高，需要仔细控制，否则会影响制备的纳米材料的品质和性能。

②　制备的材料可能存在缺陷。由于喷雾热解过程中材料在高温环境下形成，可能存在空心球、氧化、缺陷等问题，需要进行进一步的处理和优化。

③　不适用于某些材料的制备。由于喷雾热解是基于溶液的制备技术，不适用于某些不溶于水或有机溶剂的材料制备。

④　高温反应气氛的选择和适用。由于目前大部分喷雾热解实验都是在空气或者保护气氛下完成的，后期可以考虑采用不同气氛来制备其他粉体，如采用氮气气氛来制备氮化物粉末、采用分解氨气气氛制备纯金属或者金属合金粉末等。

喷雾热解技术具有许多优势和劣势，针对不同的应用领域需要进行具体的分析和评估，以确定是否适用于制备所需的材料和有利于通过喷雾热解这种方法进行产业化。

7.1.1　存在的问题

目前喷雾热解工艺在工业化应用方面仍存在一些问题，主要包括以下几个方面：

①　工艺稳定性问题。喷雾热解工艺涉及多个环节，包括原料预处理、

喷雾干燥、热解、气体净化和产物收集等，其中每个环节都可能对工艺稳定性产生影响。因此，需要进一步研究和开发稳定的喷雾热解工艺，并优化各个环节的参数和控制方式，以提高工艺的稳定性和可靠性。

② 原料选择问题。喷雾热解工艺的原料种类较为丰富，但不同原料的化学成分、粒度、湿度等参数都可能对热解产物的质量和产率产生影响。因此，需要选择合适的原料，并进行预处理和调节，以优化喷雾热解工艺的生产效果。此外，采用不同的阴离子盐溶液，造成的反应产物也不同，例如采用氯化盐会产生氯气和盐酸等气体，硫酸盐会产生二氧化硫、三氧化硫等产物，硝酸盐产生一氧化氮、二氧化氮等氮氧化合物，因此需要针对不同的产物进行后端尾气处置。

③ 技术成熟度低。喷雾热解工艺是一项新兴的技术，目前还处于实验室研究和小规模试验阶段，国内仅有昆明理工大学材料学院拥有一个年产 $30\sim50t$ 的喷雾热解中试验证平台，因此采用喷雾热解工艺进行工业化生产还需要进一步投入和开发。

④ 设备操作难度大。喷雾热解工艺需要严格的反应条件控制，如温度、压力、气氛等参数的精确控制，而且在实际操作中易受到原料质量和设备状态的影响，并且很多影响因素之间相互影响和制约，因此操作难度较大。

为解决上述问题，可以采取以下改进措施和优化方案：

① 优化工艺参数和控制方式。针对喷雾热解工艺中的每个环节，进行系统优化和改进，包括原料预处理、喷雾干燥、热解、气体净化和产物收集等。通过优化各个环节的参数和控制方式，建立设备参数和产品性能之间的数据库，提高工艺的稳定性和可靠性，提高产物收率和产品质量。

② 选择合适的原料和预处理方式。对于喷雾热解工艺的不同应用领域，需要选择合适的原料，并进行预处理和调节，以满足生产要求。例如，在生产生物质炭时，选择适合的生物质原料，并进行预处理和干燥，以提高生物质炭的品质和产率。

③ 反应效率不高。目前喷雾热解工艺在工业化应用中存在反应效率不高的问题，即反应转化率较低。针对这个问题，可以通过优化反应条件、改进催化剂、改进喷雾技术等方面进行改进，以提高反应效率。

④ 提高技术成熟度。可以进一步加强基础研究和应用开发，通过加强理论研究、深化工艺探索、推广工业化应用等方面来逐步完善和成熟技术路

线。完善技术体系和产业链，加速技术成果向工业化应用的转化，从而提高技术成熟度。

⑤ 设备成本高昂。喷雾热解工艺需要使用先进的喷雾设备，这使得设备成本相对较高，不利于工业化应用的推广和普及。为了解决这个问题，可以通过技术改进和设备优化等来降低设备成本，以提高工业化应用的可行性和经济效益。

⑥ 简化操作流程。可以采用自动化控制技术，实现设备操作的智能化和自动化，减少操作人员的干预，提高设备的稳定性和生产效率。

喷雾热解工艺是一项非常有前景的技术，未来有望在能源、材料、化工等领域得到广泛应用，但在工业化应用中仍存在一些问题，需要进一步研究和改进。

7.1.2　市场前景

喷雾热解工艺是一项新兴的技术，能够制备高质量、高纯度、均匀尺寸和复杂形状的材料，但目前在市场上的应用和推广仍处于初级阶段。在未来几年内，随着环保和可持续发展理念的不断普及，以及能源、材料、化工等领域对高效、环保、低成本的生产技术的需求，喷雾热解工艺在市场上的前景将非常广阔。例如：在功能材料领域中的气敏材料、光电材料等；新能源领域中太阳能电池、燃料电池等；生物医药领域中用于药物输送、组织修复等方面的纳米粒子、纳米纤维等材料；环保领域中的吸附材料、催化剂等。

尽管目前市场份额仍然被一些传统技术所占据，但喷雾热解工艺具有一些传统技术无法比拟的优势，如生产效率高、产品品质优良、环保节能等，因此其在未来的市场竞争中具有一定的优势。随着科技的发展和环保理念的深入推广，未来喷雾热解工艺将会逐渐普及和成熟。同时，随着生产技术的不断提高和成本的不断降低，喷雾热解工艺将会成为一种广泛应用的技术，在各个领域得到推广。

7.1.3　市场竞争

在分析喷雾热解工艺的工业化应用过程中，确实需要考虑生产成本，包括以下几个方面的成本：

① 原料成本。原料成本是制约喷雾热解工艺工业化应用的一个重要因

素，主要包括金属、陶瓷、复合材料等各种粉末材料的成本。

② 设备投资成本。喷雾热解设备的投资成本也是工业化应用的重要成本之一，其中包括喷雾干燥设备、热解炉、惰性气氛气体等设备的购置和安装成本。

③ 能源消耗成本。喷雾热解工艺需要大量的能源消耗，如电能、气体、蒸汽等，这些成本也需要被考虑在内。

针对这些成本，可以采取一些措施来降低成本，比如优化原料配比、提高设备利用率、减少能源消耗等，从而降低生产成本，提高工业化应用的竞争力。此外还可以采取以下策略：

① 提高技术创新能力。在现有的喷雾热解技术基础上，加大研发投入，提升技术创新能力，不断推出新产品和解决方案，满足客户需求，同时提高产品的性能和品质，提高喷雾热解技术的成熟度和稳定性，降低生产成本，提高产品品质和产量，提高市场竞争力。

② 开展市场营销活动。加大对喷雾热解技术的宣传力度，提高消费者的认知度和信任度，同时积极参加各类行业展会和会议，与潜在客户建立联系并开拓新的市场。

③ 加强合作伙伴关系。与客户、供应商、研究机构等建立长期稳定的合作伙伴关系，共同推动技术的发展和应用，提高产品的市场占有率。

④ 优化售后服务。提供优质的售后服务，包括技术支持、产品维修等，及时解决客户遇到的问题，提升客户满意度，增强品牌信誉度和市场竞争力。

⑤ 拓展应用领域。喷雾热解技术具有广泛的应用领域，如能源、材料、环保等，可以通过拓展应用领域，如新能源、新材料、环境保护、农业等领域，进一步扩大市场规模和份额。

总之，要提高喷雾热解技术的市场竞争力，需要综合运用市场营销、技术创新、合作伙伴关系、售后服务和拓展应用等策略，不断提高产品的品质和性能，满足客户需求，赢得客户信任和支持，从而取得更大的市场份额。

7.1.4 可持续发展

喷雾热解工艺在工业化应用中需要考虑可持续发展的因素，包括资源利用、环境污染和社会责任等方面。喷雾热解工艺的可持续性应该在保证经济效益的同时实现环境友好和社会责任，以满足现代产业发展的需求和要求，具体包括：

① 资源利用。喷雾热解技术可以利用多种废弃物和可再生资源进行生产，如冶金废水、化工废料、回收资源等，从而实现资源的有效利用和回收，合理利用和开发资源，减少资源的浪费和损失。

② 环境污染。喷雾热解技术可以有效降低生产过程中的环境污染，因为其可以减少二氧化碳、氮氧化物等有害气体的排放，从而减少对大气环境的污染。此外，喷雾热解生产的固体废弃物也可以得到有效处理和利用，从而减少固体废弃物对环境的污染。

③ 社会责任。喷雾热解技术生产的产品可以应用于多个领域，如能源、材料、化学等，可以为社会带来实际的经济效益和社会效益。加强对安全、环境和健康的管理，提高企业的社会形象和声誉，增强可持续发展的能力。

另外，可以考虑实现工厂的智能化管理和数字化生产，通过监测和控制生产过程中的关键参数，及时发现和解决问题，提高生产效率和产品质量。

综上所述，喷雾热解工艺在工业化应用中需要不断优化和改进，从资源利用、环境污染和社会责任等方面考虑，不断提高可持续发展的水平和能力。同时，需要加强行业间的合作和沟通，推动技术的不断发展和创新，共同促进产业的可持续发展。

7.2 工程案例

昆明理工大学与多家企业单位合作，联合设计开发了一整套喷雾热解设备，从物料的前处理、多种雾化方式、多温段控温、多方式加热等方面对喷雾热解设备进行了大幅改进。尽管年生产能力只有 30t，但是可以作为试验材料的验证平台，极大地缩短了试验样品到生产产品的周期，为喷雾热解的发展和应用起到了重要的促进作用。该设备的照片如图 7-1（a）和（b）所示。

7.2.1 氧化镍的生产制备

目前已经通过该设备采用盐酸作为溶解介质，制备了高纯氧化镍粉，从

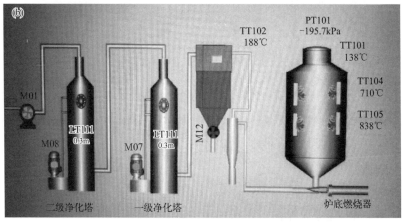

图 7-1　年产 30t 粉体的喷雾热解设备照片

（a）实物图；（b）操作界面

盐酸溶解镍板或者镍粉到最终回收盐酸形成了闭环控制，实现了该工艺的闭环生产，整个生成过程无任何三废污染物产生。

此外还基于喷雾热解制粉技术，开发了一种高性能钠离子电池正极前驱体材料，可以根据客户的电池需求，定制不同粉体粒度组成和形貌的前驱体材料。值得一提的是，金川公司目前已经有百吨和千吨级生产能力的喷雾热解生产线，来生产镍和钴相关产品。采用喷雾热解生产制备的氧化亚镍 SEM 图如图 7-2 所示。

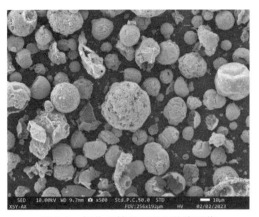

图 7-2　氧化亚镍的 SEM 形貌图像

7.2.2　钠电池正极前驱体的制备

图 7-3 为年产 30t 喷雾热解中试设备制备的复合粉体在不同放大倍数下的形貌图，从图中可以看出粉体大多以球体的形式存在，对其进行处理后做成钠电池正极，在 0.1C 下的首次充电容量可以达到 135mAh/g，首次放电容量可以达到 114mAh/g，首效最高达 95.55%。

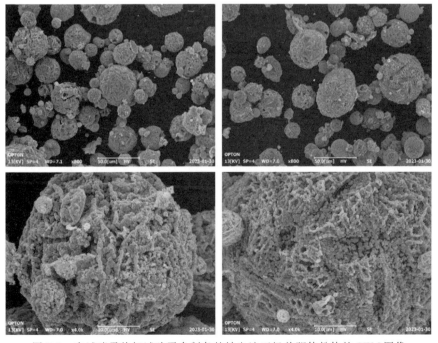

图 7-3　中试喷雾热解试验平台制备的钠电池正极前驱体粉体的 SEM 图像

7.2.3 预合金粉的制备

图 7-4 为中试喷雾热解试验平台制备的钨基氧化物复合粉体的 SEM 图像，其中钨基合金呈现实心球体形貌，包含的各种金属组元和微量元素分布均匀，通过后期的煅烧和还原工艺可以获得高均质、超细的钨基预合金粉末，其作为粉末冶金的原料可以在避免传统混料方式不均匀的前提下保持较高的烧结活性、流动性和松装密度。

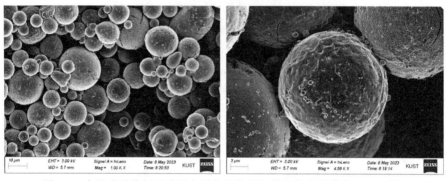

图 7-4　中试喷雾热解试验平台制备的钨基氧化物复合粉体的 SEM 图像

喷雾热解作为一种生产高品质、纳米级粉体材料的方法，通过对喷雾热解过程的控制和优化，可以定制不同形态、粒径、组成和性质的粉体材料，以满足不同行业和应用的需求。因此提供定制化服务可能是该技术发展的一条有效路径：根据客户的需求和应用场景，调整喷雾参数、热解温度、粉体组成等，制备出不同性能和功能的粉体。未来可以以工程包、技术包、模块化等理念联合开发该工艺，提高该技术的可扩展性、可维护性和可重复性，进而获得优质稳定的粉体产品，使其应用于更多的领域。

总之，喷雾热解粉体材料的定制化服务可以提供更加精准的材料解决方案，满足不同客户的需求，促进材料科学和应用的发展。

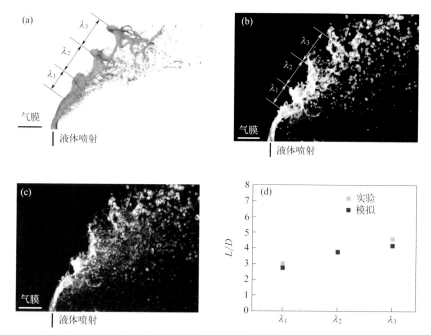

图 2-17 （a）仿真结果；（b）实验结果；（c）破碎图像对比；（d）不稳定波波长对比

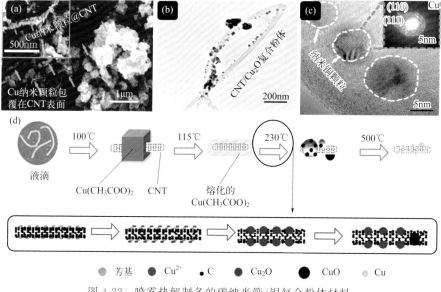

图 4-22 喷雾热解制备的碳纳米管/铜复合粉体材料

（a）SEM 图像；（b）TEM 图像；（c）HRTEM 图像；（d）复合粉体的形成机制示意图

图 5-12 （a）（b）800℃喷雾热解工艺制备的 P3-Na$_{2/3}$Ni$_{1/3}$Mn$_{2/3}$O$_2$ 纳米片的 SEM 图像；

（c）后处理前后的 P2 和 P3-Na$_{2/3}$Ni$_{1/3}$Mn$_{2/3}$O$_2$ 纳米片的 XRD 图谱；（d）700℃，（e）800℃，

（f）900℃和（g）1000℃处理后的 P3 和 P2-Na$_{2/3}$Ni$_{1/3}$Mn$_{2/3}$O$_2$ 纳米片的 SEM 图像；

（h）P3-Na$_{2/3}$Ni$_{1/3}$Mn$_{2/3}$O$_2$ 和 P2-Na$_{2/3}$Ni$_{1/3}$Mn$_{2/3}$O$_2$ 纳米片的循环和速率性能；

（i）～（l）P2-Na$_{2/3}$Ni$_{1/3}$Mn$_{2/3}$O$_2$ 纳米片在 900℃温度下进行后处理的形态和表征，

其中（i）TEM 图像，（j）HRTEM 图像，（k）SAED 图案和（l）元素图谱图像

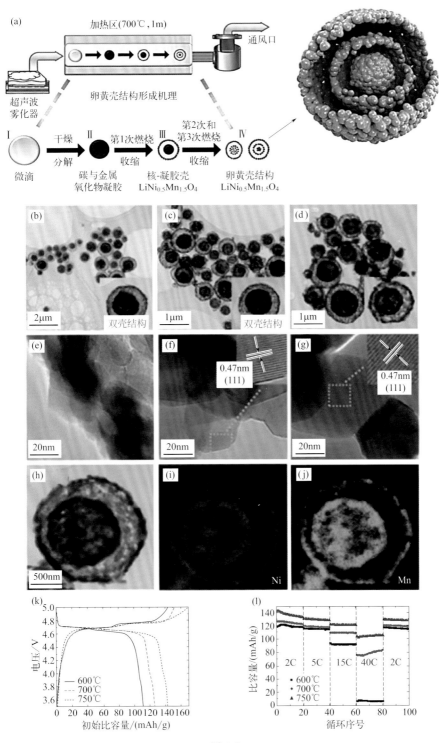

(a)

加热区(700℃, 1m)

通风口

超声波雾化器

卵黄壳结构形成机理

I 微滴 →(干燥 分解)→ II 碳与金属氧化物凝胶 →(第1次燃烧 收缩)→ III 核-凝胶壳 LiNi$_{0.5}$Mn$_{1.5}$O$_4$ →(第2次和第3次燃烧 收缩)→ IV 卵黄壳结构 LiNi$_{0.5}$Mn$_{1.5}$O$_4$

(b) 2μm 双壳结构

(c) 1μm 双壳结构

(d) 1μm

(e) 20nm

(f) 20nm 0.47nm (111)

(g) 20nm 0.47nm (111)

(h) 500nm

(i) Ni

(j) Mn

(k) 电压/V — 初始比容量/(mAh/g)
600℃
700℃
750℃

(l) 比容量/(mAh/g) — 循环序号
2C 5C 15C 40C 2C
600℃
700℃
750℃

图 6-2

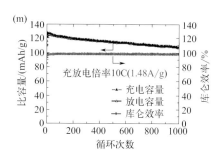

图 6-2　（a）喷雾热解形成核壳结构 $LiNi_{0.5}Mn_{1.5}O_4$ 粉末的机理示意图；（b）～（j）
$LiNi_{0.5}Mn_{1.5}O_4$ 核壳粉末表征，其中（b）～（g）为透射电子显微镜图，（h）～（j）
为点映射图像，（b）（e）后处理温度为 600℃，（c）（f）后处理温度为 700℃，（d）（g）
后处理温度为 750℃；（k）～（m）在不同温度下后处理的 $LiNi_{0.5}Mn_{1.5}O_4$ 核壳粉末的
电化学性能，其中（k）在 2C 充放电倍率下的初始充放电曲线，（l）在不同充放
电倍率下的性能，（m）在 10C 恒定充放电倍率下的循环性能和库仑效率

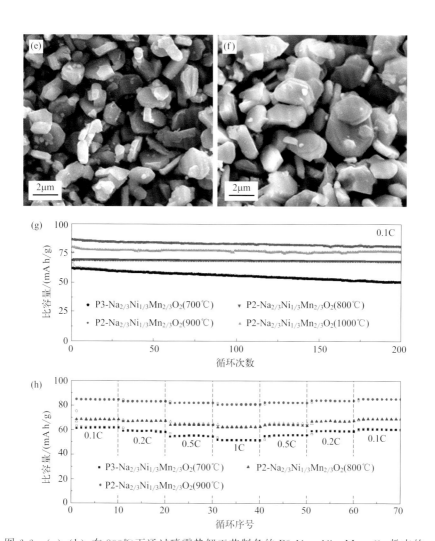

图 6-6 （a）（b）在 800℃ 下通过喷雾热解工艺制备的 P3-Na$_{2/3}$Ni$_{1/3}$Mn$_{2/3}$O$_2$ 粉末的 SEM 图像；（c）～（f）在不同温度下进行后处理的粉末的 SEM 图像，分别为（c）700℃，（d）800℃，（e）900℃ 和（f）1000℃；（g）P2-Na$_{2/3}$Ni$_{1/3}$Mn$_{2/3}$O$_2$ 阴极材料的循环性能和（h）倍率性能

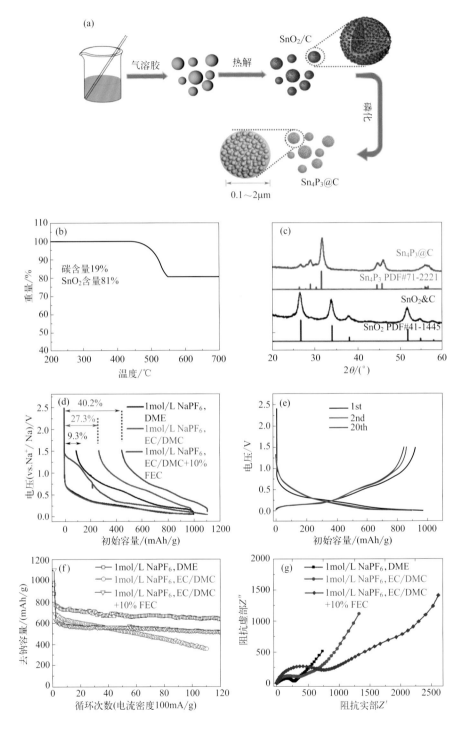

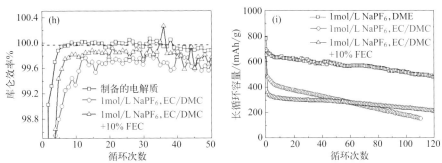

图 6-8 （a）Sn₄P₃@C 石榴的制备过程示意图；（b）通过气溶胶合成的 SnO₂/C 球体
模板的 TGA 结果；（c）SnO₂@C 球体和 Sn₄P₃@C 石榴结构的 XRD 图谱；（d）使用
三种不同的电解质，在电流密度为 50mA/g 时，复合材料的初始静电充电-放电电压曲
线；（e）使用 1mol/L NaPF₆/DME 作为电解质，在 50mA/g 的电流密度下，石榴结构的
Sn₄P₃@C 复合材料的静电充电-放电电压曲线；（f）使用不同的电解质，石榴状结构的
Sn₄P₃@C 纳米球在 100mA/g 时的循环性能；（g）Sn₄P₃@C 复合材料在三种不同电解
质中循环 10 次后的奈奎斯特图；（h）石榴状结构的 Sn₄P₃@C 复合材料在三种不同
电解质中循环的库仑效率；（i）石榴状结构的 Sn₄P₃@C 复合材料在
三种不同电解质中循环的长循环性能（考虑了库仑效率）

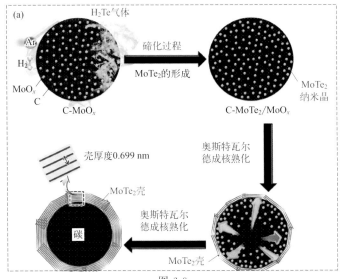

图 6-9

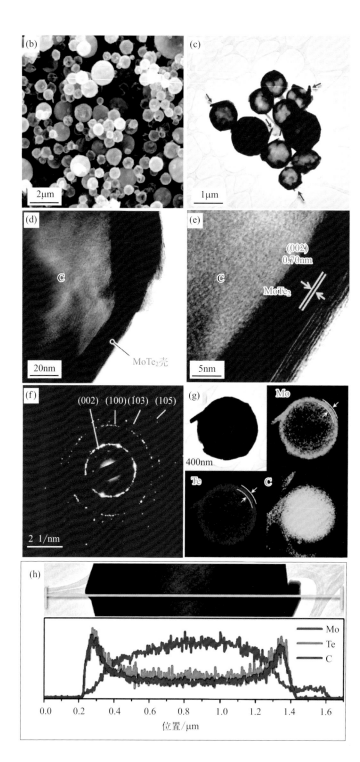

(b) 2μm

(c) 1μm

(d) C, MoTe₂壳, 20nm

(e) C, (002) 0.70nm, MoTe₂, 5nm

(f) (002) (100) (Ī03) (105), 2 1/nm

(g) 400nm, Mo, Te, C

(h) Mo, Te, C, 位置/μm

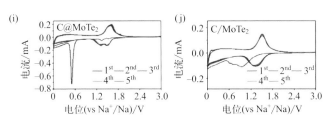

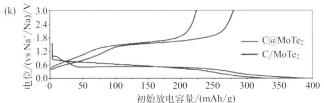

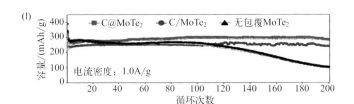

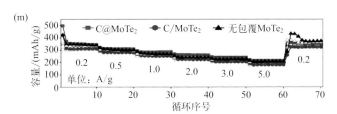

图 6-9　MoTe₂ 纳米晶体均匀分布的 C/MoTe₂ 复合微球和核壳结构 C@MoTe₂ 复合微球
（a）制备方案；（b）～（h）在 600℃ 下通过碲化反应制备的核壳结构 C@MoTe₂ 复合微
球的表征，其中（b）SEM 图像，（c）（d）TEM 图像，（e）HRTEM 图像，（f）SAED
图案，（g）元素映射图像，（h）线条剖面；（i）～（m）C@MoTe₂ 和 C/MoTe₂ 复合
微球的电化学性能，其中（i）（j）以 0.07mV/s 的速率扫描的 CV 曲线，（k）初始
放电容量曲线，（l）电流密度为 1.0A/g 时的循环性能，（m）倍率性能

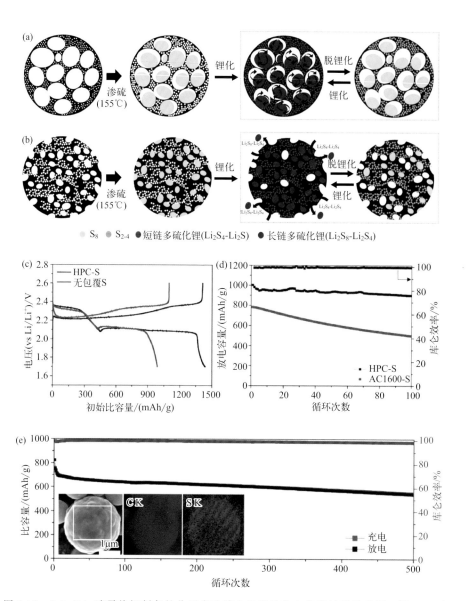

图 6-10 （a）（b）喷雾热解制备的分层多孔碳电极结构和电化学过程示意图，图（a）中，分层多孔碳颗粒具有外层微孔，包围着内部介孔和微孔，通过外层微孔作为屏障，抑制了可溶性长链多硫化锂在内部大孔和介孔中的溶解，图（b）中，传统活性炭（AC1600）以随机几何形状包含微孔和介孔，长链多硫化锂易在开放孔端溶解；（c）HPC-S 和没有包覆 S 电极在 0.06C 倍率下的首次放电/充电曲线；（d）HPC-S 和 AC1600-S 在 0.3C 倍率下的循环性能；（e）500 次循环后的 HPC-S 颗粒的 SEM 图像和相应的元素图谱

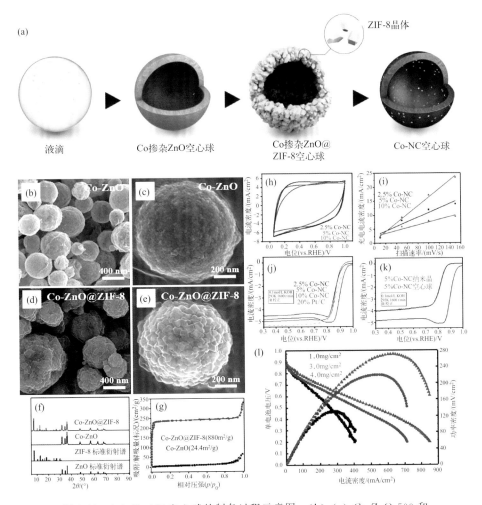

图 6-18 （a）Co-NC 空心球的制备过程示意图；（b）（c）Co-ZnO-500 和
（d）（e）Co-ZnO@ZIF-8 的 HR FE-SEM 图像；（f）Co-ZnO-500 和 Co-ZnO@ZIF-8
的 XRD 图和（g）吸附-解吸等温线图；（h）不同 Co/Zn 比例的 Co-NC 空心球和商业
Pt/C 的 CV 曲线；（i）双层电容和（j）红外补偿 LSV 曲线；（k）Co-NC 空心球和
Co-NC 纳米晶的红外补偿 LSV 曲线；（l）电极上 5％ Co-NC 的 AEMFC 单电池性能，
催化剂装载量为 1~4mg/cm²